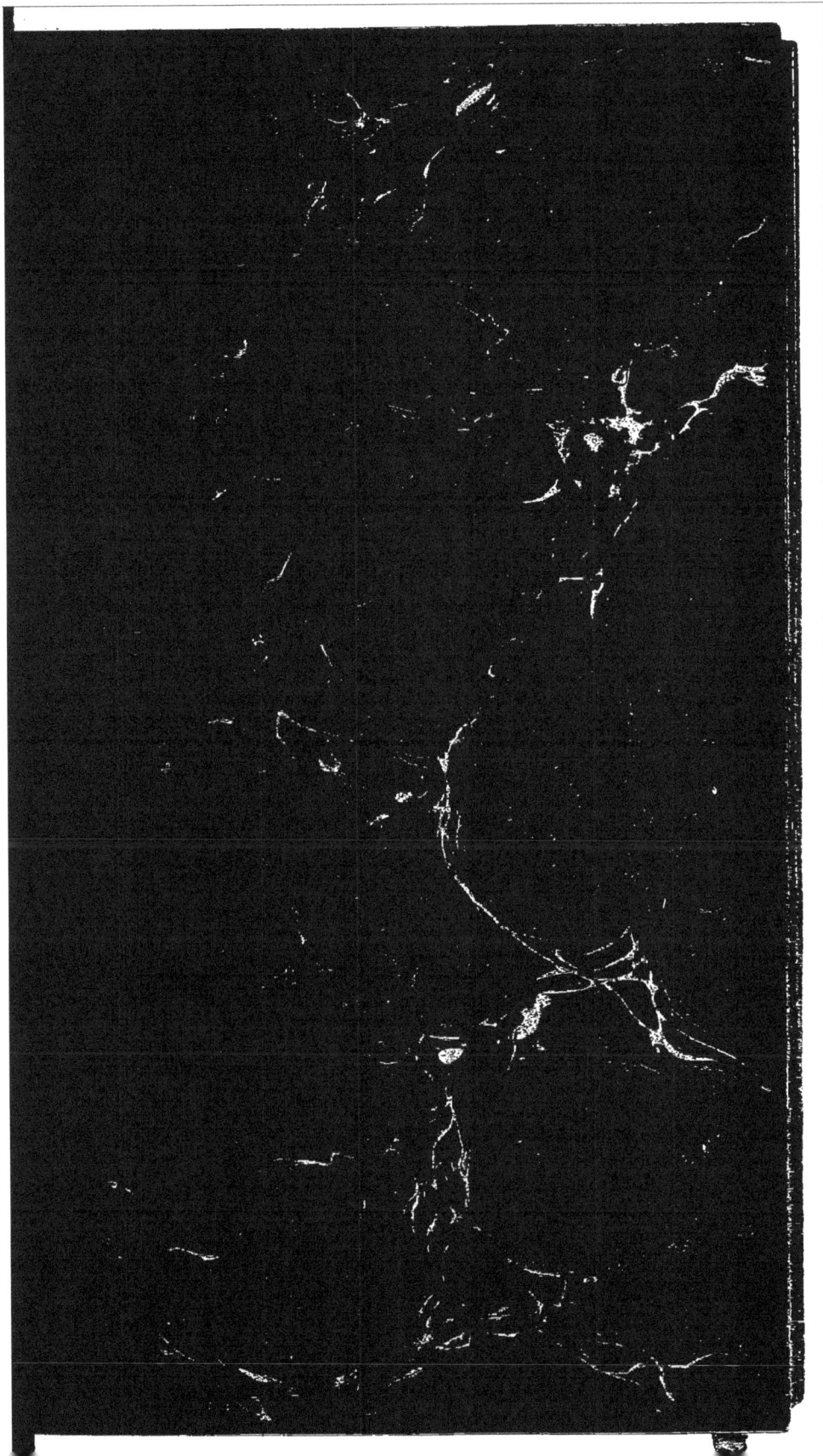

S aver atlay

29433

MÉMOIRES

MÉTALLURGIQUES

SUR LE TRAITEMENT

DES

MINÉRAIS DE FER, D'ÉTAIN ET DE PLOMB

EN ANGLETERRE.

IMPRIMERIE

DE MADAME HUZARD (NÉE VALLAT LA CHAPELLE),
rue de l'Éperon, n°. 7.

MÉMOIRES

MÉTALLURGIQUES

SUR LE TRAITEMENT

DES

MINÉRAIS DE FER, D'ÉTAIN ET DE PLOMB

EN ANGLETERRE,

FAISANT SUITE AU VOYAGE MÉTALLURGIQUE

DE MM. DUFRÉNOY ET ÉLIE DE BEAUMONT, INGÉNIEURS DES MINES ;

Par MM. Léon COSTE,

Ancien Élève de l'École polytechnique, Ingénieur au Corps royal
des Mines ;

et Auguste PERDONNET,

Ancien Élève de l'École polytechnique et de l'École des Mines, membre
de la Société helvétique des sciences naturelles.

PARIS,

BACHELIER, LIBRAIRE,

Quai des Grands-Augustins, n°. 55.

1830.

AVERTISSEMENT.

LE Conseil des Mines nous a donné une marque flatteuse d'approbation, en autorisant l'insertion de ces mémoires dans les *Annales* qu'il rédige. Ce n'est qu'après avoir été encouragés par un suffrage aussi honorable que nous avons osé les livrer à l'impression.

Déjà, en 1827, MM. Dufrénoy et Élie de Beaumont ont publié un Recueil d'observations qu'ils avaient rassemblées sur la métallurgie de l'Angleterre pendant un voyage entrepris en 1823. Parcourant les mêmes pays que ces ingénieurs, nous avons constaté la rigoureuse exactitude de la plupart des documens qu'ils ont consignés dans cet ouvrage, nous ne venons ici que les confirmer et y ajouter quelques détails qui devaient échapper à une investigation nécessairement rapide, ou décrire des perfectionnemens qui ont eu lieu, pendant ces dernières années, dans le travail des métaux.

La fabrication du fer acquérant chaque jour une plus grande importance dans ce pays, nous nous sommes particulièrement appliqués à l'étudier. Nous aurions désiré pouvoir publier sur quelques sujets qui s'y rattachent des données moins incomplètes; mais ce n'est pas sans de très grandes difficultés que nous avons pu pénétrer dans plusieurs usines d'Angleterre, et nous aurions peut-être renoncé à des recherches aussi pénibles, si nous n'avions pas rencontré quelques personnes dont l'extrême bienveillance nous en faisait oublier tout l'ennui.

Une note sur les méthodes d'affinage de la fonte au four à réverbère par la tourbe, l'anthracite et le bois, nous a paru trouver naturellement sa place à la suite de la description du procédé d'affinage à la houille.

Cet ouvrage se termine par un Mémoire sur le traitement des minérais de plomb en Angleterre, et par des rapprochemens entre ce traitement et ceux que l'on suit dans les diverses usines du continent. Nous devons des remercîmens spéciaux à

M. John Taylor, qui, par sa puissante recommandation, nous a fourni les moyens
de rassembler les matériaux de cette Notice,
et à M. Berthier, qui nous a mis à même
d'en augmenter beaucoup l'intérêt en nous
permettant d'y joindre le résumé des analyses qu'il a faites des produits métallurgiques que nous avons rapportés de notre
voyage.

Nous osons espérer que le public ac-
cueillera avec indulgence ce travail, entrepris uniquement dans un but d'utilité.

NOTE

Sur les Mesures, les poids et les monnaies
d'Angleterre.

Quoique nous ayons traduit les mesures anglaises en mesures métriques, toutes les fois que
cela était nécessaire, nous avons cru cependant
devoir conserver les premières, parce que, expri-
mées le plus souvent en nombres ronds, elles
peuvent se graver plus aisément dans la mémoire.

En voici le tableau, que nous empruntons,
ainsi que celui des monnaies, à l'ouvrage de
MM. Dufrénoy et de Beaumont :

POIDS.

1 livre anglaise (avoir du poids).. . . . =		0,4531
2 livres. . . . . =		0,9062
3 liv. . . . . =		1,3593
4 liv.. . . . . =		1,8124
5 liv. . . . . =		2,2655
6 liv. . . . . =		2,7186
7 liv. . . . . =		3,1717
8 liv. . . . . =		3,6248
9 liv. . . . . =		4,0779
10 liv. . . . . =		4,5310
112 liv. ou un quintal (*short-weight*).. . . =		50,747
120 liv. ou un quintal (*long-weight*). . . . =		54,372

2240 liv., ou une tonne composée de 20 quintaux   kilog.

    (*short-weight*) (1). • . • . • . • . • . • . • =1014,94

2400 liv., ou une tonne composée de 20 quintaux

    (*long-weight*) . . . • . • . . . • . • =1087,44

1 chaldron de Newcastle, ou 53 quintaux. . . =2689,59

MESURES DE LONGUEUR.

		mètres.
1 pouce anglais (*inch*) . . . . =		0,25391
1 pied anglais (*foot*). . . . . =		0,304692
2 pieds. . . . . =		0,609384
3 pieds ou un *yard*. . . . . =		0,914076
4 pieds. . . . . =		1,218768
5 pieds. . . . . =		1,523460
6 pieds ou un *fathom*. . . . . . . =		1,828152
7 pieds. . . . . =		2,132844
8 pieds. . . . . =		2,437536
9 pieds· . . . . =		2,742228
10 pieds. . . . . =		3,046920
1 mille anglais ou 1760 yards . . . . =1608,774		

MESURES DE SUPERFICIE.

	m. carrés.
1 pouce anglais carré. . . . . . . =	0,00064473
1 pied anglais carré. . . . . . . =	0,0928372
1 yard carré. . . . . =	0,835535
1 acre anglaise. . . . . =	4043,99
1 mille anglais carré . . . . =	2588155

MESURES DE CAPACITÉ.

	m. cubes.
1 pouce anglais cube.. . . . . . . =	0,00001637
1 pied anglais cube. . . . . =	0,0282867
1 yard. . . . . =	0,763743

---

(1) C'est de la toune (*short weight*) dont on fait presque toujours usage, et dont il s'agit toutes les fois que nous parlons de tonnes en général, sans désignation particulière.

MONNAIES

au cours moyen de 1826.

	f. c.
1 *penny* (au pluriel *pence*) . . . . =	0,10
1 *shelling,* composé de 12 *pence* . . . . . =	1,26
2 shellings . . . . =	2,52
3 shel . . . . =	3,78
4 shel. . . . . =	5,04
5 shel. . . . . =	6,30
6 shel. . . . . =	7,56
7 shel. . . . . =	8,82
8 shel. . . . . =	10,06
9 shel. . . . . =	11,34
10 shel. . . . . =	12,58
11 shel. . . . . =	13,83
12 shel. . . . . =	15,49
13 shel. . . . . =	16,75
14 shel. . . . . =	18,01
15 shel. . . . . =	19,26
16 shel. . . . . =	20,12
17 shel. . . . . =	21,38
18 shel. . . . . =	22,64
19 shel. . . . . =	23,90
20 shel. ou 1 livre sterling (pourd) . . . . =	25,15
2 livres sterlings . . . . =	50,30
3 liv. sterl. . . . . =	75,45
4 liv. sterl. . . . . =	100,60
5 liv. sterl. . . . . =	125,75
6 liv. sterl. . . . . =	150,90
7 liv. sterl. . . . . =	176,05
8 liv. sterl. . . . . =	201,20
9 liv. sterl. . . . . =	226,35
10 liv. sterl. . . . . =	251,50

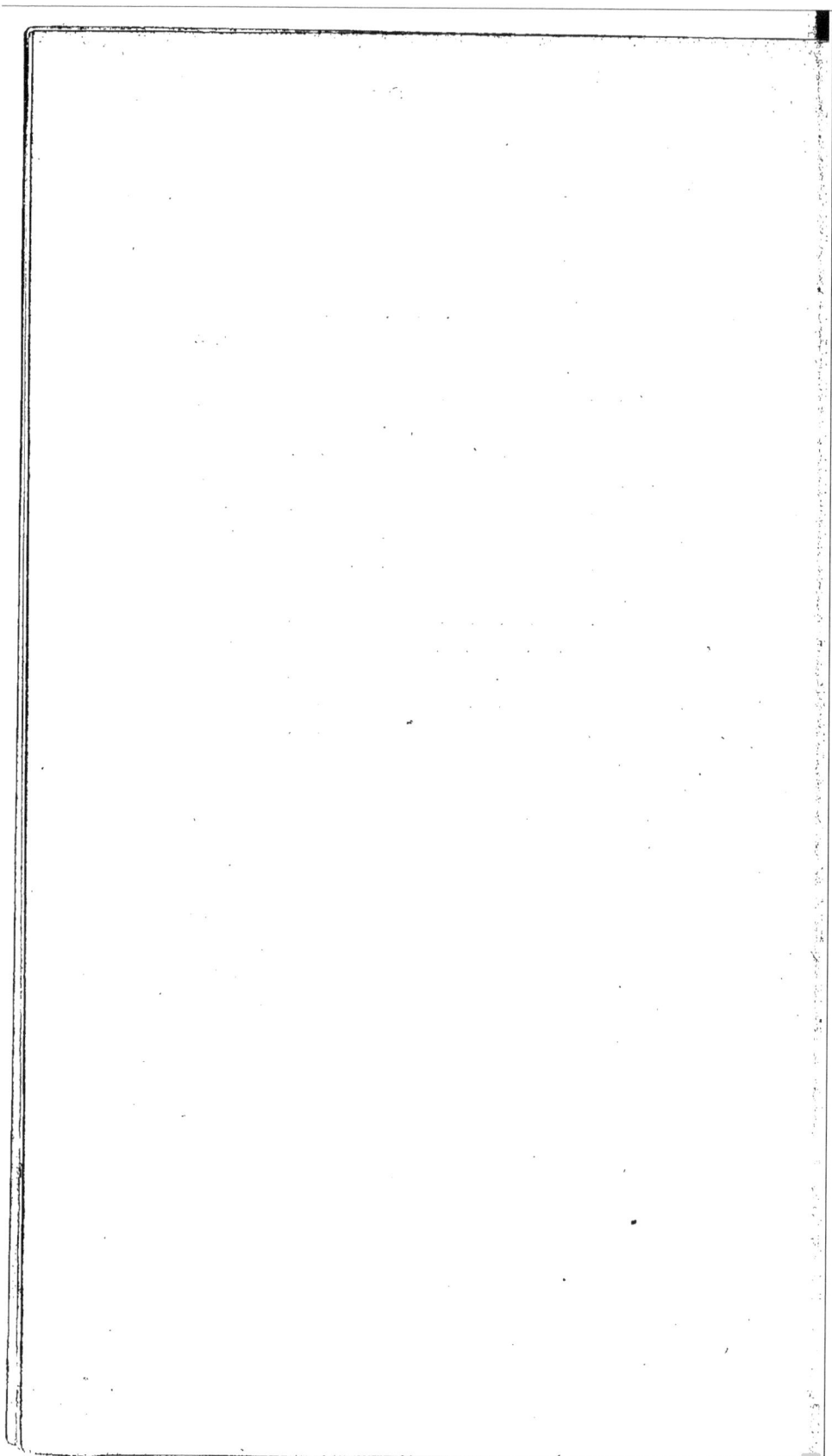

PREMIÈRE PARTIE.

TRAVAIL DU FER.

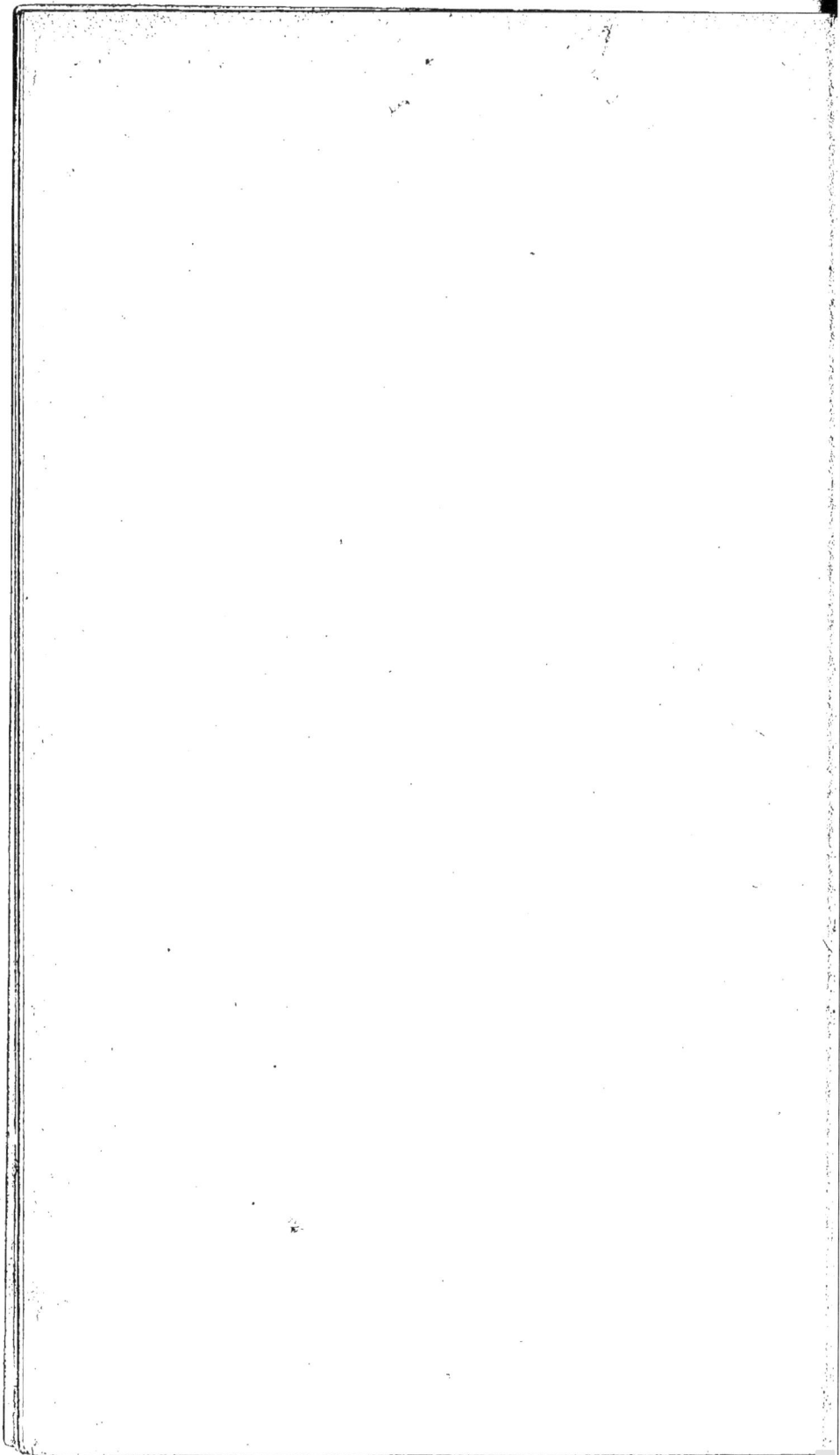

FABRICATION

DE

LA FONTE EN ANGLETERRE.

INTRODUCTION.

Nous suivrons dans la rédaction de ce mé- Plan du mémoire. moire l'ordre des diverses opérations que la fabrication du fer exige : ainsi, nous parlerons successivement de la carbonisation de la houille, du grillage des minérais, de leur fusion dans les hauts-fourneaux, et enfin de l'affinage. La difficulté de se procurer des renseignemens exacts sur ces divers sujets fait qu'aucun ne sera traité d'une manière complète, en sorte que nous donnons plutôt une série de notes et d'observations sur la fabrication de la fonte et du fer dans quelques comtés de l'Angleterre qu'une description d'un art aussi important. Nous aurons peu de choses nouvelles à ajouter aux mémoires détaillés publiés dernièrement sur le même sujet par MM. Elie de Beaumont et Dufrénoy ; mais nous indiquerons quelques changemens qui se sont introduits dans ce genre de fabrication depuis 1823, époque du voyage de ces messieurs.

Avant d'entrer dans le détail des procédés, nous donnerons une idée des diverses fontes d'Angleterre et une note statistique sur les hauts-fourneaux de ce pays et leur produit.

NOTE STATISTIQUE.

Diverses va-
riétés de
fonte.

On pourrait énumérer, dans chaque comté, un grand nombre de variétés de fonte ; cependant on les réduit généralement à trois ou quatre. Trois variétés sont distinguées dans le commerce par les N°s. 1, 2 et 3, voici quelques unes de leurs propriétés.

N°. 1. C'est une fonte très noire, à gros grains : fondue, elle est long-temps à se solidifier. Elle est très difficile à affiner, et elle est principalement employée pour seconde fusion ; c'est même sous ce numéro qu'on désigne la plupart des fontes douces.

N°. 2. C'est une fonte moins noire que la précédente : on pourrait en distinguer deux espèces, l'une assez noire et à grains un peu gros, facile à travailler, est principalement employée en première fusion ; l'autre est plus grise, à grains

beaucoup plus petits ; elle est toujours transfor-
mée en fer.

N°. 3. C'est une fonte blanche, très cassante.
Elle ne peut être employée pour le moulage, et
ne donne le plus souvent que du mauvais fer ;
cependant, quelques fourneaux ne travaillent
que pour fonte N°. 3.

On pourrait ajouter une nouvelle variété qui
correspondrait à l'espèce désignée en France sous
le nom de *fonte truitée*. Elle est rarement employée seule, mais on la mélange avec la fonte
N°. 1 pour le moulage de certaines pièces, et avec
la fonte N°. 2 pour la fabrication du fer.

Ces diverses variétés de fonte sont souvent dé-
signées, en anglais, par les noms suivans : la
fonte, en général, par le nom de *pig-iron* ; la
fonte N°. 1 par celui de *melting-iron*, ou *foundry-
pig* ; la fonte N°. 2 est dite *foundry-pig*, ou *forge-
pig*, selon que ce numéro est employé pour le
moulage ou pour l'affinage. La fonte truitée est
appelée *mottled-iron*.

Ces indications étant connues, on comprendra
plus facilement la note statistique que nous
allons donner sur les hauts-fourneaux de la
Grande-Bretagne. On sait le grand accroissement
que les usines à fer d'Angleterre ont pris sur la
fin du siècle dernier et dans le commencement de
celui-ci : on peut consulter, pour s'en convaincre,

les détails historiques que MM. de Beaumont et Dufrénoy ont imprimés au commencement de la seconde partie de leur mémoire.

Le tableau suivant, à l'exactitude duquel on peut ajouter foi, a été dressé, au mois de décembre 1825 et au commencement de l'année 1826, par un maître de forges du Staffordshire. A cette époque, on comptait, dans les trois royaumes unis, trois cent soixante-quatorze hauts-fourneaux, dont deux cent soixante-un étaient en feu et donnaient annuellement un produit de 581,367 tonnes (590,360,250 kilog.) de fonte.

Hauts-fourneaux de la Grande-Bretagne.

	NOMBRE des hauts-fourn.	En feu.	Mis hors.	PRODUIT par semaine.	PRODUIT moyen annuel.	OBSERVATIONS.
Staffordshire	108	81	27	3,503	171,735	Les produits sont donnés en tonnes. A ce nombre manque la production de 9 hts.-fourneaux. *x* signifie inconnu.
Derbyshire	19	14	5	436	19,184	
Yorkshire	34	22	12	752	35,308	
Ecosse	25	17	8	645	29,200	
Sud du pays de Galles	109	82	27	4,461 1/2	223,520	
Shropshire	49	36	13	1,723	86,320	
Nord du pays de Galles	14	8	6	303	15,100	
Cumberland	4	*x*	*x*	*x*	*x*	
Glocestershire	3	*x*	*x*	*x*	*x*	
Durham	2	*x*	*x*	*x*	*x*	
Lancashire	4	»	4	»	»	
Leicestershire	1	»	1	»	»	
Irlande	2	»	»	60	3,000	
	374	262	103	11,883 1/2	581,367	

On peut porter le total de la production an- Production annuelle de fonte. nuelle à 600,000 tonnes (609,000,000 kilog.), puisque le produit d'un petit nombre de hauts-fourneaux n'est pas compris dans ce tableau.

Nous établirons, par la suite, que, dans le Staf- Quantité de

houille brû-
lée par les
hauts-four-
neaux d'An-
gleterre.

fordshire, le Shropshire et le pays de Galles, on consomme environ quatre tonnes de houille pour faire une tonne de fonte; qu'en Yorkshire on consomme quatre tonnes et demie; qu'en Écosse on consomme huit tonnes pour le même objet. En admettant que, dans les autres comtés, la consommation moyenne soit de quatre tonnes, on trouve que pour la fabrication seule de la fonte on brûle annuellement en Angleterre 2,534,454 tonnes de houille.

Le tableau précédent contient dans la colonne des fourneaux *mis hors* ceux qui sont actuellement en construction; ils sont environ au nombre de vingt (commencement de 1826).

Tableau indi-
quant la na-
ture et la
quantité des
produits en
fonte dans
chaque
comté.

Nous avons dressé le tableau suivant, qui donne la nature et la quantité des produits en fonte dans chaque comté. Nous avons pris nos renseignemens dans la liste générale des hauts-fourneaux de la Grande-Bretagne, dont le tableau précédent est déjà un extrait. Celui-ci est divisé en six colonnes principales : la première donne les noms des comtés, les autres portent pour titres les indications des produits. Elles sont subdivisées elles-mêmes en trois colonnes, dont l'une donne le nombre total des hauts-fourneaux du comté produisant de la fonte, dont la nature est indiquée en tête de la colonne principale; la seconde donne le nombre des four-

neaux en feu à la fin de 1825 et au commencement de 1826; enfin, dans la troisième se trouve le
produit annuel, en tonnes de 1015^k. Nous devons ajouter que nous n'avons aucune donnée
sur la nature des produits de cinquante-deux
hauts-fourneaux, desquels seize sont situés dans
le Staffordshire, onze en pays de Galles, quatre en
Shropshire, et trente disséminés dans le nord du
pays de Galles, le Lancashire, le Cumberland, le
Leicestershire, l'Irlande, etc. Leur produit annuel
est de 54,691 tonnes.

COMTÉS.	FONTE d'affinage.			FONTE n°. 2, pour affinage et moulage (1).			FONTE n°. 2 pour affinage et n°. 1 pr. 2e fusion (2).			FONTE n°. 1, pour 2e. fusion.			FONTE n°. 2, pour 1re. fusion.		
	Total des hauts-fourn.	En hauts-feu.	En Produits.	Total des hauts-fourn.	En hauts-feu.	En Produits.	Total des hauts-fourn.	En hauts-feu.	En Produits.	Total des hauts-fourn.	En hauts-feu.	En Produits.	Total des hauts-fourn.	En hauts-feu.	En Produits.
Staffordshire	20	19	43340	19	19	41074	4	3	6500	17	13	23650	14	11	24540
Derbyshire	»	»	»	4	3	4500	»	»	»	34	22	216108	15	12	14684
Yorkshire	»	»	»	»	»	»	»	»	»	25	17	29900(3)	»	»	»
Ecosse	»	»	»	»	»	»	»	»	»	»	»	»	»	»	»
Galles méridionale	59	55	158520	»	»	»	19	17	49400	4	4	8820	2	2	3640
Shropshire	12	11	26000	9	8	20500	»	»	»	20	16	34920(3)	2	2	2600(4)
Galles septen- trionale	»	»	»	»	»	»	»	»	»	»	»	»	»	»	»
Irlande	»	»	»	»	»	»	»	»	»	»	»	»	»	»	»
	91	85	227860	32	30	66074	23	20	55900	100	72	313398	35	27	45464

(1) Ces 32 hauts-fourneaux donnent tantôt de la fonte pour affinage, tantôt de la fonte pour moulage, principalement de 1re fusion, suivant les demandes du commerce.

(2) Le travail de ces 23 hauts-fourneaux dépend aussi des demandes du commerce; la plus grande partie de la fonte fabriquée en pays de Galles est probablement affinée.

(3) Une portion de la fonte du Yorkshire est affinée et donne du fer de première qualité; il en est de même d'une petite portion de la fonte du Shropshire.

(4) Une portion de la fonte du Shropshire est affinée.

En rapprochant les nombres du tableau précédent, et admettant que la moitié de la fonte
N°. 2 de la deuxième colonne et les deux tiers
de celle de la troisième soient convertis en fer
malléable, on trouve que 298,163 tonnes de fonte
sont affinées annuellement et sont le produit de
cent treize hauts-fourneaux. Le produit moyen
d'un haut-fourneau est donc de 2,638 tonnes ou
environ cinquante-deux tonnes par semaine;

Que le produit annuel en fonte douce est de
150,031 tonnes provenant de soixante dix-neuf
hauts-fourneaux : le produit moyen d'un haut-
fourneau, donnant de la fonte douce, est donc
de 1,899 tonnes, ou environ trente-huit tonnes
par semaine ;

Produit moyen d'un haut-four-neau travaillant en fonte douce.

Que le produit annuel en fonte de première
fusion est de 78,501 tonnes, provenant de quarante hauts-fourneaux : le produit moyen d'un
haut-fourneau donnant de la fonte de première
fusion est donc de 1,963 tonnes, ou environ
trente-neuf tonnes par semaine.

Produit moyen d'un fourneau tra-vaillant en fonte de fer.

Si nous admettons que ces nombres puissent
donner les rapports des quantités de fonte employées réellement pour l'affinage en première
fusion et en deuxième fusion, et que la production totale annuelle de la fonte, dans la Grande-
Bretagne, soit de 600,000 tonnes, nous aurons
les résultats suivans :

Rapport en-tre la quanti-té de fonte de forge et celle de fonte douce.

Fonte affinée. 339,662
Fonte pour 2e. fusion . 170,912
Fonte de 1re. fusion. . 89,426
————
600,000

Le rapport de la quantité de fonte moulée à la quantité de fonte affinée est peut-être un peu trop faible.

Nous ferons remarquer que ces nombres ne s'accordent pas complétement avec ceux qui ont été donnés par M. Héron de Villefosse dans son *Supplément au Mémoire sur les usines à fer en France*, publié en 1826, puisque nous trouvons dans la Grande-Bretagne soixante-neuf hauts-fourneaux de plus que M. de Villefosse, et un produit de 128,000 tonnes de moins. Nous croyons cependant pouvoir donner le nombre trois cent soixante-quatorze comme représentant exactement celui des hauts-fourneaux d'Angleterre.

Enfin, M. le chevalier Masclet a publié, dans le numéro du mois de novembre du *Journal du génie civil*, une note sur les hauts-fourneaux d'Angleterre, qui ne nous paraît pas entièrement exacte : d'après cette note, le produit moyen d'un haut-fourneau serait d'environ soixante-dix tonnes par semaine. M. le chevalier Masclet estime que les sept dixièmes de la fonte fabri-

quée en Angleterre sont employés en moulage.
Ce rapport nous semble beaucoup trop considérable ; la principauté de Galles produit, à elle
seule, plus que le tiers de toute la fonte fabriquée dans les trois royaumes unis, et une grande
partie de la fonte de ce pays est affinée.

FABRICATION DU COKE.

Le coke est fabriqué, en Angleterre, par deux
procédés différens, savoir : *à l'air libre* et *dans
des fours.*

FABRICATION DU COKE A L'AIR LIBRE.

Ce procédé est le plus généralement suivi dans
toute l'Angleterre, l'autre ne paraît être employé
que dans la carbonisation de la houille menue.

Dans le Staffordshire, aux environs de Dudley, Staffordshire
tout le coke est fabriqué à l'air. Le procédé con- Construction
des tas et con-
siste à élever, au milieu d'une aire, une petite duite de l'o-
cheminée en briques un peu conique et ayant pération.
un grand nombre de jours. Les briques sont placées de champ ; les jours sont plus grands au bas
qu'à la partie supérieure. Cette cheminée (*fig.* 1,
Pl. I) a environ 4 pieds 6 pouces (1^m.,37) de
hauteur, et est surmontée d'une petite cheminée
de tôle ou de fonte d'un pied (0^m.,305) de hauteur

(mesures anglaises). Le charbon à carboniser est disposé en tas coniques ; on place les plus gros morceaux autour de la cheminée, et pour former la base du tas ; ensuite on ne fait, pour ainsi dire, que jeter le charbon de manière à former une meule un peu plus haute que la che-minée de briques. On recouvre le tout de menue houille (*slack*), à l'exception de la partie infé-rieure, sur une hauteur d'environ un pied. On met le feu par la cheminée. A une certaine époque de l'opération, on achève de couvrir le tas avec de la houille menue ; enfin, lorsque le coke est fait, on l'éteint avec de l'eau, qu'on verse en assez grande quantité, par des trous pratiqués dans la partie supérieure des meules.

Dimensions des tas.

Les dimensions des tas de calcination varient un peu ; le plus souvent ils ont 14 à 16 pieds anglais (4^m.,27 à 4^m.,88) de diamètre : dans ce cas, ils contiennent environ douze tonnes de houille. Du moment où on met le feu, l'opération dure sept jours, dont deux et demi à trois pour la cal-cination ; le refroidissement dure, par conséquent, environ quatre jours ; l'addition d'une grande quantité d'eau paraît être indispensable pour la désulfuration des cokes.

C'est aux soins qu'exigent quelques-unes des houilles du Staffordshire pour donner de bons cokes, aux avantages que présente dans ce comté la fabrication des fontes et des fers de première qualité, à la grande concurrence, et enfin à la cherté du combustible, les prix étant comparés à ceux du pays de Galles, qu'il faut attribuer la supériorité reconnue du procédé du Staffordshire sur ceux que l'on suit dans les autres parties de l'Angleterre.

On ne voit pas où sont les difficultés de ce genre de fabrication, et cependant tous les ouvriers ne réussissent pas également. Une tonne de houille donne ordinairement quatre sacs de coke, ce qui fait 12 quintaux, ou 60 pour 100; mais quelquefois on ne retire réellement que 10 quintaux, ou 50 pour 100 et même moins.

Dans le sud du pays de Galles, on suit les deux procédés de carbonisation; mais le coke n'est pas fait avec le même soin que dans le Staffordshire. Lorsqu'on le fabrique en plein air, l'on dispose la houille en tas d'une grande longueur, ayant 4 à 6 pieds (1^m.,22 à 1^m.,83) de largeur, et 2 $\frac{1}{2}$ ou 3 (0^m.,76 à 0^m.,91) de hauteur. Les gros morceaux de houille sont placés au milieu du tas, on recouvre quelquefois avec de la houille menue. Le feu est quelquefois allumé en divers points du tas, mais le plus souvent on le met seulement à une extrémité. South-Wales. Fabrication du coke à Pontypool et Abergavanny.

A Pontypool et à Abergavanny, le coke est fabriqué à l'air. La houille de Pontypool présente quelques parties qui ressemblent beaucoup au charbon de bois. On cherche, dans la carbonisation, à ne pas les détruire; nous avons vu des cokes dans lesquels elles étaient presque entièrement conservées. Nous ignorons comment, dans ce cas, on doit diriger le travail. L'opération dure cinq jours.

Aux environs de Merthyr-Tydvill, la carbonisation se fait principalement à l'air; on donne peu de soins à l'opération : on retire cependant une grande quantité de coke; mais cela tient à ce que la houille est assez sèche, donne peu de fumée et ressemble un peu à l'anthracite : voici quelques résultats.

Aux Plymouth-Works, six tonnes de houille donnent cinq tonnes de coke, près de 83 pour 100; à Dowlais, 720 livres de houille donnent 450 à 500 livres de coke, près de 66 pour 100; à l'usine de Pen-y-Darran, l'opération ne dure que trois jours; l'augmentation de volume de la houille est considérable, trois tonnes de houille produisent douze barrows de coke, le barrow est de 17 pieds cubes, ce qui donne une augmentation d'un peu plus du quart du volume de la houille calcinée. Nous ne tenons ces nombres que des ouvriers, nous ne pouvons en garantir l'exactitude.

A Neath.   A Neath-Abbey, la carbonisation est plus rapide

la houille ne donne pas tout à fait 60 pour 100 de coke.

Aux environs de Glasgow, on suit les deux procédés de fabrication du coke. La majeure partie est faite en plein air. Autrefois on calcinait la houille en tas sans aucune précaution, aujourd'hui on commence à adopter avec avantage la méthode du Staffordshire: les tas contiennent dix-huit tonnes de houille; on les recouvre avec la houille menue mouillée. La carbonisation dure trois ou quatre jours, le refroidissement quatre ou cinq jours. La perte en poids est de 50 pour 100. Autrefois on perdait 60 et même 66 pour 100, l'opération durait cinq jours. On remarque d'assez grandes différences dans le coke d'un même tas. Les uns sont très denses et d'autres très légers : les premiers paraissaient les plus abondans dans le petit nombre de tas que nous avons examinés.

Écosse.

On suit, dans le Yorkshire, un procédé à peu près semblable à celui du sud du pays de Galles. Il consiste à arranger la houille en pyramide quadrangulaire tronquée très longue, de 5 à 6 pieds (1m.,52 à 1m.,83) de largeur, et 2 pieds ½ (0m.,76) de hauteur. On ménage de distance en distance, environ de 6 en 6 pieds, des cheminées verticales carrées de 8 à 9 pouces (0,20m. à 0,225m.) de côté. Elles sont bâties avec les gros morceaux

Yorkshire.

2

de houille. C'est par ces cheminées que l'on met le feu dans toute la longueur du tas. La perte sur la houille est d'environ 5o pour 100 en poids, ou peut-être un peu moindre.

On observe, en général, que le coke fait à l'air est plus léger que celui qui est fabriqué dans des fours.

FABRICATION DU COKE DANS DES FOURS.

South-Wales, à Aberga-vanny.

La forme de l'appareil employé dans cette fabrication varie peu dans les différens comtés que nous avons visités. C'est toujours un four circulaire, ou un peu allongé, recouvert d'une voûte sur-baissée, surmontée d'une petite cheminée. A Abergavanny (Monmouthshire), on emploie le fourneau que les *fig.* 2, 3, 4, 5, Pl. I, représentent, pour carboniser la houille menue. Ces fourneaux sont ovoïdes, à deux portes en face l'une de l'autre; les portes se meuvent dans une rainure au moyen d'une potence; elles sont en fonte, ainsi que la rainure. Chaque fourneau a deux petites cheminées qui correspondent à deux trous A, pratiqués dans la paroi latérale. La sole et la voûte de ces fourneaux sont en briques, l'extérieur est en pierres. Voici quelques unes de leurs dimensions : la longueur du fourneau ou de la sole est de 12 pieds anglais (3m.,66); la plus grande largeur est de 6 pieds ($1^m.,83$). La largeur des portes est d'environ 3 pieds ($0,91$). La hauteur de la voûte, au milieu, est d'environ 5 pieds ($1,52$), elle est de 21 pouces ($0,53$) vers les portes. Les cheminées ont 3 pieds de hauteur à l'extérieur, par conséquent environ 7 pieds ($2^m.,133$) en totalité; elles ont environ 9 pouces ($0^m.,225$) de côté.

On charge le fourneau par le trou b à la partie supérieure, et par les portes. Pendant l'opération, b est fermé avec une plaque de fonte. Nous ne connaissons ni la charge ni les produits.

A Neath-Abbey (Glamorganshire), les fours A Neath. sont à peu près semblables aux précédens, mais en général plus petits. La cheminée est au centre de la voûte, et n'a qu'un pied et demi de hauteur. La plupart n'ont qu'une porte; mais, dans ce cas, on pratique un trou à l'extrémité opposée pour déterminer un tirage plus uniforme dans toute la masse. On carbonise ainsi la houille menue provenant des couches épaisses; on retire 60 pour 100 en coke : la perte n'est donc que de 40 pour 100; elle est quelquefois de 50 pour la même houille en morceaux, carbonisée à l'air libre. Le coke provenant des fours est plus dense que celui qui provient du travail à l'air libre.

Près de Swansea, on fabrique du coke de la Près de même manière : 5 tonnes de houille donnent Swansea.

2.

12 barrows de coke, le barrow pèse 4 $\frac{1}{2}$ cw.; ce qui fait 2 tonnes 14 quintaux de coke pour 5 tonnes de houille ou 54 pour 100.

Ecosse.   Dans les environs de Glasgow, on fabrique une petite portion de coke dans des fours circulaires à une seule porte. Le diamètre de ces fours est de 9 pieds anglais ($2^m,74$); au centre, la voûte a 6 pieds ($1^m,83$) de hauteur; elle est surmontée d'une cheminée de 2 pieds ($0^m,61$) de hauteur et d'environ 9 pouces à 1 pied ($0^m,225$ à $0^m,305$) de côté. On retire le coke toutes les vingt-quatre heures; la charge ordinaire d'un four est de 1 tonne $\frac{1}{2}$ de houille; elle s'élève d'environ 2 pieds $\frac{1}{2}$ ($0^m,76$) dans le four. La perte est de 50 à 60 pour 100.

Le samedi, on charge deux tonnes dans un four, et on ne retire le coke que le lundi suivant.

Northumber-   A l'usine de Lemington, qui est la seule des
land.   environs de New-Castle-sur-Tyne, tout le coke est fabriqué dans des fours. Ces fours sont assez petits, ronds et voûtés : la voûte est percée d'un trou de 8 à 9 pouces de diamètre; ce trou n'est pas surmonté d'une cheminée. Ces fours n'ont qu'une porte pour le chargement et le déchargement. On carbonise 53 quintaux ($2689^k,75$) de houille ou un chaldron par opération, laquelle dure quarante-huit heures. On retire 33 quintaux

de coke ; la perte est donc de 20 quint., ou environ 39 pour 100. Ce coke est partagé en deux parties, au moyen d'une grille inclinée, dont les barreaux ont environ 5 lignes ($0^m,01585$) de côté, et les jours 7 lignes à 1 pouce ($0^m,02219$ à $0^m,0254$). Le menu, qui passe à travers la grille, est employé à griller le minérai, le gros sert à fondre le minérai dans les hauts-fourneaux. On n'a pas pu nous dire le rapport qui existe entre les quantités de ces deux espèces.

Dans les environs de Bradford, on fabrique du Yorkshire. coke par le même procédé qu'à New-Castle. Les fours sont un peu plus petits ; on ne charge guère plus d'une tonne à la fois. La perte en poids est de 40 pour 100. Les cokes fabriqués à l'air ou dans les fours paraissent à peu près de même qualité ; à l'air, la perte est de 50 pour 100.

Il serait difficile de décider lequel des deux procédés de carbonisation de la houille est le meilleur : on n'a point assez de données pour les comparer, parce que l'un d'eux est trop peu pratiqué, et l'est seulement dans la carbonisation de la houille menue. La perte paraît être moindre dans les fours que dans le travail à l'air libre ; mais les fours exigent un espace beaucoup plus vaste, plus de main-d'œuvre et plus de dépenses. Enfin, le coke fait à l'air passe pour mieux convenir aux hauts-fourneaux et aux fineries que le coke fabriqué dans les fours.

GRILLAGE DES MINÉRAIS.

Le fer carbonaté lithoïde est à peu près le seul minérai de fer fondu en Angleterre : il a toujours besoin de subir un grillage ou plutôt une calcination avant d'être versé dans le haut-fourneau. Cette opération se fait encore de deux manières, *à l'air libre* ou *dans des fours particuliers*.

GRILLAGE EN TAS OU A L'AIR LIBRE.

L'opération est des plus simples ; elle est pratiquée dans le Staffordshire, dans quelques usines du sud du pays de Galles et en Écosse. Elle consiste à jeter le minérai en morceaux sur un lit de grosse houille d'environ un pied d'épaisseur. A mesure qu'on jette le minérai, on ajoute de temps en temps une petite quantité de houille menue : on élève ainsi un tas d'une grande longueur, de 8 ou 10 pieds de hauteur et d'une largeur variable, 10, 12 ou 15 pieds. On met le feu à une extrémité du tas, et le plus souvent l'opération paraît abandonnée à elle-même, on n'en prend aucun soin.

GRILLAGE DANS LES FOURS.

Ce procédé passe pour beaucoup plus économique que le précédent; mais nous n'avons pas
d'évaluation exacte de cette économie. Par cette
méthode, on ne brûle, pour ainsi dire, que de la
houille menue ou du coke menu.

La forme intérieure des fourneaux de grillage *South-Wales.*
est le plus souvent un cône ou une pyramide rectangulaire renversée.

Les *fig.* 6 et 7, Pl. I, représentent un fourneau *Fourneau de*
Dowlais.
employé à Dowlais; deux de ses faces sont verticales. Les principales dimensions sont : $ab = $ 1
pied 9 pouces $= 0^m,53$; BB$=$ 12 pieds 4 pouces
$= 3^m,755$; $af = $ 6 pieds 8 pouces $= 2^m,028$;
$c\,d = $ 1 pied 10 pouces $= 0^m,555$; A B $= $ 9
pieds 7 pouces $= 2^m,91$.

M est un petit mur en briques qui a seulement
un pied 4 pouces de hauteur, et qui sépare les deux
portes N de déchargement. On arrive à ces portes
sous une voûte Z : la partie XY du fourneau est
soutenue par une plaque de fonte percée de trous
o, destinés à donner de l'air. Souvent les fourneaux
se déchargent des deux côtés.

Les fourneaux, ayant la forme d'un tronc de *Fourneaux*
de Pontypool.
cône ovale renversé, sont plus employés et plus
estimés que ceux de la forme précédente. Voici

les principales dimensions d'un de ceux dont on se sert à Pontypool ; il alimente, à lui seul, un haut-fourneau donnant environ soixante tonnes de fonte par semaine. A la partie supérieure, le grand diamètre de l'ovale est de 20 pieds (6^m,10) ; le petit est de 10 pieds (3^m,05). A la base, le petit diamètre est de 3 pieds (0^m,91) ; il est aussi formé d'une partie droite et d'une partie inclinée ; la partie correspondante à $ab =$ 10 pieds $= 3^m$,03 ; BB $= 16$ pieds $= 4^m$,87 ; $cd = 3$ pieds $= 0^m$,91 (1).

L'opération est simple et facile à conduire. Pour mettre le fourneau en feu, on charge d'a-

---

(1) On emploie aussi fort généralement le fourneau qui est représenté Pl. I, *fig.* 8, 9, 10 et 11.

La *fig.* 8 représente une élévation dans les faces des embrasures.

La *fig.* 11 est le plan, pris au dessus de la plate-forme supérieure.

La *fig.* 9 une coupe longitudinale suivant AB, et la *fig.* 10 une coupe transversale suivant CD.

Plusieurs de ces fourneaux sont accolés à la suite les uns des autres ; les murs de séparation *b* sont en briques réfractaires. Chaque fourneau présente deux aires *dd*, revêtues de plaques de fer, et répondant chacune à une porte de déchargement *e*; enfin *h* et *g* sont des barres de fer servant de renfort au dessus des embrasures et de soutiens pour les plaques de fer *k*.

bord un peu de grosse houille, et par dessus une certaine quantité de minérai ; on ne doit pas remplir de suite le fourneau. Lorsque le feu commence à arriver à la partie supérieure du minérai, on fait un lit de houille menue, et par dessus un lit de minérai mélangé d'une petite quantité de houille menue, qui achève de remplir le fourneau. La partie inférieure s'étant refroidie, on la tire par le bas du fourneau, absolument comme cela se pratique dans la fabrication de la chaux. Ensuite on charge de nouveau le fourneau, et l'opération se continue indéfiniment.

Le plus souvent, dans le pays de Galles, les hauts-fourneaux sont adossés à des collines, et les fourneaux de grillage sont bâtis sur des terrasses, à la hauteur du gueulard des hauts-fourneaux. On règle l'opération du grillage de manière à ne tirer le minérai grillé qu'à mesure que le travail du haut-fourneau l'exige.

Dans cette opération, une petite portion du minérai tombe en poudre ; on le passe au tamis, et la poussière est employée comme sable dans la fabrication du mortier.

A New-Castle-sur-Tyne, on emploie des fours de grillage à peu près semblables aux précédens : on brûle du coke menu. *Fourneau de New-Castle-sur-Tyne.*

A Bradford, on emploie un four rectangulaire d'environ 25 pieds (7m,62) de profondeur, 14 pieds *Fourneau de Bradford.*

($4^m,27$) de longueur, et 5 pieds ($1^m,52$) de largeur
à la partie supérieure. Vers le milieu, il prend la
forme d'une pyramide tronquée, en sorte qu'à la
base il n'a que 20 pouces ($0^m,505$) de largeur. On
brûle du coke menu. A une autre usine des environs de Bradford, les fours de grillage se rapprochent pour la forme des hauts - fourneaux ; ils
ont 15 à 16 pieds ($4^m,57$ à $4^m,87$) de hauteur, 7 pieds
($2^m,13$) au gueulard, et 10 pieds ($3^m,05$) au ventre.

Les dimensions des fours de grillage sont très
variables dans les différens pays et dans une
même usine.

RÉDUCTION DES MINÉRAIS.

Tous les minérais de fer grillés par l'un des
procédés décrits précédemment sont fondus
dans des hauts-fourneaux. Nous ajouterons quelques détails à ceux qui ont été donnés par MM. de
Beaumont et Dufrénoy sur la forme et les dimensions de ces appareils.

FABRICATION DE LA FONTE DANS LE STAFFORDSHIRE.

Fourneaux, machines et matières premières.

Forme exté-
rieure des
hauts-four-
neaux.

Les hauts-fourneaux du Staffordshire sont
complétement construits en briques ; la forme

extérieure la plus générale de ceux de Dudley,
Tipton, Bilston, etc., est celle d'un tronc de pyramide à base carrée. Souvent le haut-fourneau
offre la forme d'un prisme carré, surmonté d'un
tronc de pyramide, le plan supérieur de la partie
prismatique se confond alors avec le plan supérieur des étalages. Quelquefois les hauts-fourneaux
sont coniques, ou plutôt présentent la forme d'un
cylindre surmonté d'un tronc de cône, la hauteur
du cylindre étant encore celle du ventre ou du
plan supérieur des étalages. La Pl. II représente ces deux sortes de fourneaux : on remarquera que le fourneau conique est relié dans toute
la hauteur avec des cercles de fer, l'autre n'est
armé que de quelques barres traversant le massif
et portant à leurs extrémités des plaques de fonte
qui s'opposent à l'écartement des faces opposées.
La construction de ces hauts-fourneaux est beaucoup plus légère que celle des hauts-fourneaux de
France, et cependant ils sont bien moins lézar-
dés que ces derniers. Cela tient soit aux soins que
l'on prend lors de la mise en feu, soit à la nature
des matériaux et à l'armure en fer, soit à des fondations mieux établies.

La hauteur des fourneaux du Staffordshire va- Dimensions.
rie entre 40 et 45 pieds anglais ($12^m,19$ et $13^m,71$); Hauteur to-
elle ne dépasse pas ce dernier nombre. tale.

On distingue quatre parties principales dans

les hauts-fourneaux, savoir : le *creuset*, l'*ouvrage*, les *étalages* et la *cuve*.

Forme et dimensions du creuset.

Le creuset est généralement un prisme rectangulaire, sa longueur est de 5 ou 6 pieds ($1^m,52$ ou $1^m,83$); sa largeur varie entre 2 et 3 pieds ($0^m,61$ et $0^m,91$); on lui donne quelquefois jusqu'à 4 pieds ($1^m,22$), mais ce n'est que dans quelques cas particuliers. La profondeur est de 21 à 30 pouces ($0^m,56$ à $0^m,76$).

De l'ouvrage.

L'ouvrage est la partie du fourneau qui réunit les étalages et le creuset; il est pyramidal. Sa hauteur, le creuset compris, est de 6 à 7 pieds ($1^m,83$ à $2,13$), et quelquefois 8 pieds ($2^m,44$). Les faces de l'ouvrage font un très petit angle avec la verticale, en sorte que son diamètre supérieur diffère peu de la largeur du creuset.

Le creuset et l'ouvrage sont construits en grès réfractaire que l'on rencontre le plus souvent à la partie inférieure du terrain houiller.

Des étalages.

Les étalages sont le plus souvent coniques : on les raccorde par une surface courbe avec la base supérieure de l'ouvrage. Leur hauteur varie entre 6 ou 7 pieds ($1^m,83$ ou $2^m,13$); le diamètre supérieur est de 10 à 11 pieds $\frac{1}{2}$ ($3^m,05$ à $3^m,50$) pour les fourneaux destinés à donner de la fonte propre au moulage (*foundry-pig*), et de 11 à 13 pieds ($3^m,35$ à $3^m,96$) pour ceux qui doivent donner de la fonte d'affinage (*forge-pig*).

Nous verrons plus loin que, dans le pays de Galles, on a supprimé l'ouvrage de plusieurs fourneaux.

La cuve est généralement conique ou présente la forme d'une surface de révolution dont la génératrice est légèrement concave vers l'axe. Sa hauteur varie entre 27 et 32 pieds ($8^m,23$ et $9^m,76$); son diamètre au gueulard est de 3 à 4 pieds $\frac{1}{2}$ ($0^m,91$ à $1^m,37$). De la cuve.

. Les étalages et la cuve sont construits en briques réfractaires de Stourbridge; celles-ci sont de diverses dimensions. Nous donnerons plus loin quelques détails sur le nombre qu'on en emploie.

Enfin, tous les fourneaux sont surmontés d'une cheminée cylindrique de 8 ou 10 pieds ($2^m,44$ ou 3^m05) de hauteur. On ménage sur le côté une ouverture pour le chargement. De la cheminée.

On place toujours en avant de la face de tympe d'un haut-fourneau ou d'un système de hauts-fourneaux, un vaste hangar, sous lequel se fait la coulée. Le toit des hangars construits dans ces dernières années est ordinairement supporté par une charpente en fonte ou en fer, dont les fermes s'appuient sur des colonnes de fonte. Les mêmes charpentes sont employées dans les affineries; on paraît préférer aujourd'hui les charpentes de fer. Hangars.

Tous les hauts-fourneaux des environs de Dud- Appareil pour élever le minérai au niveau du gueulard.

ley sont bâtis dans la plaine, il faut donc élever le minérai et le coke à la hauteur du gueulard. On établit, à cet effet, un plan incliné en planches qui monte jusqu'au bas de la cheminée : ce plan est le plus souvent supporté par des pieds de fonte et des barres de fer. On pose dessus deux chemins de fer ou de fonte, entre lesquels se trouve un intervalle pour arriver au gueulard. Ces deux chemins servent de voie aux chariots qui portent le minérai et le charbon ; les chariots vides descendent pendant la montée des chariots pleins ; ils sont attachés à une corde passant sur une poulie de renvoi fixée à la partie supérieure du plan incliné : la corde s'enroule sur un treuil placé au bas du plan. Les cordes ou les chaînes des deux chariots, montant et descendant, passent sur le même treuil ; mais elles sont disposées en sens contraire, relativement au treuil, en sorte que l'une s'enroule lorsque l'autre se déroule. La corde du chariot à monter s'enroule donc sur le treuil, tandis que la corde du chariot à descendre se déroule, et celui-ci glisse par son propre poids. Le treuil doit donc tourner alternativement dans deux sens différens ; ce que l'on obtient facilement au moyen de deux roues d'embrayage, que l'on engrène alternativement avec la roue motrice. Le chariot, arrivant au haut du plan incliné, accroche une tige de fer, laquelle, par une suite de leviers, désengrène le treuil. Le chargeur, placé au gueulard, verse le minérai ou le charbon que le chariot apporte, et peut ensuite, de sa place, engrener convenablement le treuil, la roue motrice tournant continuellement. Par cette disposition, on évite de placer un ouvrier au bas du plan incliné pour manœuvrer les roues d'embrayage. Le plus souvent, c'est la machine à vapeur, qui fait marcher la soufflerie, qui donne aussi le mouvement au treuil de l'appareil élévatoire. A Horseley, une petite roue hydraulique sert à mouvoir ce treuil, et en même temps une meule à écraser de la houille pour le moulage.

Nous joignons ici les dessins de deux hauts-fourneaux du Staffordshire (1). Le fourneau (*fig.* 1, 2, 3, Pl. II) est construit depuis plusieurs années; il est de dimensions plus petites que les fourneaux que l'on bâtit aujourd'hui; sa hauteur n'est que de 38 à 39 pieds anglais (11^m,58 à 11^m,81).

Le fourneau (*fig.* 4 et 5) vient d'être bâti

Dessins de divers hauts-fourneaux du Staffordshire.

(1) Ces dessins, et en général presque tous ceux que nous joignons à ce Mémoire, sont pris sur des plans qui nous ont été communiqués ou que nous avons achetés, et sur l'authenticité desquels on peut compter. Nous avons eu soin de prévenir toutes les fois qu'il en était autrement.

dans les environs de Dudley; il a les dimensions les 'plus généralement adoptées aujour-
d'hui; il doit donner 60 tonnes de fonte (*forge-pig*) par semaine. La chemise descend jusqu'au
niveau de l'ouvrage, et l'espace vide A, com-
pris entre le bas de la chemise et les étalages,
est rempli de sable.

Coût d'éta-
blissement de
deux hauts
fourneaux.
L'établissement de deux hauts-fourneaux de
cette espèce accolés. coûte 1,800 livres sterling
(45,000 fr.).

Nombre et
dimensions
des briques
employées
dans la cons-
truction d'un
haut-four-
neau.
Voici le nombre de briques nécessaire pour
un seul haut-fourneau :

Briques communes (*red-bricks*) pour le massif. 160,000
Id. réfractaires (*fire-bricks*) pour la chemise... 3,900
— ——— ——— pour les étalages... 825

Les dimensions des briques réfractaires varient;
on en emploie de cinq espèces dans la chemise,
et de neuf dans les étalages. Elles ont toutes
six pouces d'épaisseur, et la forme de vous-
soirs.

On distingue les briques réfractaires par des
numéros. Voici le détail des briques nécessaires
pour des étalages ayant 7 pieds de longueur sur
la pente, 4 pieds de diamètre à la naissance, et
11 pieds 6 pouces au ventre :

Nos. des briques.	Nomb. des briques.	Long. des briq.	Plus grande largeur.	Moindre largeur.	Epaisseur.
1	26	2 p. 4 p°.	9 p°.	7 p°. 3/4	6 p°.
2	34	2 1	9	7 1/2	id.
3	34	1 10	8 1/2	6 1/2	id.
4	34	1 7	8 1/2	5 3/4	id.
5	34	1 4	8	8 1/2	id.
6	451	1 2	id.	id.	id.
7	76	1	id.	id.	id.
8	155	9	id.	id.	id.
9	76	9	id.	id.	id.

Le prix d'une brique réfractaire varie de 2 shillings 6 pences (3,10) à 3 shillings 6 pences (4,35).

La sole du fourneau (*fig.* 4 et 5) a 8 pieds carrés ; elle est faite de trois pierres réfractaires et entourée d'argile réfractaire sur l'épaisseur d'un pied ; cette disposition est indiquée dans le plan par des lignes pointées.

Voici encore les dimensions d'un fourneau donnant de la fonte pour moulage (*foundry-pig*) ; elles sont considérables ; mais on remarquera que les étalages sont très hauts et que les dimensions du creuset et du gueulard sont assez petites.

Dimensions d'un haut-fourneau pour fonte de moulage.

Hauteur de la cuve. . . . . . 30 pieds ($9^m,18$)
Hauteur des étalages. . . . . . 8 p. 6 p°. ($2^m,59$)

Haut. de l'ouvrage et du creuset. 7 p.   (2^m,13)

Ventre. . . . . 13 p. 4 p°. (4^m,06)

Diamètre infér. des étalages . 3 p. 6 p°. (1^m,06)

Largeur du creuset. . . . . . . 2 p. 3 p°. (0^m,68)

Diamètre du gueulard. . . . . 3 p. 4 p°. (0^m,01)

Cheminée. . . . . 13 p.   (3^m,96)

Ces dimensions sont plus grandes que celles que nous avons indiquées comme bonnes pour faire de la fonte de moulage : c'est pourquoi on doit regarder les nombres que nous avons donnés d'abord comme représentant les dimensions les plus usitées, plutôt que les limites dans lesquelles les fourneaux sont construits.

Machines soufflantes. Les seules machines soufflantes employées dans les usines à fer d'Angleterre sont des cylindres en fonte d'une grande dimension. Dans le Staffordshire, les pistons sont toujours menés par une machine à vapeur. On admet généralement qu'il faut une force de vingt-cinq (1) à trente chevaux pour souffler un haut-fourneau donnant de 45 à 60 tonnes de fonte par semaine. Le nombre des tonnes dépend de la qualité de la fonte fabriquée ; la fonte pour moulage (*foundry-pig*) exige plus de

---

(1) La force du cheval de vapeur est de 32,500 liv. élevées à un pied par minute, ce qui fait environ 4,500 kil. élevés à 1 mètre.

chaleur, et par conséquent plus de vent. Nous reviendrons sur ce sujet en parlant des machines soufflantes du sud du pays de Galles. Tous les régulateurs du Staffordshire sont des régulateurs à eau.

Les houilles du Staffordshire sont de nature *Nature du combustible.* très diverse. Un même banc en présente de différentes espèces. Les quantités de parties volatiles qu'elles renferment ne paraissent différer que dans d'étroites limites, puisque des renseignemens recueillis dans divers établissemens de ce comté s'accordent pour indiquer une perte en poids à la carbonisation à peu près constante, dans le cas où l'opération a été conduite de la même manière. Mais l'ensemble des propriétés est variable; aux environs de Wenesbury, les houilles sont très sulfureuses; dans d'autres localités, elles sont beaucoup plus pures.

Le seul minérai employé est le fer carbonaté *Des minérais.* des houillères : on en distingue un grand nombre de variétés, qui diffèrent par la richesse et le gisement. Les minérais les plus pauvres contiennent 20 à 24 pour 100 de fer; ils forment de petites couches dans le terrain houiller. Les plus riches, qui se trouvent en rognons dans les couches de houille, contiennent 35, 40 et même 45 pour 100 de fer.

On mélange ces minérais avant de les sou-

3.

mettre au grillage. La richesse la plus ordinaire du mélange est de 30 à 33 pour 100 avant le grillage. La perte en poids, par cette opération, est d'environ 25 pour 100; en sorte que la richesse moyenne du minérai versé dans le haut-fourneau est de 40 à 44 pour 100.

De la castine. C'est le calcaire de transition des environs de Dudley, qui est employé comme castine dans tout le pays : il est assez dur et mélangé d'un peu d'argile; on le brise en morceaux d'une grosseur un peu moindre que celle du poing.

Travail des hauts-fourneaux du Staffordshire.

Mise en feu. On apporte en Angleterre le plus grand soin à la mise en feu des hauts-fourneaux. L'ouvrage est très sujet à éclater si l'on ne procède avec infiniment de précautions. Cet accident eut lieu lorsque l'on mit en feu pour la première fois l'un des hauts-fourneaux de l'usine de M. Cockerill à Liége, dont on avait construit l'ouvrage avec un grès quarzeux venu d'Angleterre. Voici quelques renseignemens sur la marche que l'on suit dans le Staffordshire. Lorsque le haut-fourneau est neuf, on commence par dessécher le massif avant que l'ouvrage, le creuset et les étalages soient terminés. On allume, pour cela, du feu dans les canaux qui règnent verticalement dans les quatre angles du fourneau ; on a soin de ralentir le tirage en bouchant les ouvertures. En même temps, on achève la construction du creuset et les étalages : on les laisse sécher ensuite pendant huit jours à l'air, et ce n'est qu'après cela que l'on commence à allumer des feux de coke dans les embrasures à quelques pieds de l'ouvrage. On les approche graduellement de l'intérieur du fourneau ; on garnit l'ouvrage de briques, et enfin l'on jette des cokes incandescens dans le creuset ; on continue d'après les méthodes ordinaires. On remplit le fourneau de combustible, en ayant soin de n'introduire une charge que lorsque la couche supérieure de coke de la précédente est devenue incandescente. On ferme toutes les ouvertures pour modérer le tirage. L'opération dure en tout cinquante jours, dont vingt pour la dessiccation du massif seulement. La cuve étant remplie de cokes enflammés, on permet un libre accès à l'air, en ouvrant successivement les différens trous ; on charge d'abord des laitiers, et on donne le vent dès qu'ils paraissent devant la tuyère.

Nous avons déjà dit que la plupart des hauts-fourneaux du Staffordshire avaient trois tuyères, mais le plus souvent ne travaillaient qu'avec deux ; ce n'est que dans quelques cas particuliers, dans ceux d'accidens, que l'on agit avec les trois tuyè-

res à la fois. N'ayant pas exactement les dimensions des machines soufflantes, nous ne connaissons pas la quantité de vent lancée dans le fourneau dans un temps donné. Les buses ou orifices par lesquels le vent s'échappe ont de 2 à
3 pouces de diamètre; on fait de très bonne fonte
avec des buses de 2 pouces $\frac{3}{8}$ de diamètre. La
pression du vent est assez faible, elle est d'une
livre et demie à une livre trois quarts par pouce
carré ; le vent n'entre pas très régulièrement dans
le fourneau, quoique toutes les machines soufflantes soient pourvues de régulateurs à eau; les
régulateurs sont peut-être trop petits.

Pression du
vent.

On travaille soit avec une tuyère obscure, soit
avec une tuyère brillante, cela dépend des matériaux que l'on a à sa disposition et de la fonte que
l'on veut avoir : la meilleure fonte est ordinairement produite avec une tuyère obscure. Il n'est
pas toujours possible d'obtenir l'obscurité de la
tuyère, un des moyens les plus employés consiste à augmenter la proportion de calcaire.

État de la
tuyère.

Le nombre des charges passées en douze heures
est assez variable; il est de vingt, vingt-cinq, et
va quelquefois jusqu'à quarante; il paraît être le
plus souvent de trente. La charge se compose de
5 à 6 quintaux de coke; de 3, 4 et quelquefois
jusqu'à 6 quintaux de minérai grillé : cela dépend et de la richesse du minérai et de la fonte

Nombre des
charges pas-
sées en douze
heures.

Composition
des charges

que l'on veut obtenir. La quantité de castine est, moyennement, le tiers en poids du minérai grillé. Le coke est apporté au fourneau dans des paniers, le minérai l'est dans des bâches en tôle ; chaque charge contient huit à neuf paniers de coke, douze bâches de minérai grillé, et six bâches de castine.

Lorsque la marche du fourneau est réglée, la chaleur est considérable, la flamme du gueulard paraît au dessus de la cheminée ; elle est assez forte pour être visible le jour et elle répand la nuit une très grande lumière. Marche du
fourneau.

Les laitiers sortent naturellement par dessus la dame ; on hale la portion, qui se trouve dans le creuset au moment de la coulée de la fonte.

On coule deux fois en vingt-quatre heures, ordinairement à six heures du matin et à six heures du soir ; c'est aussi le moment où les chargeurs se remplacent. Avant de quitter son poste, le chargeur doit accumuler de part et d'autre des ouvertures de chargement plusieurs charges de minérai et de coke, de manière que ces ouvertures soient complétement fermées. Coulée.

Au moment de la coulée, on retire le laitier et quelques morceaux d'argile qui servaient à fermer l'avant-creuset à la fin de la coulée précédente : ce travail est quelquefois assez pénible. Il faut enfoncer des ringards dans le creuset et souvent on ne parvient à le faire qu'avec diffi·culté. Le creuset étant nettoyé, on enlève la plus grande partie de l'argile qui ferme le trou de coulée, et on finit par l'ouvrir au moyen d'un ringard qu'on fait entrer à coups de marteau. Pour avoir plus de facilité à enfoncer cet outil, on l'appuie sur un pied de fer d'environ 15 pouces de hauteur et posé à un pied et demi du trou de coulée.

La coulée finie, on arrête le vent : on bouche le trou avec un sable argileux un peu humide ; on le bourre avec un ringard et un autre instrument de fer terminé par une petite pelle carrée, dont le plan est perpendiculaire au manche de l'instrument. On ferme la partie supérieure de l'avant-creuset et on redonne le vent.

Il est à remarquer que, dans beaucoup de hauts-fourneaux, la tympe est très inclinée, en sorte que l'avant-creuset est assez grand ; la dame est aussi fort inclinée intérieurement : tout cela rend plus aisé le travail que nous venons d'indiquer ; enfin, la ligne inférieure de la tympe est plus haute que la ligne supérieure de la dame : il en résulte encore plus de facilité pour travailler dans l'intérieur du creuset.

Produits.   Les produits sont de deux espèces, les laitiers et la fonte.

C'est par les laitiers qu'on juge le plus sou- Laitiers.
vent de la marche d'un fourneau. Un bon laitier doit être peu fluide et très chargé de chaux ;
sa couleur est alors un gris un peu jaunâtre,
quelquefois un peu bleuâtre ; il est opaque
ou très faiblement translucide ; on remarque
quelquefois de très petits cristaux sur les laitiers ;
on trouve même des morceaux assez gros formés complétement de la réunion de ces cristaux.

Les laitiers sont différens, suivant la qualité
de la fonte qui leur correspond : ceux qui proviennent d'un travail donnant de la fonte pour
l'affinage sont le plus souvent complétement
opaques.

Un laitier vitreux, d'une couleur très foncée,
indique toujours un mauvais travail.

Les laitiers sont quelquefois moulés en prismes
et on les emploie pour bâtir des murs de clôture.

Ainsi que nous l'avons indiqué au commen- Fonte.
cement de ce Mémoire, on distingue plusieurs
qualités de fonte ; celle que l'on cherche le plus
souvent à obtenir est la fonte moyenne, plus ou
moins grise suivant qu'on la destine au moulage
ou à l'affinage. Pour faire de bonnes fontes grises,
il ne suffit pas de rétrécir le ventre des fourneaux, de diminuer la pente des étalages, et de
conduire le travail chaudement, il faut encore
charger des minérais et des cokes suffisamment

purs. On ne saurait obtenir avec certains minérais et avec des cokes sulfureux que des fontes
blanches ou truitées.

Quelques pièces de moulage sont coulées immédiatement du haut-fourneau. Le plus souvent,
la fonte est coulée en petites gueuses de 3 à
4 pieds de longueur et du poids de 2 quintaux à
2 quintaux et demi (100 à 125 kilogrammes).

Production
hebdoma-
daire.

Les hauts-fourneaux du Staffordshire donnent en général cinquante tonnes par semaine.
Le produit est quelquefois beaucoup plus considérable ou moindre, cela dépend et des dimensions du fourneau et de la nature de la fonte;
on obtient généralement plus de fonte propre à
l'affinage que de fonte de moulage dans le même
temps.

Durée des
campagnes.

La durée des campagnes est ordinairement de
quatre à six ans : au bout de ce temps, on est
obligé de mettre hors et de réparer le creuset,
l'ouvrage et les étalages. La durée moyenne de la
chemise est d'environ douze ans, en sorte qu'une
chemise peut servir pendant deux ou trois campagnes.

On prolonge quelquefois la durée des campagnes en réparant l'ouvrage avec de l'argile, à mesure qu'il se dégrade, ou en déterminant la formation de dépôts de fer affiné aux environs de la
tuyère, afin de rétrécir le fourneau. On mar-

che ainsi jusqu'à ce que la fonte devienne trop mauvaise ou la consommation en combustible trop considérable pour que l'on puisse continuer plus long-temps avec avantage. On a fait de cette manière des campagnes de quinze et même vingt ans.

Consommations, dépenses.

Nous donnerons ici les consommations de six hauts-fourneaux des environs de Dudley, au moyen desquelles nous avons calculé le prix de fabrication d'une tonne de fonte propre à l'affinage (*forge-pig*).

Consomma- tions.

HAUTS-FOURNEAUX DE						
	Gospel-oak.	Guildo-hill.	Moor-crift.	Wil-ling-worth.	Broad-men-dows.	Capon-field.
	tons. qt	tons. qt.	t. qt.	t. qt.	t. qt.	t. qt.
Charbon.....	3 18	3 15	3 16	3 18	3 17	3 15
Minérai cru..	3 »	2 18	2 18	2 18	2 17	3 »
Castine.. . ..	15	12	14	15	15	12

Le résultat moyen de ces six hauts-fourneaux est :

Houille. . . 3 ton. 16 qt. 60 liv. (5,884 kilog.)
Minérai. . . 2 ton. 18   100   (2,988,69)
Castine. . . ».   13   100   (705,06)

(Le quintal est de 112 livres.)

La consommation en houille comprend la consommation du grillage et celle du haut-fourneau ; il faut y ajouter la houille brûlée pour la machine soufflante, la quantité en est quelquefois considérable. Elle est d'une tonne ou trois quarts de tonne de houille menue lorsque la machine ne souffle qu'un seul fourneau, mais d'une demi-tonne seulement lorsque la machine souffle plusieurs fourneaux. Dans notre calcul, nous la supposerons d'une demi-tonne.

La houille menue vaut de 2 à 3 shillings la tonne.

La houille employée à faire le coke vaut de 6 à 7 shillings la tonne ; nous supposerons que la moyenne est de 6 shillings.

Le prix des différens minérais dont on se sert pour fabriquer la fonte de forge varie de 4 à 10 shillings la tonne ; il descend rarement au dessous de 7 shillings. Nous prendrons 7 shillings pour moyenne.

Enfin, après plusieurs années de travail dans une usine bien conduite, on a évalué que les faux frais de la fabrication d'une tonne de fonte,

comprenant la main-d'œuvre, les frais d'administration, l'intérêt des capitaux, etc., étaient de
22 à 23 shillings.

Cela posé, voici le prix de fabrication d'une
tonne de fonte de fer (*forge-pig*) :

t.	cw.	liv.		sh.	liv.	sh.	d.
3	16	60 de houille, à 6 la tonne. .		1	3	»
2	18	100 de minérai, à 7 la tonne...		1	»	8
	13	100 de castine, à 6 la tonne...		»	3	11
	10	» de houille menue, à 3		»	1	6
		Faux frais.		1	2	6

TOTAL. . . . . .L 3 11 7

Réduisant ces nombres en kilogrammes, on
trouve que le prix de fabrication d'un quintal
métrique de fonte peut être ainsi établi :

383^k,00 de houille, à 0,74 les 100 kilogr. f. 2,85
295 ,00 de minérai, à 0,87 *id*... 2,55
70 ,00 de castine, à 0,74 *id*. 0,52
50 ,00 de houille menue, à 03,7 *id*. 0,18
Faux frais. 2,79

TOTAL. . . . . f. 8,87

Pour la fonte douce, on brûle plus de houille,
et l'on se sert de minérai plus pur, dont le prix
moyen monte jusqu'à 10 shillings la tonne. La

main-d'œuvre et la partie des intérêts du capital, réparties sur une tonne, sont aussi un peu plus considérables.

Voici à peu près le prix de fabrication d'une tonne :

ton.	qx.	liv.		sh.	liv.	sh.	d.
4	10	»	de houille, à 6 la t.		1	7	»
2	15	»	minérai. . . .	10	1	7	6
»	10	»	houil. menue.	3	»	1	6
»	15	»	castine.	6	»	4	6
Main-d'œuvre, intérêts, etc.					1	6	»

TOTAL. . . 4 6 6

D'où l'on déduit pour le prix du quintal métrique :

kil.			fr.
450,00	houille. . . . . . à 0,74 le qal. mét.		3,33
275,00	minérai. . . . . . . 1,25.		3,43
50,00	houille menue. . . . 0,37.		0,18
75,00	castine. . . . . 0,74.		0,54
Main-d'œuvre, intérêts, etc..			3,22

TOTAL. . . . 10,70 (1).

(1) Ces prix de fabrication éprouvent nécessairement de légères variations en plus ou en moins suivant la position des usines. Aussi ne prétendons-nous donner qu'un exemple du coût de la fonte aux établissemens placés dans une

FABRICATION DE LA FONTE DANS LE SUD DU PAYS DE GALLES.

Fourneaux, machines et matières premières.

La forme extérieure des hauts-fourneaux du pays de Galles diffère peu de celle des hauts-four-neaux du Staffordshire : ce sont aussi des pyramides quadrangulaires tronquées, quelquefois la partie supérieure est conique. On remarque quel-

Forme exté-rieure de ces fourneaux.

---

situation moyennement favorable. On pourra objecter à l'exactitude de nos calculs que des fontes de forge ont été livrées cet été à 3 liv. st. 15 sh. la tonne et des fontes douces à 4 livres 10 sh. ; mais le profit était très petit, et même il n'est pas impossible que , comme cela est arrivé dans quelques unes de nos usines en France , on ait vendu à perte. Nous faisons d'ailleurs entrer dans les faux frais l'intérêt du capital à 5 pour 100, tandis que les Anglais se contentent souvent de 1 1/2 ou 2 : toujours est-il qu'aujourd'hui (juillet 1829), d'après le journal de Birmingham, plus de 20 fourneaux du Staffordshire chôment , à cause du bas prix des fontes.

Quelques-uns des chiffres correspondans au prix des matières premières ne sont pas les mêmes que ceux que nous avons donnés dans les *Annales des Mines ;* nous les avons modifiés d'après des renseignemens que nous avons reçus récemment d'Angleterre.

ques fourneaux d'une construction très légère ;
nous donnerons quelques détails sur l'un d'eux.

Hauteur.

La hauteur des fourneaux est plus grande que
dans le Staffordshire ; elle est le plus souvent de
45 à 5o pieds anglais : nous en avons vu un qui
avait 62 pieds d'élévation.

Différentes
parties qui
les compo-
sent.

On distingue aussi quatre parties dans les
hauts-fourneaux du pays de Galles, savoir : le
creuset, l'*ouvrage*, les *étalages* et la *chemise*. Dans
ces dernières années, on en a construit un grand
nombre, dans lesquels l'ouvrage est complète-
ment supprimé, quelques uns même n'ont pas
de creusets ; l'intérieur consiste en deux troncs de
cône réunis par leur grande base. La sole de
ces nouveaux fourneaux est arrondie vers la *rustine ;* cela rend le travail plus facile : ce qui a
conduit à adopter cette nouvelle forme de fourneau, c'est que l'on prétend qu'au bout de deux
mois de travail dans les fourneaux ordinaires,
l'ouvrage est dégradé de manière que le fourneau
la prend réellement, et on espère, en la lui
donnant de suite, faire de plus longues campagnes.

Les dimensions de ces nouveaux fourneaux,
et en général de tous les hauts-fourneaux du pays
de Galles, sont considérables.

Dimensions
du creuset.

Les dimensions du creuset varient de 2 pieds
4 pouces de largeur à 6 pieds, de 6 à 7 pieds de

longueur perpendiculairement à la face de rustine ; enfin, de 2 pieds 2 pouces à 5 pieds de profondeur.

Les fourneaux qui ont un creuset de 2 pieds 4 pouces à 2 pieds 6 pouces de largeur ont un ouvrage. La hauteur de l'ouvrage et du creuset est de 6 pieds 6 pouces à 8 pieds ; le diamètre supérieur de l'ouvrage est de 3 pieds 6 pouces à 5 pieds. Ces deux parties du fourneau sont bâties en grès réfractaire à gros grains, celui-ci renferme même quelquefois des morceaux de quartz assez gros : il se trouve à la partie inférieure du terrain houiller.

Les étalages ont de 6 à 9 pieds de hauteur, le diamètre au ventre est de 15, 18 et même 20 pieds.

Enfin, la chemise a de 28 à 32 pieds de hauteur ; elle est souvent conique et se compose quelquefois de deux parties, d'une partie cylindrique et d'une partie conique ; souvent aussi elle est courbe, de manière que sa tangente est verticale aux points de raccordement avec les étalages, qui sont aussi quelquefois courbes. Nous avons remarqué cette disposition dans l'usine de Cyfarthfa appartenant à M. Crawshay.

Les gueulards sont considérables, leur diamètre varie entre 6, 10 et même 12 pieds.

Les étalages et la chemise sont bâtis en briques

réfractaires faites souvent dans l'usine même.
L'argile (*fire-clay*), qui entre dans la fabrication
de ces briques, forme une couche assez épaisse
placée immédiatement au dessus de la couche
principale de houille : cette argile est assez
compacte; on commence par la broyer entre des
cylindres; pour cela, on la jette dans une trémie, de laquelle elle tombe d'abord sur une
paire de cylindres cannelés dans le sens des arêtes; puis sur une seconde paire de cylindres polis. L'argile ainsi écrasée est broyée dans une
danaïde avec un peu d'eau. Un axe vertical, portant plusieurs bras, tourne dans la danaïde; le
reste de la fabrication des briques ne présente
rien de particulier; les cylindres sont souvent
menés par une roue hydraulique.

Les hauts-fourneaux sont surmontés d'une
cheminée en briques, de 8 ou 10 pieds de hauteur. Cette cheminée présente deux ou quatre
grandes portes par lesquelles on charge le fourneau; ces ouvertures sont souvent fermées par
des portes de tôle dans l'intervalle des charges.

Comme nous l'avons déjà dit à l'article du grillage des minérais, les hauts-fourneaux sont adossés
à des collines, et le grillage du minérai, ainsi que
la carbonisation de la houille, se fait à la hauteur
du gueulard; on évite ainsi les appareils éléva-
toires employés près de Dudley.

Nous joignons ici quelques croquis de hauts-fourneaux du pays de Galles.

La *fig.* 1 , Pl. III, donne les dimensions exac- tes d'un fourneau de Pontypool. Il est à trois tuyères ; le plus souvent on ne souffle que par deux à la fois : elles ne sont pas tout à fait vis à vis l'une de l'autre ; mais en prolongeant des lignes qui leur seraient parallèles, et passant par leur centre, la moindre distance de ces lignes serait d'un pouce. Les tuyères sont en fonte et ont la forme d'un demi-tronc de cône ; les dimensions de l'orifice qui donne dans le fourneau sont de 4 pouces de hauteur et 4 pouces $\frac{2}{8}$ à la base. Le massif de ce fourneau est en briques, la cuve et les étalages en briques réfractaires ; le creuset est en grès.

Les *fig.* 2 et 3 représentent les coupes de deux fourneaux de l'usine de Cyfarthfa.

Dans une autre usine des environs de Merthyr-Tydwil au Plymouth-Works, on emploie des fourneaux de dimensions différentes ; les premiers ont la forme ordinaire, environ 40 pieds (12^m,20) de hauteur et 15 pieds (3^m,96) de diamètre au ventre ; les autres ont 45 pieds (13^m,72) de hauteur, 13 pieds (5^m,48) de diamètre au ventre. Ces derniers n'ont point d'ouvrage.

Le fourneau, *fig.* 4 , appartient à l'usine de Dowlais, c'est le plus vaste de tout le pays. Les

4.

dimensions nous ayant été communiquées par les ouvriers, nous ne pouvons pas être bien certains de leur exactitude. Nous donnerons plus loin le dessin exact d'un haut-fourneau de ce genre que l'on bâtit actuellement en Écosse. L'usine de Dowlais a neuf autres hauts-fourneaux ayant 18 pieds de diamètre au ventre.

Fourneau de Pen-y-Darran.

Le fourneau, *fig.* 5, appartient à l'usine de Pen-y-Darran, nous n'en avons pas vu le dessin ; nous tenons les dimensions du Directeur, nous ne pouvons pas en garantir l'exactitude. Ce fourneau présente une disposition particulière : ce sont des trous placés à la hauteur de l'ouvrage, au dessus des tuyères, dans lesquels on peut introduire les buses dans le cas d'un dérangement.

Fourneau de Neath-Abbey.

La *fig.* 6 donne les dimensions exactes d'un fourneau existant à Neath-Abbey, chez M. Price ; il produit principalement de la fonte de moulage. Il est souvent soufflé par trois tuyères.

Fourneau de Swansea.

Enfin, le fourneau, *fig.* 6, 7, 8 et 9, Pl. II, est bâti dans les environs de Swansea ; il est remarquable par la légèreté de sa construction : il est cylindrique jusqu'à la hauteur du ventre ; ensuite il a la forme de l'intérieur même du fourneau, puisqu'à partir de là il n'y a pas de massif, mais une simple chemise faite d'une seule épaisseur de briques. Près du gueulard, les briques n'ont que 9 pou-

ces de longueur, 2 pouces $\frac{1}{2}$ d'épaisséur et 5 pouces de largeur.

Ce fourneau a trois embrasures de tuyères; les
fig. 6 et 7 en représentent le plan. Les parois
sont en pierres, et les lignes horizontales représentent la projection horizontale de sept pièces
de fonte soutenant l'ouvrage et les étalages ; on
peut voir ces pièces en projection verticale dans
les *fig.* 7 et 9; elles sont rangées en escalier. Les piliers *aa* et *bb, fig.* 9, sont en fonte et ont environ 9
pieds de hauteur. Le fourneau est soutenu par huit
de ces piliers, deux à chaque embrasure de tuyère et
deux à l'embrasure de coulée ; leur épaisseur est
de 14 pouces. Ils supportent des pièces *d* en
fonte, *fig.* 9, de 8 pouces de hauteur et 3 d'épaisseur; les briques avancent jusque sur ces plaques,
en sorte qu'elles ne font aucune saillie.

Le fourneau est relié dans toute sa hauteur
par des cercles de fer formés de quatre pièces.
On place d'abord contre le massif, et suivant
la hauteur, quatre barres de fer *fg* ; on ramène
sur cette barre les deux extrémités *i* et *k* du cercle; on place par dessus une pièce de fer MN, et
on unit toutes ces pièces par cinq boulons.

Les cercles sont à peu près à 3 pouces $\frac{1}{2}$ ou
4 pouces de distance les uns des autres ; ils ont
4 pouces de hauteur et 1 $\frac{1}{2}$ pouce d'épaisseur. Il
y en a soixante-six sur toute la longueur du four-

neau; le dernier est un peu au dessus du plan des tuyères. Ils sont moins rapprochés au bas du fourneau, à partir des piliers de fonte, que dans la partie supérieure. Entre ceux-ci, il n'y a que des portions de cercles, qui leur sont attachées par des boulons.

Les tuyères sont en fonte; elles ont 2 pouces $\frac{1}{2}$ de diamètre horizontal, 3 pouces $\frac{1}{2}$ de diamètre vertical et 18 pouces de longueur.

Observations générales. On peut, à l'inspection des croquis de ces divers fourneaux, voir les grandes différences qui existent entre leurs dimensions. Nous n'avons pas de renseignemens assez précis sur leurs consommations pour décider lequel devrait être préféré; d'ailleurs il ne paraît pas que celles-ci soient très différentes.

Production. Le produit de quelques uns de ces fourneaux est énorme; ceux qui ont 18 pieds au ventre donnent 90 et même 100 tonnes de fonte (*forge-pig*) par semaine : on espère que le fourneau, *fig.* 4, donnera jusqu'à cent vingt tonnes par semaine. Ce fourneau a été mis en feu peu de jours avant notre arrivée à Merthyr-Tydwil (1).

La plupart des massifs de ces fourneaux sont bâtis en grès houiller à grains fins.

---

(1) Nous avons appris qu'un accident avait forcé de mettre hors.

Nous décrirons d'abord la seule forme de machine soufflante employée dans le pays de Galles, nous indiquerons ensuite les dimensions de quelques unes de ces machines. Machines soufflantes.

La machine dont nous donnerons la description est construite, chez M. Price, à Neath-Abbey (Glamorganshire) : c'est de cette usine que sortent la plupart des machines soufflantes du pays de Galles. Machine soufflante servant de type.

Elle consiste en un grand cylindre en fonte à double effet : l'air entre à la partie supérieure par des boîtes portant des clapets de cuir; à la partie inférieure, la base du cylindre est percée de trous fermés également par des clapets de cuir. L'air sort par des tuyaux en passant par des clapets verticaux, qui s'ouvrent en sens contraire des premiers; ces tuyaux se réunissent à une certaine distance. Tout l'appareil repose sur un soc en fonte. Idée générale de la machine.

Le piston est construit comme il suit (voy. Pl. III, *fig.* 7 et 7 *bis*) : sur un disque en fonte *ab*, *fig.* 7, est fixée une plaque *gg* également circulaire, avec un rebord *ee*, et portant huit saillies triangulaires *cc*. Un cylindre creux *pq*, auquel aboutissent les saillies *cc*, et qui attient également à la plaque *gg*, est traversé par la tige T; cette tige est fixée par une clavette *nn*. Un anneau *dd*, subdivisé en huit segmens *s* (voy. la *fig.* 7 *bis*), suc- Piston.

cède *ge* à la plaque *ge, fig.* 7, et lui est attaché par des vis et écrous ; enfin, entre cet anneau et la plaque est serrée une double bande de cuir *ff*. Lorsque le piston monte, la pression de l'air fait frotter la garniture supérieure *f*; lorsqu'il descend, un effet semblable se produit à l'égard de la garniture inférieure, au moyen de huit trous dont est percée la plaque *ab*, afin de permettre à l'air de passer. La plaque *a b* sert principalement à bien centrer le piston et à le guider dans le cylindre.

Dimensions de la machine.   Les dimensions de cette machine varient ; les plus grandes ont un cylindre de 112 pouces (2^m,84) de diamètre et de 9 pieds (2^m,74) de hauteur. Ce cylindre pèse sept tonnes (7,105 kil.); son prix est calculé à raison de 30 livres sterling la tonne, le cylindre étant allésé (75 fr. le quintal métrique).

Les dimensions que l'on donne le plus souvent à la machine soufflante sont les suivantes :

Diamètre, 105 pouces (2^m,66) ;

Course du piston, 8 pieds (2^m,44) ;

Nombre de levées du piston par minute, 15.

La machine à vapeur dont la force est employée à mouvoir le piston est de 52 ½ pouces (1^m,33) de diamètre, ce qui est la moitié du diamètre du cylindre soufflant ; elle est de la force de 110 chevaux.

Ces dimensions sont convenables pour une machine soufflante destinée à trois hauts-fourneaux et trois fineries. En admettant que quinze chevaux soient suffisans pour les trois fineries, il en résulte qu'il faut trente et un $\frac{2}{3}$ chevaux pour souffler un haut-fourneau. Cette machine est quelquefois employée à souffler quatre hauts-fourneaux ; mais alors on augmente un peu la vitesse du piston.

En admettant quinze levées par minute et que tout l'air condensé sorte par les buses, la quantité d'air fournie serait de 14424 pieds cubes (408$^{\text{m.c.}}$,20) anglais par minute. Ces machines étant exécutées avec beaucoup de soin, on peut supposer que les 0,95 de l'air total sont lancés dans les fourneaux, ou 13703 pieds cubes (387,80 mètres cubes) par minute.

Deux machines, ayant les dimensions que nous venons d'indiquer, soufflent les six hauts-fourneaux de Pontypool, appartenant à la British-iron-Company : nous avons donné plus haut les dimensions des fourneaux. L'air sortant des cylindres se rend dans une grande boîte rectangulaire, qui sert de régulateur. Les régulateurs secs sont généralement préférés aux régulateurs à eau dans le pays de Galles. En été principalement, l'air sorti des régulateurs à eau est chargé de trop

d'humidité; la marche du fourneau peut être dé-
rangée.

La machine soufflante des trois hauts-fourneaux
dessinés, *fig.* 1, Pl. III, a 100 pouces de diamètre ;
la course du piston est de 8 pieds ; le nombre des
levées de seize par minute. La pression du vent
varie de 2 livres à 2 livres $\frac{1}{4}$ pendant la course
du piston. La machine souffle deux fineries , outre les trois hauts-fourneaux; elle est menée par
une machine à vapeur de la force de cent chevaux , ce qui fait environ trente chevaux par
fourneau.

Le vent entre dans les hauts-fourneaux par six
buses, ayant chacune 3 pouces ($0^m,076$) de diamètre. Calculant la quantité d'air fournie par la
machine, on trouve 13280 pieds cubes ($375^{m.c.},82$)
par minute.

Le régulateur est un grand vase en tôle cylindrique terminé par deux calottes sphériques ; il
a 30 pieds ($9^m,15$) de longueur et 16 pieds ($4^m,88$)
de diamètre, environ 6029 pieds cub. ($170^{m.c.},62$):
c'est près de quatorze fois le volume du cylindre
soufflant.

Machine souf-
flante de Pen-
y-Darran. A l'usine de Pen-y-Darran, près Merthyr, trois
hauts-fourneaux, dont les dimensions sont données par la *fig*. 5, reçoivent le vent d'une machine soufflante de 108 pouces ($2^m,74$) de dia-

mètre, de 8 pieds ($2^m,44$) de course , et faisant quatorze levées par minute. Cette machine souffle quelquefois quatre hauts-fourneaux, le nombre des levées est alors de dix-huit par minute. La machine à vapeur a 52 pouces $\frac{1}{2}$ ($1^m,33$) de diamètre ; sa force est estimée de quatre-vingt-quinze chevaux.

La pression du vent est de $2\frac{1}{4}$ livres anglaises par pouce carré, ou $0^k,1701$ par centimètre carré. Chaque fourneau est ordinairement soufflé par deux tuyères , les buses ont $2\frac{1}{2}$ pouces à 3 pouces de diamètre. En supposant que la machine fasse quatorze levées par minute, on trouve qu'elle fournit 13530 pieds cubes ($402^m.^c,901$) d'air par minute.

Pression du vent.

Le petit fourneau, *fig.* 9, Pl. II, est soufflé par une machine dont le diamètre est de 50 pouces ; la course du piston est de 6 pieds 3 pouces ; il donne dix-huit levées par minute : outre le haut-fourneau, elle souffle une petite finerie et deux fourneaux à la Wilkinson.

Machine soufflante du fourneau de Swansea.

On peut conclure de ce qui précède que la force nécessaire pour souffler un haut-fourneau du pays de Galles est de vingt-huit à trente chevaux. On assure qu'elle est quelquefois beaucoup plus considérable, qu'elle s'élève à quarante ou quarante-cinq chevaux pour les hauts-fourneaux ayant 18 pieds de diamètre au ventre, et

Force nécessaire pour souffler un haut-fourneau dans le pays de Galles.

donnant 90 tonnes de fonte par semaine ; enfin , qu'il faudra une force de cinquante à soixante chevaux pour souffler le haut-fourneau dont les dimensions sont données par la *fig.* 4.

Houilles. Les gîtes de combustible minéral se montrent dans le pays de Galles sur une ligne courbe, espèce d'ellipse très allongée de l'Est à l'Ouest. Dans le midi du Glamorganshire, on trouve des houilles très bitumineuses ; lorsque l'on s'éloigne de part et d'autre du point où on les rencontre, on voit la quantité de parties volatiles diminuer, et l'on arrive par gradations insensibles à l'anthracite , qui s'étend sur une grande étendue des portions d'ellipse dont les convexités sont tournées vers le Nord ou vers l'Ouest. M. Philipp Taylor, qui nous a confirmé ce fait extrêmement curieux, dont M. Price nous avait déjà entretenu en Angleterre , ajoute que le même terrain paraissait renfermer l'anthracite et les houilles bitumineuses. Nous regrettons de n'avoir pu étudier des circonstances géologiques aussi intéressantes avec tout le soin qu'elles mériteraient. A Pontypool , les houilles sont moyennement bitumineuses ; à Mertbyr, elles ne paraissent éprouver qu'une assez faible perte en poids à la carbonisation, et l'on y brûle souvent des mélanges de houilles diversement riches en bitume. Près de Swansea , un fourneau placé entre la houille bitumineuse

et l'anthracïte les emploie simultanément (voy.
page 485). Les houilles dont on se sert chez
M. Hunt, à Pontypool, provenant d'affleuremens
de couches, sont d'une qualité inférieure. Elles
renferment une assez forte quantité de pyrites ;
celles de Merthyr sont plus pures.

Les minérais fondus dans le pays de Galles   Minérais.
sont, comme dans le Staffordshire, le fer carbonaté des houillères, dont on distingue aussi plusieurs variétés. Ils sont mélangés et grillés ; le
mélange de minérai cru est, moyennement, de
30 à 33 pour 100 de richesse.

La richesse est quelquefois plus considérable.
On nous a dit à Dowlais que 2 tonnes 5 quintaux à 2 tonnes 10 quintaux de minérai cru
donnaient une tonne de fonte. La perte, dans le
grillage, est de deux septièmes du poids. En admettant que 2 tonnes 9 quintaux donnent une
tonne de fonte, la richesse du minérai cru serait
de 40 pour 100 et celle du minérai grillé de près
de 60.

A Pontypool, on calcule que 3 tonnes 3 quintaux de minérai cru donnent une tonne de fonte.

A Neath - Abbey, on compte 3 tonnes 10
quintaux.

Dans quelques usines, on fond une petite
quantité de minérai de fer hématite du Lancashire et des scories de fourneau de puddlage et

de réchauffage. A Abergavanny, on n'emploie quelquefois que l'hématite et les scories, le mélange se compose alors de quatre parties de scories et d'une de fer hématite. A l'usine de Pen-y-Darran, on a remarqué que la fonte avait un retrait considérable lorsqu'on mélangeait des scories au minérai carbonaté.   .

Castine.   On emploie en général comme castine le calcaire qui se trouve au dessous du terrain houiller dans le pays de Galles : il est désigné par MM. Philips et Conybeare, sous le nom de *carboniferous* ou *mountain limestone* (calcaire carbonifère ou calcaire de montagne); il est ordinairement d'un gris noirâtre, assez dur.

On compte généralement que la quantité de castine versée dans le haut-fourneau est le tiers en poids du minérai cru ; elle est quelquefois un peu moindre : d'ailleurs, elle varie un peu avec la nature de la fonte que l'on veut obtenir.

Travail des hauts-fourneaux du pays de Galles.

Ce travail est à peu près le même que dans le Staffordshire ; la conduite du fourneau, la coulée, ne présentent rien de particulier.

Quantité de vent et pression.   Nous avons déjà donné la quantité de vent versée dans un haut-fourneau ; elle est entre 3,000 et

4,000 pieds cubes, le volume étant pris à la pression atmosphérique. Cet air est le plus souvent
lancé par deux orifices, dont le diamètre est de
$2 \frac{1}{2}$ à 3 pouces et quelquefois de 4 pouces. Les
grands fourneaux ayant 18 pouces au ventre
travaillent ordinairement avec trois tuyères. La
pression du vent n'est jamais bien considérable ;
elle est de $1 \frac{1}{4}$ à $1 \frac{3}{4}$ de livre ; rarement elle dépasse 2 livres par pouce carré ($0^k,0946$ à $0,1133$
à $0^k,1510$ par centimètre carré).

Souvent on travaille à tuyère obscure et quelquefois même avec un nez, c'est ce que l'on fait
à Pontypool. Si le nez est trop long, on le casse
avec un ringard; on passe quelquefois pour cela
l'outil par la tuyère de rustine.

Etat de la
tuyère.

Le nombre des charges est variable, il est
assez considérable : souvent on cherche à tenir
le fourneau continuellement plein. Dans tout
le pays de Galles, on amène le minérai et le coke
au gueulard, dans une longue brouette à jour:
elle est faite avec des barres de fer plat. Cette
brouette a environ 4 pieds de longueur dans
œuvre, 2 pieds de largeur et 2 pieds et demi de
profondeur; elle contient 4 ou 5 quintaux de
coke, quelquefois seulement 3 quintaux.

Charges.

A Pen-y-Darran, le chariot contient 3 quintaux
de coke; la charge consiste en quatre chariots ou

12 quintaux ; on les verse successivement par les quatre portes de la cheminée.

A Neath-Abbey.

A Neath-Abbey (fourneau *fig.* 6), les charges sont assez petites ; on en fait soixante en vingt-quatre heures. Chaque charge consiste en 3 quintaux $\frac{1}{2}$ (1) où 420 livres de coke.. . . 190^k,310

420 livres de minérai.. . . 190 ,310

105 livres de castine. . . . 47 ,575

Ce fourneau donne de la fonte pour moulage environ trente tonnes par semaine. Il est soufflé ordinairement par trois tuyères de 2 pouces et un quart de diamètre (0^m,0571).

Près de Swan-sea.

Enfin, le combustible employé dans le petit fourneau, *fig.* 7, se compose de coke et de *stone coal* non carbonisé ; le *stone coal* est une sorte d'anthracite qui ne peut pas donner de coke. La charge se compose d'un *barrow* (brouette à jour) de combustible, contenant :

2 $\frac{1}{2}$ qx. de coke.. . . .126^k,867 ,

1 $\frac{1}{4}$ qal. de stone coal.. 76 ,120 ;

plus 4 à 5 qx. de minér. grillé.202 ,988 à 253,735,

1 à 1 $\frac{1}{3}$ qal. de castine. . 50 ,747 à 67,662.

---

(1) Il est ici question du quintal de 120 liv.

Ce fourneau donne de la fonte propre au moulage, on coule même plusieurs pièces en fonte
de première fusion. Le produit est de vingt-cinq
à trente tonnes par semaine.

On consomme $4\frac{1}{2}$ tonnes de combustible pour
faire une tonne de fonte : ces $4\frac{1}{2}$ tonnes se composent de 2,80 de coke et 1,70 de stone coal. La
conduite de ce fourneau ne présente rien de
particulier.

On fait généralement deux coulées par vingt-
quatre heures. Les laitiers sortent naturellement
par dessus la dame ; cependant on travaille
quelquefois quatre fois dans le creuset, dans l'intervalle de deux coulées.

On distingue principalement deux sortes de **Laitiers.**
laitiers : l'un, très compacte, gris, contient beaucoup de chaux ; il provient du travail pour obtenir de la fonte de moulage (*foundry-pig*) ;
l'autre, un peu vitreux, brunâtre, provient du
travail pour fonte à affiner (*forge-pig*).

Le produit en fonte est considérable ; il est, **Production.**
moyennement, de soixante à soixante-cinq ton-
nes par semaine : certains fourneaux donnent
quatre-vingt-dix et même jusqu'à cent tonnes.
On peut compter que le fourneau donne un
quart de moins lorsqu'il travaille pour fonte
de moulage, du moins c'est d'après cette règle
qu'on calcule le salaire des ouvriers des hauts-

fourneaux. On affine une grande partie de la fonte fabriquée en pays de Galles; c'est pour cela qu'on recherche plutôt la quantité que la qualité.

La fonte est coulée en petites gueuses de 1 quintal à 2 quintaux.

La durée des campagnes est en général de quatre à cinq ans ; elle est quelquefois plus considérable (1).

Consommations, dépenses.

Prix de fabrication des diverses espèces de fonte.

Voici les élémens du prix de fabrication des deux espèces de fonte dans diverses localités du pays de Galles :

De la fonte de forge à Cyfartha.

1°. Chez M. Crawshay, à Cyfartha, près Merthyr, on dépense pour faire une tonne de fonte de forge :

t.	q.	l.		liv.	sh.	d.
3	10	»	houille, à 4 sh. la tonne.	»	14	»
3	»	»	minérai, à 10.	1	10	»
»	14	»	castine, à 1 sh. 6 d.	»	1	»
			Main-d'œuvre, administration, etc..	»	15	»
			TOTAL (2).	3	»	»

(1) M. Henry, propriétaire d'un haut-fourneau à Lauvan (Bretagne), a fait venir des pierres (*puding-stone*) ordinairement employées en pays de Galles à bâtir les creusets. Ces pierres n'ont résisté que huit à neuf mois dans un haut-fourneau marchant au charbon de bois.

(2) Il n'est pas probable que les intérêts des capitaux soient compris dans ce calcul.

D'où l'on déduit pour le quintal métrique :

kil.

350,00 houille, à 0,50 le quint. mét.	»	75
300,00 minérai, à 1,24	3	72
70,00 castine, à 0,18.	0	13
Main-d'œuvre, administration, etc. . . .	1	86
TOTAL.	7	46

2^b. A Pontypool, chez M. Hunt, pour une tonne de fonte douce :

t.	q.	l.				
6	»	»	houille, à 4 sh. la tonne. . . .	1	4	»
»	14	»	houil. menue p^r. grill. et mach., à 1 sh. 6 d.	»	1	1
3	3	»	minérai, à 7 shellings.	1	2	1
»	15	»	castine, à 2 sh. 6 d.	»	1	10
Frais généraux, y compris les intérêts. . . .				1	1	»
			TOTAL (1).	3	10	»

(1) Nous ne sommes pas parfaitement certains des prix du minérai et de la castine, ainsi que des frais généraux. Toutes les autres données peuvent être considérées comme parfaitement exactes. La grande consommation de houille tient à la qualité inférieure de ce combustible.

D'où l'on déduit pour le quintal métrique :

600^k,oo houille..., à o,5o le quintal mét. 3 f. oo
70 ,oo houille menue, à o,18. ... . o   13
315, oo minérai, à o,87. 2   74
75, oo castine, à o,31. ... ... o   23
Frais généraux 2   60

TOTAL... 8   70

De la fonte
douce à
Neath.

3°. A Neath :

t.	q.		l.	sh.	d.
4	»	houille, à 4 sh. le tonn.	»	16	»
3	10	minérai, à 12 sh......	2	2	»
1	»	castine, à 3.	»	3	»
		Frais généraux.	1	»	»

TOTAL (1) 4   1   »

(1) Quoique ce compte ait été établi par M. Price lui-même, devant nous, nous pensons que la consommation de houille est trop faible, vu que dans cette usine on ne fait que de la fonte douce de première qualité pour machines. D'ailleurs, cela devient évident si l'on considère la composition des charges (voy. page 64), si l'on fait entrer dans le calcul la perte en poids de la houille et des minérais à la calcination, et si l'on songe à la quantité de combustible exigée pour la mise en feu.

D'où l'on déduit pour le quintal métrique :

```
400k,00 houille, à 0,50 le quint. mét.  2f.  »
350 ,00 minérai, à 1,50. . . . . . . . .  5   25
100,00 castine, à 0,35 . . . . . . . . .  0   37
Frais généraux. . . . . . . . . . . . . .  2   48
                                          ─────────
           TOTAL. . . . . . . . . . . 10   10
```

Voici maintenant tous les détails du prix de revient d'une tonne de fonte de forge et d'une tonne de fonte douce, tels qu'ils étaient en avril 1823 au fourneau de Verteg près Pontypool (1) :

Détails du prix de fabrication d'une tonne de fonte douce et d'une tonne de fonte de fer à Verteg.

---

(1) Nous donnons ces renseignemens, quoiqu'ils se rapportent à l'année 1823, parce que nous pouvons en garantir la parfaite authenticité. Certains prix ont changé, mais les rapports entre les frais n'ont pu qu'être légèrement modifiés : les résultats sont la moyenne d'un mois ; si l'on prenait la moyenne d'une campagne, le prix de fabrication de la fonte serait nécessairement plus élevé.

	Pour fonte douce.		Pour fonte de forge.	
Fondeurs (*keepers*)	1 sh.	2 d.	»	10
Chargeurs (*fillers*)	1	»	»	8
Ouvr. qui remplit les brouettes de laitiers (*cinder filler*). . .	»	10	»	8
Casseur de castine (*limestone breaker*).	»	5	»	5
Ouvrier qui fait le coke (*coker*).	1	3	1	3
Ouv. qui charrie le coke (*coke hallier*).	»	3 1/2	»	3 1/2
Ouvr. qui remplit les brouettes de coke (*coke filler*)	»	4 1/2	»	4 1/2
Grilleur de minérai (*mine burner*)	»	5 1/2	»	5 1/2
Ouvriers qui s'occupent de la machine (*engineers*).	»	6	»	6
Peseur de fonte (*pigweigher*).	»	2	»	2
Homme qui renouvelle les plaques du gueulard (*plate layer*).	»	2	»	2
Homme chargé du soin du plan incliné qui mène au gueulard (*bridge stocker*)	»	6	»	6
Ouv. dont nous ignorons l'emploi (*box filler*)	»	4	»	4
Réparations aux outils.	»	2 1/2	»	2 1/2
TOTAL.	7	8	6	10

A ces frais de main-d'œuvre il faut ajouter :

A l'homme qui emmène les laitiers. 3 l. 10 sh. » par mois.
A l'homme qui emmène la castine. 1   10   »
Aux gardes de nuit. 3   10   »
A différens autres ouvriers, dont
   nous ignorons l'emploi (*cropper,*
   brass filler, horse driver and boy,
   champmine filler. 6   16   3
                             ‾‾‾‾‾‾‾‾‾‾‾
        En tout. 15   6   3

Ce qui, réparti sur 240 tonnes, production de l'usine pendant le mois, fera par tonne 1 sh. 3 $\frac{1}{4}$.

Nous aurons, de plus, des frais divers de main-d'œuvre, qui, se montant à 39 liv. 1 d. pour 527 tonnes, seront, pour une tonne, 1 sh. 6 $\frac{3}{4}$.

Additionnant entre eux ces élémens du prix de fabrication, nous obtiendrons pour les frais complets de main-d'œuvre :

	P^r. fonte douce.		P^r. fonte de fer.	
Frais de main-d'œuv. acquittés par tonne.	7 sh. 8 d.		6 sh. 10 d.	
Frais de main-d'œuvre acquittés au jour ou au mois.	1	3 1/4	1	3 1/4
Frais divers de main-d'œuvre. . .	1	6 3/4	1	6 3/4
TOTAL *à reporter*.	10	6	9	8

Report . .	10 sh.	6 d.	9 sh.	8 d.	

Les frais d'administration ont été
830 liv. st. pour 6,240 tonnes, cela
fait par tonne. 2   8   2   8

Chevaux et sable 1   1 1/2 1   1 1/2

Houille, à 5 sh. la tonne, dont on a
  brûlé 5 t. 2 qx. pour la fonte de
  forge et 5 t. 12 qx. pour la fonte
  douce. 28   »   25   6

Minérai, à 7 sh. la ton., 3 ton. 13 q.
pr. l'une et l'autre espèce de fonte. 25   5   25   5

Castine, 1 tonne pour fonte douce
et 4/5 pour t. pour fonte de forge. 2   6   2   »

Coût à l'usine. 70   21/2 66   4 1/2

Transport à Newport (port du pays
  de Galles). 6   » 1/2 6   » 1/2

Frais d'embarcation , etc 3   »   3   »

Coût de la tonne embarquée. 79   3   75   5

Il est ici question de la tonne (*long weight*)
de 2460 liv. ; la tonne ordinaire de 2240 liv., dite
tonne *short weight*, coûterait seulement,

Si c'est de la fonte douce. . 75   » (93f,06),
Si c'est de la fonte de forge. 70   5 (88 ,52).

Nous ne traduirons en mesures françaises que
les chiffres des principaux élémens dont se com-

posent ces prix de fabrication : cela nous donnera, pour le coût du quintal métrique à l'usine :

	P^r. fonte douce.	P^r. fonte de forge.
Houille, à 0f,62 le quint. mét., 560 kil. pour fonte douce, et 510 kil. pour fonte de forge....................................	3 f. 47	3 f. 16
Minérai, à 0,87 le quint. mét., 365 kil..	3 18	3 18
Castine, à 0,31 le quint. métr. , 100 kil. pour fonte douce et 80 kil. pour fonte de forge.......................................	0 31	0 25
Frais de main-d'œuvre et réparations..	1 44	1 34
Frais d'administration................	0 33	0 33
TOTAL.......	8 f. 73	8 f. 26

A ces divers frais il faudrait ajouter les intérêts du capital.

En 1824, la houille ne coûtait que 4 sh.; la tonne de fonte de forge n'est revenue à l'usine qu'à 3 liv. 3 sh. (79 f. 18).

Voici la moyenne des consommations pour la fabrication d'une tonne de fonte de forge, avec les détails de la consommation en combustible, dans le fourneau de Verteg, pendant un trimestre de l'année 1824 :

Détail des consommations en combustible pour la fabrication d'une tonne de fonte de forge à Verteg.

Houille pour le haut-fourneau..... 3 t. 17 q.
Houille pour la machine. . . . . » 10
Houille pour le grillage des minérais
 dans des fours. . . . . »   3

   TOTAL de la houille consommée. 4 10

Minérai 2 19
Castine. 1   3

Nous n'avons pas les consommations de ces fourneaux en 1828.

On voit que la quantité de combustible et même celles de minérai et de castine varient pour un même fourneau et une même espèce de fonte. On ne s'en étonnera pas si l'on songe que la qualité de la houille et celle des minérais changent suivant les couches que l'on exploite, et qu'enfin la quantité que l'on en consomme dépend aussi de la conduite du fourneau, des accidens qui peuvent survenir, etc., etc.

Consommation en combustible aux Plymouth-Works, à Pen-y-Darran, à Dowlais et à Abergavanny.

A l'usine dite *Plymouth-Works*, près Merthyr, on ne consomme pas tout à fait trois tonnes de houille pour une tonne de fonte de forge, mais il faut songer que six tonnes de houille y donnent cinq tonnes de coke. A Pen-y-Darran, on brûle trois tonnes ; à Dowlais, quatre ; à Abergavanny, trois tonnes 10 quintaux.

FABRICATION DE LA FONTE DANS LE NORD DE L'ANGLETERRE ET EN ÉCOSSE.

Nous ajouterons ici quelques mots sur les usines que nous avons visitées en Yorkshire, à Newcastle et en Écosse.

Usines du Yorkshire, du Northumberland et de l'Ecosse.

Nous avons visité deux usines assez considérables dans les environs de Bradford : toutes deux consistent en plusieurs hauts-fourneaux, des forges, une fabrique de machines et une fonderie de canons.

La *fig.* 8, Pl. III, donne les dimensions exactes des hauts-fourneaux d'une de ces usines ; ils ont environ 45 pieds de hauteur, et diffèrent peu des hauts-fourneaux du Staffordshire. Au dessous de la ligne A B, le fourneau est carré ; l'intérieur est bâti en pierres réfractaires : au dessus de cette ligne, la section horizontale est un cercle, et la chemise est faite en briques réfractaires.

Haut-fourneau de l'usine de Bowling (Yorkshire).

Les numéros indiquent des portions de la chemise, dans lesquelles entrent les quantités de briques suivantes :

N°. 1 950
N°. 2 1750
N°. 3 1030
N°. 4 770
N°. 5 600
N°. 6 430
_____
5530

De même que dans le Staffordshire, ces briques n'ont pas toutes les mêmes dimensions.

Dans la figure, la tympe est dessinée en lignes pointées.

Haut-four-neau de l'usine de Lowmoor, Dans une autre usine, nous avons vu un haut-fourneau bâti depuis huit ans, dont les dimensions et la forme sont indiquées par la *fig.* 9, Pl. III. La hauteur totale est de 45 pieds. On remarque que ce fourneau a la forme d'un *flussofen*; il n'a ni ouvrage ni creuset; il reçoit le vent par une seule tuyère de 4 pouces de diamètre : la pression est de 2 livres par pouce carré. Dans cette usine, une force de cent quarante chevaux est employée à souffler quatre hauts-fourneaux, deux fineries et trois fourneaux à la Wilkinson.

Machine souf-flante de Bowling. Dans l'usine dont nous avons donné plus haut les dimensions des fourneaux, une machine à vapeur de quatre-vingt-quatre chevaux souffle trois hauts-fourneaux; ils reçoivent le vent par deux tuyères. La pression est de 2 livres $\frac{1}{2}$ par pouce carré.

Charge. La charge est versée dans le haut-fourneau au moyen d'un chariot de tôle dont le fond est mobile dans une coulisse. Lorsqu'on roule ce chariot vers le fourneau, il rencontre près du gueulard une pièce de fer qui accroche le fond, le fait glisser, et le chariot, continuant à

rouler, se vide dans le fourneau. En le retirant,
l'ouvrier l'incline en avant, de manière que le
fond rencontre un nouvel arrêt et se referme.

On passe, dans le fourneau ci-joint, seize à
vingt charges en douze heures. La charge se
compose de

    8 quintaux de coke...... 405k,976
    8 quintaux de minérai..... 405 ,963
    3 quintaux de castine..... 15 ,341

La richesse du minérai est d'environ 38 p. 100
après le grillage.

A la première usine dont nous avons parlé, on
passe vingt-deux à vingt-quatre charges en douze
heures. La charge est de

    5 3/4 quintaux de coke..... 291k,735
    6 3/4 quintaux de minérai.... 342 ,540
    2 3/4 quintaux de castine.... 139 ,552

La fonte est destinée à l'affinage. On diminue
la quantité de minérai lorsqu'on travaille pour
fonte de moulage.

A Bradford, la richesse moyenne du minérai
cru est de 27 à 28 p. 100. La consommation totale
de combustible est d'environ quatre tonnes de
houille pour faire une tonne de fonte.

A Sheffield, on passe trente à trente-deux charges en douze heures. La charge est de

Haut-four-
neau
de Sheffield.

430 livres de coke. 190k,30
280 livres de minérai. . . . 126 ,87
112 livres de calcaire. . . . . 50 ,747

On travaille pour fonte de moulage.

La production moyenne de ces hauts-fourneaux est de quarante tonnes par semaine.

Hauts-four- neaux de Newcastle- sur-Tyne. Nous avons visité la seule usine à fer des environs de Newcastle–sur-Tyne; elle consiste en deux hauts-fourneaux, une forge et une fonderie.

Les hauts-fourneaux ont 54 pieds : on bâtit en ce moment une nouvelle usine près de Newcastle, dont on nous a dit que les fourneaux seraient encore plus élevés. Le gueulard est terminé par une partie ayant la forme d'un tronc de pyramide carrée, qui a $2\frac{1}{2}$ pieds de hauteur : la *fig.* 10, Pl. III, donne les autres dimensions.

Machine souf- flante. Ce fourneau est soufflé par une seule buse de $3\frac{1}{2}$ pouces de diamètre. Quelquefois la buse est un peu évasée, elle n'a alors que 3 pouces à l'endroit resserré. La machine soufflante servant à un seul des hauts-fourneaux et à deux petits fourneaux à la Wilkinson, travaillant ordinairement 4 heures par jour, a 60 pouces de diamètre, 6 pieds de course, et fait quinze à seize levées par minute; nous ne connaissons pas la pression du vent. La machine à vapeur est de la force de trente–deux chevaux.

Au moyen de ces données, on trouve, en se servant de la formule $Q = 0{,}95 \pi R^2.V$, que la quantité d'air lancée dans le fourneau est de 3,356 pieds cubes ($94^{m.c.},9748$) par minute.

Avant d'arriver au fourneau, le vent passe dans un régulateur à eau.

La charge et le produit du haut-fourneau varient avec la fonte que l'on veut obtenir. Pendant notre séjour à Newcastle, on travaillait pour fonte douce; le produit par semaine était d'environ trente-cinq tonnes. La charge se composait de

Charge.

6 quintaux de coke. 3o4k,48a
4 1/2 à 5 qx. de minérai grillé... 228 ,361 à 253 ,735
2 quintaux de craie . . . . . . ∴ 101, 494

On emploie la craie comme castine; quelques bâtimens de commerce en apportent pour lest.

On passe moyennement trente-deux charges en douze heures. Lorsqu'on travaille pour fonte d'affinage, on charge $6\frac{1}{2}$ et jusqu'à 7 quintaux de minérai, $2\frac{1}{2}$ quintaux de craie; la quantité de coke ne varie pas. On remarquera que, proportionnellement, on charge plus de craie lorsqu'on veut faire de la fonte de moulage que lorsqu'on veut faire de la fonte d'affinage.

On emploie quelquefois dans cette usine du minérai du Lancashire et du Cumberland, mais

très rarement; le fer carbonaté des houillères est
à peu près le seul qui soit fondu.

La plupart des usines à fer d'Écosse sont à peu
de distance de Glasgow, nous en avons visité trois
dans les environs de cette ville.

L'une consiste en quatre hauts-fourneaux, dont
le produit est ordinairement de la fonte douce
pour moulage ou fonte pour seconde fusion. La
fig. 1, Pl. IV, donne les dimensions d'un des fourneaux ; il est en feu. Ce fourneau est assez petit:
ceux que l'on construit aujourd'hui ont des dimensions beaucoup plus considérables , c'est ce
que montrent les *fig.* 2, 3, 4 et 5 ; elles représentent un fourneau actuellement en construction ;
on compte en bâtir un second sur des dimensions
plus grandes encore. On remarquera que ce fourneau a double chemise : toutes les deux sont en
briques réfractaires. Vient ensuite un massif en
briques communes , et enfin l'extérieur du fourneau est en pierres.

Pendant notre séjour à Glasgow, on construisait les étalages de ce fourneau. Les briques sont
posées en retrait , les unes sur les autres, de manière à laisser des vides en forme d'escalier : ces
vides seront remplis avec de l'argile réfractaire.

Voici comment on avait raccordé la partie circulaire des étalages à la partie carrée de l'ouvrage : celle-ci était en briques. Supposons la pro-

jetée horizontalement, suivant le carré a, b, c, d, et verticalement suivant la droite $i'\, h'$ (*fig.* 9, Pl. XII), soit le cercle de section des étalages à la hauteur $k'\, k''$ projetée horizontalement suivant le cercle ef, et verticalement suivant la droite $k'f'$; un autre cercle à la hauteur $l''\, l'$ projetée horizontalement suivant le cercle cg et verticalement suivant la droite $l'g'$. Entre les points h, h', f, f', g, g', l'élargissement a lieu par des décroissemens successifs des briques, en sorte que la projection verticale d'une ligne passant par les points extrêmes de ces briques serait représentée par une ligne droite ou légèrement courbe h, f', g'. Dans les angles a, b, c, d, ou dans leur voisinage, il y a évasement du fourneau dans un sens, en montant à partir d'un certain point au dessus du carré de l'ouvrage, et évasement dans un autre sens au dessous de ce point, en sorte que la ligne passant par les points extrêmes des briques se projetterait verticalement suivant une courbe h', p', q' ou $i, m'\, n'$. Les briques pour les raccordemens de ce genre qui ne peuvent pas se faire par lignes droites continues sont cassées ou émoussées au marteau, ou bien on les emploie de très petites dimensions. C'est contre le carré de briques réfractaires de l'ouvrage que viennent s'appuyer les pierres de cette partie du fourneau, et sur ces pierres se posent les grandes briques

6

réfractaires, qui vont se terminer postérieurement aux petites briques.

De même qu'à Pontypool, l'argile réfractaire appartient au terrain houiller. Les briques sont faites dans l'établissement même ; leur fabrication ne présente rien de particulier, si ce n'est que pour écraser l'argile on la place sur un plateau en fonte, à rebord, sur lequel reposent deux meules verticales à centre fixe. On imprime un mouvement de rotation au plateau, et les meules sont mises en mouvement par le frottement. Toute la différence, avec le procédé ordinaire, est donc que l'on fait tourner le plateau au lieu de faire tourner les meules.

L'ouvrage est en grès. Cette pierre réfractaire forme une couche dans le terrain houiller, à environ 80 mètres au dessus des couches de houille.

La *fig.* 6 représente un fourneau appartenant à une autre usine voisine de la première.

La *fig.* 7 donne les dimensions des hauts-fourneaux d'une troisième usine, ces fourneaux viennent d'être mis en feu. On bâtit un nouveau fourneau dans cette usine sur des dimensions beaucoup plus grandes, elles sont données exactement par la *fig.* 8 ; on adopte en outre la forme qui paraît s'introduire maintenant dans le sud du pays de Galles, ce qui se borne à supprimer l'ouvrage. On prétend que les fourneaux s'embar-

rassent le plus souvent dans la partie au dessous
des étalages, et que, par cette nouvelle disposition
de l'appareil, on évite eu grande partie cet inconvénient.

La construction de ce fourneau était commen- Fondations.
cée depuis peu (3 septembre 1828). On avait
creusé un trou de 8 à 9 pieds sur 18 à 20 de section et 7 pieds de profondeur. Après en avoir
égalisé et battu le fond, on avait établi sur le sol
ainsi affermi une maçonnerie en pierres cimen-
tées, s'élevant à la hauteur de trois pieds. Au
milieu de ce massif et parallèlement à sa longueur, on avait ménagé un canal allant aboutir à
un autre conduit, qui le coupait perpendiculairement, et qui, passant devant tous les fourneaux
de l'établissement, en emmenait l'humidité dans
la Clyde. La largeur de ce canal était de 9 pouces.
On le recouvrait presque entièrement avec des
dalles et on ne laissait qu'une ouverture A (Pl. IV,
fig. 10) à son extrémité antérieure, pour établir
la communication avec des canaux en croix, supérieurs, établis dans la fausse sole (false bottom).
Cette fausse sole est un massif en maçonnerie,
d'environ deux pieds d'épaisseur, dans lequel on
ménage des canaux en croix, comme l'indique la
fig. 11, Pl. IV. Au dessus sont placées des dalles
ou vieilles pièces de fonte ; puis, sur ces dalles,
un lit de sable d'environ 2 pieds. Sur ce lit

6.

de sable vient encore une maçonnerie épaisse de 2 pieds, et enfin, sur cette maçonnerie, est assis le fond du creuset : ce fond est formé de six pierres de grès, qui ont 3 pieds 10 pouces de longueur et 2 pieds sur 2 pieds 4 pouces de section. On en place six à côté l'une de l'autre, en les couchant sur leur longueur, de manière qu'elles sont comprises dans un rectangle d'environ 14 pieds de longueur et 3 pieds 10 pouces de largeur. On lute les joints avec de l'argile réfractaire, et sur la surface de ce rectangle on pose les costières et la rustine autour de l'espace déterminé pour le fond. Les fondations, y compris la sole, ont ainsi environ 12 pieds de hauteur.

Machines soufflantes. Les machines soufflantes sont cylindriques, à pistons. Deux hauts-fourneaux, dont les dimensions sont données par la *fig.* 1, sont soufflés par un cylindre de 5 pieds 6 pouces de diamètre ; le piston donne dix-huit levées par minute et a 7 pieds 9 pouces de course. La machine fournit donc 6,292 pieds cubes d'air, à la pression ordinaire, dans une minute. La machine à vapeur est de la force de soixante-dix chevaux.

Quantité de vent et pression ; état de la tuyère. Le vent entre dans chaque fourneau par deux buses qui ont $2 \frac{5}{8}$ pouces de diamètre ; lorsque l'on travaille en fonte douce, la pression est de 4 livres ($1^k,8122$) par pouce carré.

. Le vent arrive d'abord dans un régulateur
à eau de 24 pieds de longueur, 8 pieds de largeur
et 10 pieds de profondeur, ou de 1,920 pieds
cubes de capacité ; on travaille souvent avec
une tuyère obscure.

. Le fourneau représenté par la *fig.* 6 est soufflé par une machine de la force de quarante
chevaux. Pendant notre séjour à Glasgow, on
faisait des expériences dans le but de diminuer
la pression du vent. On avait élargi les tuyères,
elles avaient 3 pouces $\frac{1}{4}$ de diamètre ; le cylindre
soufflant a 54 pouces de diamètre ; le piston
donnait vingt-trois coups par minute et avait
7 pieds de course ; la pression était de 3 livres
par pouce carré : la quantité de vent était donc
de 4,880 pieds cubes. Cette machine doit bientôt souffler deux fourneaux.

Les expériences prouvaient qu'il y avait de
l'avantage à diminuer la pression ; le produit
était augmenté de près de dix tonnes par semaine ; la consommation de coke, proportions
gardées, était restée la même.

Trois hauts-fourneaux, dont les dimensions
sont données par la *fig.* 7, sont soufflés par une
machine de la force de soixante chevaux ; la
pression du vent est de 3 $\frac{1}{4}$ livres par pouce carré.

Les minérais fondus dans toutes ces usines
sont de deux ou trois espèces, la richesse

Minérais.

moyenne avant le grillage est de 3o pour 100. Deux de ces espèces ressemblent assez au minérai ordinaire de Staffordshire et forment de petites couches dans le terrain houiller. La troisième espèce est un peu schisteuse, présente des veines d'une couleur plus foncée que la teinte ordinaire du minérai et contient une petite quantité de matière bitumineuse. Ce minérai est souvent grillé à part, et, contre l'usage ordinaire, on tâche de lui faire subir un commencement de fusion par cette opération : il se délite un peu par le grillage.

Dans les fourneaux, *fig.* 1, on passe quarante-deux à quarante-quatre charges en vingt-quatre heures; la charge consiste en

8 quintaux de coke. . . . . . . 405^k,976
6 quintaux de minérai. . . . . . 304 ,482
1 1/2 quintal de castine. . . . . 76 ,130

La production moyenne des fourneaux est de trente-cinq à quarante tonnes par semaine. Ils produisent en été huit à dix tonnes de moins qu'en hiver; la pression du vent et la marche de la machine soufflante restent les mêmes dans les deux saisons.

Dans le fourneau, *fig.* 6, on passe quatre-vingt-dix charges en vingt-quatre heures; la charge consiste en

4 ¹/₂ quintaux de coke.. .. .. 228ᵏ,36ı
2 ³/₄ à 3 quintaux de minérai.. 139 ,552 à 152,24ı
3/₄ quintal de castine. .. .. 38 ,058.

Production moyenne, quarante‑cinq tonnes par semaine.

Dans les fourneaux, *fig.* 7, on passe soixante‑douze à quatre‑vingts charges en vingt‑quatre heures ; la charge est de

5 quintaux de coke... .. ... 253ᵏ,735
3 quintaux de minérai. .. .. 152 ,24ı
110 livres de castine. .. .. 49 ,84ı.

Production moyenne, quarante‑cinq tonnes par semaine.

Consomma‑
tion.

On calcule généralement, dans les environs de Glasgow, que l'on consomme huit tonnes de houille pour faire une tonne de fonte (*foundry‑pig*) ; on comprend dans cette consommation la houille usée dans le grillage et par la machine à vapeur. Il faut remarquer en outre que, dans cette localité, la houille perd beaucoup à la conversion en coke, surtout lorsqu'on la carbonise par l'ancien procédé. La pression du vent nous paraît aussi beaucoup trop considérable ; il est permis de présumer qu'en la diminuant et introduisant le procédé du Staffordshire pour la carbonisation, la consommation diminuera.

La houille coûte aux maîtres de forge des environs de Glasgow 4 $\frac{1}{2}$ shellings la tonne, et le
minérai à peu près le même prix. Aussi, n'épar-
gnant pas le combustible, fabriquent-ils d'excellentes fontes de moulage, qui se vendent, malgré
les distances, sur les marchés de Londres, Newcastle et Liverpool, en concurrence avec celles
du Staffordshire et du pays de Galles.

CONCLUSION.

Conclusions.   Comparant les données consignées dans ce
Mémoire avec d'autres résultats généralement
connus, il nous semble que l'on peut tirer cette
conclusion : *Que les différences qui existent entre
la plupart des variétés de houille et surtout entre
les variétés de minérais, si elles ont quelque influence sur la détermination de la forme et des
dimensions des hauts-fourneaux à coke, ne néces-
sitent cependant pas, dans ces élémens de la construction, des modifications aussi importantes qu'on
pourrait d'abord le supposer.*

Dans le Staffordshire, où les houilles sont de
nature diverse, la forme intérieure des hauts-
fourneaux est partout la même et les principales
dimensions ne sont modifiées que dans d'étroites
limites, suivant la qualité de la fonte que l'on
veut produire. Dans le Yorkshire et en Écosse,

on se sert, avec des avantages à peu près égaux,
de fourneaux semblables à ceux du Staffordshire
et de fourneaux dont la forme et les dimensions
se rapprochent de ceux de Merthyr. En Silésie et
en France (1), on emploie également presque
partout des hauts-fourneaux ayant 40 à 45 pieds
de hauteur, de 11 à 13 pieds au ventre, etc. A
Merthyr, la grandeur des fourneaux, le diamètre
au ventre et au bas des étalages surtout, dépassent
toutes les limites dans lesquelles on s'est restreint dans d'autres localités. Cela tient-il à la
densité des houilles de ce district, qui se rapprochent plus de l'anthracite qu'en aucun autre endroit et à leur pureté, ou bien est-ce la consé-
quence d'un rapport nécessaire entre la qualité
des fontes que l'on cherche à fabriquer et la

(1) En Silésie (*Kœnigshütte*), où les houilles et surtout les minérais diffèrent entièrement des houilles et
minérais du Staffordshire, les dimensions des fourneaux
sont à peu près les mêmes que celles du fourneau, Pl. 11,
fig. 4, excepté la hauteur et par conséquent l'inclinaison
des étalages, qui sont plus grandes. A la Voulte, à Saint-
Chamond et à Saint-Etienne, où le combustible a quelque
ressemblance avec celui du Staffordshire, mais où les minérais sont très différens, les formes intérieures des hauts-
fourneaux sont analogues à celles que l'on adopte dans ce
comté.

grande quantité que l'on veut en produire en
un certain temps ? C'est ce que nous n'oserions
décider. Les houilles de Merthyr ne pourraient-
elles servir également dans des fourneaux semblables à ceux du Staffordshire, avec l'avantage
de donner une meilleure fonte, et sans autre
inconvénient qu'une production moindre? Il n'y
a aucun doute que oui. Des fourneaux de ce
genre ont existé ou existaient encore à Cyfartha, chez M. Crawshay ; mais, réciproquement, les houilles du Staffordshire s'emploie-
raient-elles aussi facilement que celles du pays
de Galles dans des fourneaux semblables à ceux
de Merthyr ? Nous ne le croyons pas. On nous
a même assuré que l'on avait fait des expériences à cet égard qui n'avaient pas réussi ;
et c'est plus particulièrement cette anomalie ,
dans le cas d'une différence dans la nature des
houilles que l'on ne rencontre nulle part ailleurs, qui nous a fait dire , en énonçant le principe général, la plupart des variétés et non toutes
les variétés (1).

*Une plus grande hauteur, une diminution d'un
ou plusieurs pieds du diamètre au ventre et une*

─────────────

(1) La diversité des formes et dimensions adoptées en
Angleterre, surtout dans le pays de Galles, par une même
usine ou des usines voisines, pour les mêmes houilles et les

moindre inclinaison des étalages, combinées avec un travail convenable, paraissent être généralement considérées comme améliorant la qualité de la fonte.

Pour ce qui est de l'influence des matières premières sur la nature des produits, il paraîtrait, d'après nos observations, *que l'on peut, avec des houilles même assez sulfureuses, et, généralement parlant, de qualité inférieure, produire d'excellentes fontes ; mais qu'alors il ne faut pas craindre le grand déchet nécessaire à leur purification lors de la conversion en coke, et les épargner dans le haut-fourneau.* Les usines de Pontypool (chez M. Hunt), Glasgow et plusieurs usines du Staffordshire en sont une preuve. Nous ignorons s'il est possible de corriger, en tous cas, les minérais impurs. Il paraîtrait que, dans quelques localités où les houilles et les minérais en même temps sont impurs, on n'a pu parvenir à couler que des fontes blanches ou truitées.

Les dimensions des machines soufflantes pour des fourneaux de certaine grandeur paraissent ne varier que dans d'étroites limites ; mais la pression du vent était encore, lors de notre voyage

---

mêmes minérais, et convenant à peu près également à ces matières premières, confirme aussi le principe que nous avons énoncé.

en Angleterre, un objet de discussion entre les
maîtres de forges du pays de Galles et ceux du
Staffordshire. Il semble évident que de hautes
pressions doivent convenir à des cokes compactes, et de basses pressions à des cokes moins
denses. Dans le Staffordshire et dans le pays de
Galles cependant, où les cokes diffèrent beaucoup, on paraît avoir préféré presque partout
une pression moyenne d'un $1\frac{1}{2}$ à 2 liv., ou quelquefois $2\frac{1}{4}$ liv. par pouce carré : il en est de même
dans le Yorkshire et en France. En Ecosse, la
pression est énorme; mais on paraît trouver de
l'avantage à la baisser. Partout, le travail en fon e
grise exige un vent plus comprimé. En Silésie
(*Kœnigshütte*), on travaille avec $2\frac{1}{2}$ à $2\frac{3}{4}$ livres;
mais les machines soufflantes sont mauvaises et
l'on brûle des cokes pesans très terreux et sulfureux.

Enfin, nous ne terminerons pas sans faire
remarquer encore une fois combien est grande
la différence de consommation de combustible
et de calcaire dans la fabrication de la fonte d'affinage et de la fonte douce ; elle est d'environ
un tiers : en sorte que *la fonte douce ne paraît
être obtenue que par une chaleur beaucoup plus
forte que celle qui est nécessaire à la fabrication
de la fonte d'affinage.*

FABRICATION

DU

FER MALLÉABLE.

NOTE PRÉLIMINAIRE.

LE fer est principalement fabriqué dans le Staffordshire et dans le sud du pays de Galles ; on en distingue généralement dans le Staffordshire cinq qualités, auxquelles on donne dans le commerce les noms suivans :

Diverses qualités de fer du Staffordshire.

1°. *Common iron* (fer commun) ;

2°. *Common best* (fer commun meilleur) ;

3°. *Best iron* (le meilleur fer) ;

4°. *Best best* (meilleur meilleur) ;

5°. *Horsenail* (fer ordinairement fabriqué en totalité ou en partie au charbon de bois).

Nous expliquerons plus loin comment on se procure ces diverses qualités.

Dans le pays de Galles, on distingue trois va-

Du pays de Galles.

riétés de fer, que l'on désigne par les numéros 1, 2 et 3.

N°. 1. Fer qui a été puddlé, puis a reçu une chauffe, et qui, ainsi, a été laminé deux fois.

N°. 2. Fer qui a reçu deux chauffes et a été laminé trois fois.

N°. 3. Fer qui a reçu trois chauffes et a été laminé quatre fois.

La qualité d'une même variété de fer est souvent très différente dans les diverses usines du même pays ; elle dépend de la qualité des matières premières, du travail des ouvriers et du plus ou moins de perfection des instrumens employés.

Combustible employé dans l'affinage.

La houille est, à très peu près, le seul combustible employé dans l'affinage de la fonte en Angleterre ; cependant nous avons vu pratiquer dans le pays de Galles une méthode d'affinage, dans laquelle on se sert simultanément de houille ou de coke et de charbon de bois : nous commencerons par donner une idée de ce procédé mixte.

AFFINAGE AU CHARBON DE BOIS ET AU COKE.

Le fer fabriqué de cette manière est fort estimé dans le commerce, et est principalement employé à faire de la tôle pour le fer-blanc. M. Karsten a indiqué un procédé à peu près semblable dans une note à un mémoire de M. Samuel Parkes sur la fabrication du fer-blanc; mais il n'entre dans aucun détail et ne distingue que deux opérations. Nous avons pensé qu'une note sur ce procédé, quoique très incomplète, présenterait quelque intérêt dans un moment où l'on est à la recherche de tous les moyens qui peuvent apporter de l'économie dans la consommation du combustible végétal.

On peut distinguer trois opérations différentes, savoir : 1°. le *finage* ou *mazéage* ; 2°. l'*affinage au charbon de bois;* 3°. le *réchauffage* et le *forgeage des barres.*

MAZÉAGE.

Le *mazéage* ne diffère pas sensiblement de celui qui est décrit dans l'ouvrage de MM. de Beaumont et Dufrénoy. Le foyer est seulement beaucoup plus petit et il n'a qu'une seule tuyère, placée à 9 pouces au dessus du fond du creuset. Le travail est absolument le même que celui des fineries ordinaires, si ce n'est que l'on fait varier l'inclinaison de la tuyère; celle-ci est horizontale en commençant l'opération, et on l'incline peu à peu à mesure qu'on arrive à la fin. On charge, dans chaque opération, une quantité

de fonte pouvant donner 3 q^x. de fine-metal;
l'opération dure environ 1 $\frac{1}{4}$ heure. Nous ne
connaissons pas la consommation de coke.

AFFINAGE AU CHARBON DE BOIS.

Description du foyer. *L'affinage au charbon de bois* suit immédiatement le finage, et le foyer de finerie doit être pla-
cé derrière la forge, de manière que le fine-metal
coule du premier foyer dans le second. Le foyer
d'affinage au charbon de bois ressemble beaucoup aux affineries ordinairement employées
dans les usines de France. Il n'a qu'une seule
tuyère horizontale placée à 7 pouces au dessus du
fond du creuset. La largeur du creuset est d'environ 1 pied 8 pouces, et la longueur d'un pied
10 pouces. Ces foyers sont ordinairement surmontés d'une grande cheminée en briques, de 30
pieds de hauteur, soutenue par des piliers de fonte. On ne voit pas l'utilité de cheminées si hautes.

Opération. Lorsqu'un affinage est terminé, on arrête le
vent, on nettoie le creuset, et on rejette une
partie du charbon et des scories du côté de la
tuyère, de manière à faire un creux du côté opposé, pour recevoir le fine-metal coulant de la
finerie. Lorsque le métal est rassemblé dans le
creuset, on l'arrose d'un peu d'eau, et on en dé-

tache encore quelques scories ; puis on le recouvre de charbons rouges provenant de l'opération
précédente. On donne le vent peu à peu, mais de
manière à ne plus l'augmenter au bout de cinq minutes. L'affineur brasse souvent la masse pendant
l'opération ; il la soulève et la rapproche de la
tuyère, et finit par former plusieurs morceaux de
métal, que l'on forge séparément.

Ce n'est qu'au bout de $\frac{3}{4}$ d'heure que l'opéra- Forgeage.
tion du forgeage commence. Les morceaux de mé-
tal ne pèsent que 10 à 12 livres ; on les forge en
petites plaques d'environ $\frac{1}{2}$ pouce d'épaisseur.
Quelquefois, les morceaux sont plus pesans ; on les
coupe alors au moyen d'une barre de fer, que l'on
place sur les plaques forgées, et sur laquelle on
fait tomber le marteau. Ces plaques, après le forgeage, sont immédiatement plongées dans l'eau
et partagées encore en deux ou trois morceaux.

Le marteau est à drôme, semblable à ceux que Marteau.
l'on emploie ordinairement dans les affineries de
France. Son poids est de 700 livres : la panne est
assez étroite ; il donne cent dix coups par minute.

Pour fabriquer 2,240 livres de plaques, on em- Déchet et
ploie 2,632 livres (mesures anglaises) de fonte, et consomma-
on consomme six sacs $\frac{1}{2}$ ou 32 pieds cubes et $\frac{1}{3}$ de
charbon de bois (hêtre, chêne, bouleau). Ce tra-
vail a donc été très perfectionné, puisque l'on
consommait autrefois onze sacs de charbon. Dans

7

une autre usine, on nous a dit que l'on consommait huit sacs. Le sac contient quatre paniers ou
buchels, et le buchel est de 2,150 pouces cubes.

Quantité
d'air pour les
fineries et
forges. Deux fineries et deux forges consomment environ 800 pieds cubes d'air par minute : elles emploient seulement trois ouvriers à la fois, travaillant douze heures de suite. Elles donnent par semaine quatorze tonnes de plaques de fer.

Le fer en plaques est loin d'être complétement
affiné ; il est cassant, et sa cassure tient le milieu
entre celle du fer et celle de la fonte ; elle présente des facettes assez grandes.

RÉCHAUFFAGE ET FORGEAGE DES BARRES.

Fourneau de
réchauffage
(*hollow fire.*) Ces plaques sont réchauffées dans un fourneau particulier, que l'on nomme *hollow-fire* (feu
creux). Les figures 1, 2, 3, Pl. V, donnent une
idée de ce fourneau et à peu près ses dimensions.
Il est à deux compartimens A et B. Le premier A
a deux portes par lesquelles on passe les barres à
forger : c'est le seul dans lequel on fasse du feu ;
il reçoit du vent par une seule tuyère horizontale
placée sur le côté. Ce compartiment a environ
2 pieds de largeur, 20 pouces de profondeur et
3 pieds de hauteur. Le compartiment B est chauffé
par une portion de la flamme de A passant par les

deux portes latérales C; c'est dans B que l'on place d'abord les barres, elles commencent à s'y échauffer. Les portes C ont 6 pouces carrés chacune.

L'opération consiste à remplir A de coke jusqu'à la hauteur des portes, le feu s'allume peu à peu; lorsque le coke est complétement embrasé, on place trois ou quatre morceaux de plaques sur deux barres, que l'on dispose dans le fourneau comme le montre la figure. On porte ainsi le métal au blanc; il commence à se souder, et on le forge sous un marteau de fonte très lourd et donnant cent coups par minute. On remarquera que le métal est chauffé et soudé sans être en contact immédiat avec le combustible.

Opération et forgeage.

On forme ainsi des barres de 4 pouces de largeur et de 2 pouces d'épaisseur, on les coupe en morceaux de 3 pieds de longueur.

En résumé, on trouve que 138 kilogrammes de fonte donnent 116,65 de fer en plaques et 100 de fer en barres. On consomme 0,1052 mètre cube de charbon de bois. Nous ne connaissons pas la consommation de coke.

Déchet et consommations.

Le fer ainsi obtenu est fort estimé; il vaut 14 livres la tonne lorsque le fer ordinaire se vend 7 $\frac{1}{2}$ à 8 livres, et le fer de Suède 21 livres.

Voici enfin de nouveaux détails sur la fabrication du fer au charbon de bois en Angleterre, dont nous pouvons garantir la parfaite exactitude.

Méthodes pour se procurer des variétés diverses de fer.

7.

Fer pour la fabrication du fer-blanc.

Pour faire des masseaux, dits *tin-bloom* ou masseaux pour la tôle à étamer, on prend du fine-metal provenant des meilleures fontes. Le plus souvent, dans le pays de Galles, on emploie, pour la fabrication de ce fine-metal, des fontes produites par des mélanges de minérai renfermant beaucoup de fer hématite. On affine, dans un foyer, avec du charbon de bois, comme nous l'avons dit, et on réduit la loupe en barres épaisses au moyen d'un marteau léger : 24 ou $24\frac{1}{2}$ de fine-metal produisent une tonne ou 20 quintaux de fer ainsi forgé (*stamped-iron*). Les barres sont brisées en morceaux, réchauffées avec du coke dans des *hollow-fires* et cinglées. Le déchet, dans cette seconde opération, est de 3 quintaux sur 25 quintaux de barres.

Fer pour la fabrication du fil de fer.

Lorsque l'on veut fabriquer des masseaux pour fil de fer, on prend du fine-metal provenant des meilleures fontes brillantes (*best-bright-pig*), et après l'avoir affiné dans un foyer avec du charbon de bois, on le cingle immédiatement; 24 ou $24\frac{1}{4}$ de fine-metal en donnent 20 de masseaux. Ceux-ci sont réchauffés dans un four à réverbère ordinaire (*heating-furnace*) avec de la houille et tirés en fil de fer après avoir subi un nouveau déchet de 10 pour 100.

Fer pour verges à clous.

Le fer au charbon de bois pour verges à clous est préparé de la même manière, avec cette dif-

férence cependant qu'au lieu d'être forgé ou cin-
glé, il est étiré en barres au sortir du foyer, sous
des laminoirs, puis chauffé de nouveau et fendu,
avec un déchet de 3 pour 100 seulement dans
cette dernière opération.

AFFINAGE A LA HOUILLE.

On sait que le travail de l'affinage se divise en
trois parties :

1°. Le *finage*, ou fabrication du *fine-metal* ;

2°. Le *puddlage*, qui succède à l'affinage proprement dit ;

3°. Le *corroyage* du fer, obtenu dans le puddlage.

Les barres sont coupées, réunies en trousses,
et chauffées dans des fourneaux à réverbère, qui
portent le nom de *balling, reheating* ou *mill furnaces.* Les paquets sont étirés en barres au moyen
de cylindres.

La troisième opération n'est pas toujours pratiquée : on vend quelquefois du fer tel qu'il provient du puddlage. Ce fer est travaillé dans des
usines qui n'emploient que les fourneaux à ré-
chauffer (*heating furnaces*).

Toutes ces opérations exigent des marteaux et
des cylindres de diverses dimensions. Nous don-

nerons une description succincte des appareils qui leur sont nécessaires, et nous y ajouterons quelques détails sur chacune d'elles.

MAZÉAGE.

Fourneau et soufflerie.

Fourneau de fonerie. (*Finery* ou *r. finery fur-nace.*)

Le fourneau de finerie consiste en un massif de maçonnerie, qui, le plus souvent, s'élève d'environ un pied au dessus du sol. Au milieu de ce massif, on ménage un creuset rectangulaire, qui a environ 1 pied 2 ou 3 pouces ($0^m,355$ à $0^m,38o$) de profondeur, 3 pieds ($0^m,914$) de longueur, et 2 pieds ($0^m,61$) de largeur. Aujourd'hui, on donne des dimensions un peu plus grandes aux creusets et on les fait plus carrés : la profondeur est à peu près la même; mais la longueur est d'environ 3 $\frac{1}{2}$ pieds ($1^m,o6$) et la largeur 3 pieds 2 ou 4 pouces ($0^m,96$ à $1^m,o1$). Ces nouvelles fineries ont quatre tuyères au lieu de deux ou trois qu'avaient les anciennes. Les *fig.* 1, 2, 3, Pl. VI, représentent une finerie employée près de Dudley; le foyer a 14 pouces ($0^m,o354$) de profondeur, 3 pieds 8 pouces ($1^m,11$) de longueur et 3 pieds 4 pouces ($1^m,o1$) de largeur. Il existe aussi en Angleterre quelques fineries à six tuyè-

Creuset.

res. On n'a pas changé le diamètre des buses ; en
augmentant le nombre des tuyères, on a seulement agrandi le creuset. On a trouvé plusieurs
avantages dans cette innovation ; l'opération est
plus prompte, un ouvrier fait plus d'ouvrage que
dans les fineries qui ont moins de tuyères, et la
consommation de coke est diminuée.

Le creuset est revêtu de toutes parts de pla- Fosse de cou-
ques de fonte, ainsi que la surface supérieure du   lée.
massif de maçonnerie qui l'entoure ; il est percé
sur le devant d'un trou destiné à la coulée
des scories et du métal. En avant de ce trou,
ainsi qu'on peut le voir sur les figures, on pratique une fosse de 9 à 10 pieds ($2^m,74$ à $3,o5$)
de longueur, 18 pouces ($o^m,457$) de largeur et
de quelques pouces de profondeur. Les deux
faces latérales de cette fosse sont inclinées de manière que sa coupe transversale ait la forme d'un
trapèze. Le plus souvent, elle n'est pas fermée du
côté opposé au creuset ; on y place seulement un
peu de sable à chaque coulée pour retenir le métal. Lorsque celui-ci est froid, on retire le sable
et on a plus de facilité pour enlever la plaque
coulée, que si la fosse était fermée de toutes parts.

Le creuset est surmonté d'une cheminée en Cheminée.
briques de 15 ou 20 pieds de hauteur, portée
par quatre piliers en fonte. La hauteur des piliers
est de 5, 6 et quelquefois 8 pieds. De tous les

côtés, excepté celui de la coulée, l'intervalle qu'ils laissent entre eux est fermé par des murs de briques ou des portes en tôle. Enfin, comme le montre la figure, le fourneau est le plus souvent placé sous une halle.

Tuyères.   Lorsqu'il n'y a que deux ou trois tuyères, elles sont toujours situées du même côté du foyer ; mais lorsqu'il y en a quatre, on les place sur deux côtés opposés. L'inclinaison des tuyères est en général de 30°, et quelquefois de 45.

Les tuyères sont en fonte et à double enveloppe, de manière qu'on peut continuellement les refroidir au moyen d'un courant d'eau froide et éviter ainsi qu'elles ne soient fondues.

Fineries du Staffordshire et du pays de Galles.   La figure représente une finerie du Staffordshire ; nous ajouterons ici les dimensions exactes d'une finerie à trois tuyères de Dowlais, pays de Galles.

Profondeur du creuset. 1 pied 3 p°. (0^m,38)
Longueur. 4   (1^m,22)
Largeur 3   (0^m,91)

Ces dimensions sont prises entre les parois de briques.

Les tuyères sont inclinées de 45° ; elles avancent de 7 pouces (0^m,177) dans le creuset, et sont à 1 pied (0^m,305) du fond.

Entre la première tuyère et la face de laiterol il y a 1 pied 2 pouces (0^m,555) et de la troisième tuyère à la rustine il y a 1 pied (0^m,305). L'espace occupé par les trois tuyères est donc de 1 pied 10 pouces (0^m,558).

Chaque tuyère ne renferme qu'une buse. Chaque buse a $1\frac{1}{4}$ pouce de diamètre.

Quantité de vent nécessaire à une fiuerie.

La quantité de vent nécessaire à une finerie est très considérable. MM. de Beaumont et Dufrénoy estiment que pour la produire il faut le huitième de la force nécessaire à un haut-fourneau, environ trois ou quatre chevaux. Nous pensons qu'il faut souvent une force plus grande: ainsi nous admettons onze ou douze chevaux pour souffler une finerie à quatre tuyères. On nous a dit à Dowlais que les cinq fineries dont nous donnons plus haut les dimensions seraient soufflées par une machine de la force de soixante chevaux; ce nombre nous paraît exagéré, mais sept ou huit chevaux sont une force convenable pour une finerie de ce genre ; elle exigerait ainsi environ 7 à 800 pieds cubes d'air par minute.

On peut se former une idée de la quantité de vent lancée dans une finerie par minute et du rapport de cette quantité à celle qu'exige un haut-fourneau , en comparant la somme des surfaces des buses d'une finerie à celle des buses d'un haut-fourneau, et en se rappelant qu'ordinai-

rement c'est la même machine qui souffle les fineries et les hauts-fourneaux. Or le diamètre des
buses d'une finerie à trois buses de Dowlais est
de $1\frac{1}{4}$ pouce ; soit le diamètre des buses d'un
haut-fourneau $2\frac{3}{4}$ pouces : en admettant ces
nombres, on trouve que les surfaces de sortie
du vent dans la finerie et le haut-fourneau sont
comme $1 : 3,2$. Ce rapport est aussi celui des
quantités de vent (en supposant qu'il n'y ait pas
de contraction de veine) et de la force nécessaires à la finerie et au haut-fourneau : en admettant huit chevaux pour une finerie, la force
nécessaire à un haut-fourneau serait d'un peu
moins de vingt-six chevaux.

Influence de la quantité de vent sur la quantité et la nature du fine-metal.

La grande quantité de vent lancée dans les
fineries peut influer de deux manières dans l'affinage de la fonte, soit en hâtant l'opération et
augmentant la production de fine-metal dans le
même temps, soit en l'affinant davantage. On
donne plus de vent aux fineries dans le pays de
Galles que dans le Staffordshire; on cherche
ainsi à obtenir les deux effets, à diminuer la durée de l'opération et à obtenir un métal plus affiné. Cela est nécessaire dans ce pays, parce que,
dans beaucoup d'usines, on mélange des scories
de chaufferie au minérai, et qu'il en résulte une
fonte moins pure que si on fondait le minérai
seul : aussi voit-on que la partie trouée et po-

reuse du fine-metal est beaucoup plus épaisse dans le pays de Galles que dans les autres comtés, et nous pensons que c'est l'indice d'un affinage plus avancé. Nous avons remarqué à l'usine de Plymouth-Works, et MM. de Beaumont et Dufrénoy l'avaient remarqué avant nous, que le fine-metal est troué dans toute son épaisseur : l'opération n'est pas plus longue que dans les autres usines ; mais on donne une quantité de vent considérable aux fineries. C'est une des premières usines où l'on ait imaginé de fondre des scories dans les hauts-fourneaux et une de celles où la proportion de cette matière, mélangée au minérai, est la plus forte. La grande quantité de vent donnée aux fineries doit donc avoir l'avantage de produire un meilleur fer : c'est ce que l'on a remarqué aussi en Staffordshire, où l'on nous a dit qu'on augmentait le vent lorsqu'on voulait obtenir un métal de qualité supérieure, mais que la consommation de coke était un peu plus considérable.

Opération, consommations, dépenses.

Voici actuellement la description de l'opéra- Opération du finage.
tion :

On fait varier la profondeur du foyer suivant la nature de la fonte que l'on affine : pour cela,

on augmente ou diminue l'épaisseur d'une couche de sable qui recouvre les briques de la sole.
On affine des fontes très grises dans des creusets
de 9 pouces de profondeur ; pour les fontes
blanches, on adopte quelquefois la hauteur de
13 à 14 pouces.

On commence par emplir le creuset de coke :
celui qui provient de la fabrication en tas paraît
être préféré. Sur le coke on place la fonte à affiner, en petites gueuses, telles qu'on les coule
des hauts-fourneaux ; on recouvre de combustible et on met le feu. Le coke s'embrase peu à
peu, et, au bout de quelques instans, on donne
le vent ; puis on l'augmente progressivement. La
fonte coule au fond du creuset, et s'y réunit. L'opération ne demande aucun soin, il faut seulement
ajouter de temps en temps du coke à mesure que
l'on remarque des affaissemens. La quantité de
vent est la chose la plus importante à considérer ;
nous sommes déjà entrés dans des détails à cet
égard.

Pendant la fusion de la fonte, l'ouvrier a soin
de préparer la fosse destinée à recevoir le fine-
metal. Cela consiste à l'arroser de temps en temps
avec une eau contenant de la chaux ou de l'argile en suspension ; l'eau est réduite en vapeur,
et laisse un dépôt, qui empêche le fine-metal d'ad-
hérer aux parois de la fosse.

Lorsque la fonte est complétement fondue, on ouvre le trou de percée, et le métal, ainsi que les scories, coulent dans la fosse, disposée en avant du foyer et préparée comme nous l'avons dit plus haut. On obtient ainsi une plaque de 9 ou 10 pieds (2^m,74 ou 3^m,05) de longueur, 2 pieds à 2 pieds $\frac{1}{2}$ (0^m,61 à 0^m,76) de largeur, et 2 à 3 pouces (0^m,050 à 0^m,075) d'épaisseur. Cette plaque est toujours recouverte d'une couche assez épaisse de scories.

Le fine-metal se solidifie rapidement ; on l'arrose, aussitôt qu'il est figé, avec une assez grande quantité d'eau , afin de le rendre cassant, et on le retire immédiatement de la fosse de coulée; celle-ci étant terminée par une digue en sable, on enlève cette digue et on la remplace par un petit rouleau de fonte. On saisit la plaque près du creuset, avec un crochet attaché à une chaîne, qui s'enroule sur un treuil placé à quelques mètres de distance, et un seul ouvrier l'amène ainsi hors de la coulée.

L'aspect du fine-metal est très différent dans chaque pays. En Staffordshire , le fine-metal présente souvent un aspect un peu grenu et est recouvert d'une couche poreuse d'environ un demi-pouce d'épaisseur. Dans le pays de Galles, il a aussi cet aspect grenu ; mais la couche poreuse est beaucoup plus épaisse : quelquefois, ainsi que

Aspect du fine-metal.

nous l'avons déjà remarqué, il est troué dans toute son épaisseur. En Yorkshire, près de Bradford, où l'on fabrique du fer très estimé, le fine-metal est toujours très blanc ou un peu bleuâtre, offre une cassure rayonnée indiquant une sorte de cristallisation ; la couche poreuse est très mince.

Le métal ainsi obtenu contient encore du charbon ; il n'est réellement qu'à demi affiné : c'est en outre par cette opération que la fonte est débarrassée, pour la plus grande partie, du soufre et du phosphore qu'elle peut contenir.

Aspect des scories.

Les scories sont généralement noires, brillantes dans la cassure, et bulleuses à la partie supérieure ; elles sont fort riches en fer.

Chaque finerie exige ordinairement deux ouvriers, un chef et son aide. L'aide a fort peu à faire ; il est souvent employé à autre chose.

Quantité affinée en douze heures.

On affine $1\frac{1}{4}$ tonne à $1\frac{1}{2}$ tonne à la fois. L'opération dure environ deux heures et demie dans les fineries à trois tuyères. Nous avons vu dans le Staffordshire une finerie à quatre tuyères, qui affinait 27 quintaux ($1370^{k},25$) par opération ; la fusion ne durait qu'une heure et demie. Comme on perd toujours du temps entre chaque opération, on n'affinait réellement que neuf tonnes en douze heures : on faisait donc six à sept opérations.

Dans beaucoup d'usines, le nombre des fine-ries est le même que celui des hauts-fourneaux ; cependant les fineries font généralement plus de travail dans le même temps que les hauts-four-neaux.

Dans les environs de Dudley, une tonne ($1014^k,94$) de fonte donne 18 quintaux ($913^k,50$) de fine-metal ; le déchet est donc d'environ 10 pour 100. On consomme 3 sacs ou 12 quin-taux ($609^k.$) de coke, ou environ une tonne de houille.

Le déchet dans le pays de Galles paraît être un peu plus considérable. On nous a dit, à Pen-y-Darran, que l'on ne consommait, pour fabriquer une tonne de fine-metal, qu'une demi-tonne ou 10 quintaux de houille, donnant, dans cette usi-ne, 7 à 8 quintaux de coke.

Déchet et consomma-tion en com-bustible.

A Verteg, d'après des comptes de l'année 1824, le déchet n'était que d'environ 11 pour 100 et la consommation en charbon de 14 quintaux de houille correspondant à environ 7 quintaux de coke.

Voici comment on pouvait établir le prix de fabrication d'une tonne de fine-metal, l'été der-nier, dans une usine des environs de Dudley :

Prix de fabri-cation d'une tonne de fine-metal aux en-virons de Dudley.

22 quint. 1/4 de fonte, à 4 liv...L. 4   9sh.» d.

3 sacs de coke............. »   4   6

Ouvriers .... »   1   6

Vent et administration......... »   1   2

Pesage de la fonte et du métal...... »   »   4

Réparation des outils.......... »   »   4

Balayage de l'atelier........... »   »   3

Prix total d'une tonne (*long-weight*) L. 4 17   1

C'est le prix d'une tonne de 20 quintaux grand poids de fine-metal, ou de 2400 livres. Les quintaux grand poids sont de 120 livres. Le quintal métrique de fine-metal revient donc à 12^f,08 ; il faudrait ajouter à ce nombre l'intérêt des capitaux engagés.

Lorsque l'on augmente la quantité de vent que l'on donne à la finerie pour faire du meilleur fer, la consommation de coke est de trois sacs $\frac{1}{2}$ pour une tonne de fine-metal. Le sac de coke pèse 4 quintaux (203^k.).

Prix de fabrication d'une tonne de fine-metal dans le pays de Galles.

Voici quels étaient les élémens du prix de fabrication d'une tonne de fine-metal à Verteg, dans le pays de Galles, en 1824 :

ton. qx.			liv.	sh.	d.
1	2 1/4 fonte, à 3 liv. 6 sh. la tonne.		3	13	5
»	14 houille, à 4 sh. la tonne		»	2	10
Frais de carbonisation..			»	»	4
Raffinage			»	1	7
Pesage.			»	»	3
Divers autres frais de main - d'œuvre pour amener le coke et emmener les laitiers, balayer, etc..			»	»	6 1/4
Vent et administration.			»	»	9

Prix total d'une tonne (*short weight*).			3	19	8 1/4

non compris l'intérêt des capitaux.

D'après cela, le prix de revient du quintal métrique sera 9f,89.

PUDDLAGE, RÉCHAUFFAGE ET ÉTIRAGE.

Fourneau et machines.

Le fourneau de puddlage est un fourneau à réverbère, dont l'intérieur est bâti en briques réfractaires, excepté la sole, qui est quelquefois en fonte. L'extérieur est en briques communes ou en pierres, et quelquefois complétement revêtu de fonte (*fig.* 4, 5, 6, 7, Pl. VI).

Fourneau de puddlage (puddling-furnace).

Une armure en fer garantit toujours ce fourneau des effets de la dilatation. Si l'extérieur est en pierres, l'armure consiste le plus souvent en

8

quelques barres de fer verticales, appuyées contre les parois et réunies à leur partie supérieure
par des barres horizontales passant au dessus de
la voûte.

Construction
d'un four-
neau de
puddlage,
très léger.

Nous avons vu dans le pays de Galles, principalement à Dowlais et à Cyfartha, des fourneaux
de puddlage complétement revêtus de plaques de
fonte. Ces fourneaux sont assez légers. Voici
comment on les construit : on commence par faire
un creux dans le sol, dont les dimensions horizontales sont à peu près celles du fourneau, et
qui est profond de 18 pouces ou 2 pieds. On revêt
les parois de ce trou d'une maçonnerie d'environ
15 pouces d'épaisseur, qui s'élève au niveau du
sol. Contre cette maçonnerie, l'on place une
pièce de fonte ab, portant un appui saillant a,
et deux trous dans lesquels on peut passer des
boulons (*fig*. 5). On pose sur l'appui a, qui
n'a que 9 pouces ($0^m,228$) de longueur, une seule
brique m, laquelle soutient une plaque de fonte
cd, *fig*. 4 et 5, de 9 pouces de largeur, et c'est
sur cette plaque qu'on bâtit le mur de devant
du fourneau, du côté opposé à la cheminée;
ce mur est maintenu par une forte plaque de
fonte à jour EF; celle-ci, munie de deux petites
saillies latérales, percées de trous, est fixée par
des boulons à la plaque G, qui couvre la paroi latérale du fourneau; au delà du montant

ab s'attache aussi à la plaque G un appui semblable à a, mais à une brique plus bas que a.
Ce nouvel appui est indiqué par des points : on
élève dessus un mur de trois briques de hauteur,
sur lequel on pose des barres de fonte h (*fig.* 4),
destinées à supporter la grille et la plaque de
fonte servant de sole au fourneau ; la plaque la
plus large h' porte le pont. On voit que le niveau
de la grille est d'environ une brique au dessus de
la plaque cd.

Les deux parois latérales sont revêtues chacune
de trois plaques G (*fig.* 5), qui vont jusqu'à la cheminée ; ces plaques ont des saillies et sont liées
ensemble par des boulons. Elles ont $\frac{3}{4}$ de pouce
($0^m,0189$) d'épaisseur ; la plaque EF a 1 pouce
($0^m,0253$) d'épaisseur.

La cheminée est supportée par quatre pieds de
fonte ; on pose d'abord sur ces pieds quatre plaques de fonte, puis on bâtit la cheminée en briques. La construction en briques est interrom-
pue, tous les 4 ou 5 pieds, par des plaques de
fonte m (*fig.* 8) posées horizontalement : ces
plaques portent des trous o, dans lesquels on fait
passer des tiges de fer qui unissent ensemble
toutes les plaques d'une même face. Les plaques des quatre faces de la cheminée ne forment
pas une suite de cadres de fonte ; mais elles
sont posées de telle manière qu'il y a toujours

8.

une brique de hauteur de différence entre les plaques des faces X (*fig.* 6) et celles des faces Y de la cheminée.

Dimensions des fours de puddlage ordinaires.

Les dimensions des diverses parties des fourneaux de puddlage sont très variables. Dans ces dernières années, on a employé, dans quelques usines, des fourneaux de dimensions beaucoup plus grandes que ceux qui étaient en usage auparavant. Ces fourneaux ont une porte de plus que les anciens : dans les uns, les portes sont en face l'une de l'autre, et on travaille par les deux à la fois. Dans les autres, les portes sont du même côté : l'une a les dimensions ordinaires, et sert au travail; l'autre, plus petite, est presque à l'extrémité de la sole, et ne sert qu'à charger le fine-metal, de manière qu'il soit porté au rouge pendant l'opération qui précède celle où il doit être puddlé. Les *fig.* 4 , 5 , 6 , Pl. VI , représentent un fourneau de cette espèce. La porte de la grille a a, intérieurement, $0^m,303$ de hauteur et autant de largeur. La porte b de travail a $0^m,380$ de hauteur et $0^m,203$ de largeur. La nouvelle porte c a $0^m,28$ de hauteur et $0^m,25$ de largeur. Enfin, le trou d a $0^m,235$ de largeur, $0^m,080$ de hauteur intérieurement, et $0^m,15$ de hauteur extérieurement.

Ce dernier système paraît présenter une économie de combustible : nous reviendrons sur ce sujet.

Les dimensions de la chauffe d'un fourneau de puddlage ordinaire varient entre 2 à 3 pieds (0^m,61 à 0^m,91) de longueur, 3 à 4 pieds (0^m,91 à 1^m,22) de largeur, et 2 pieds ½ (0^m,76) de hauteur.

La porte par laquelle on charge le charbon est ordinairement évasée du dedans en dehors ; ses dimensions intérieures sont de 10 pouces ou 1 pied carré. On ménage une autre petite porte d'environ 3 pouces de hauteur et 5 ou 6 pouces de largeur au dessus du pont : c'est dans ce trou qu'on place les ringards à chauffer, nécessaires dans le cinglage des loupes.

Les barreaux de la grille sont ordinairement mobiles et seulement posés sur trois pieds de fonte ; cette disposition donne de la facilité pour faire tomber les escarbilles.

Fourneaux de puddlage à deux portes de travail.

Les fourneaux de puddlage à deux portes de travail ont, en Angleterre, leurs partisans et leurs adversaires. On prétend qu'ils procurent une économie de combustible, mais qu'elle est légère, et qu'ils incommodent beaucoup plus les ouvriers par la chaleur que les fours à une seule porte. Ils coûtent le double en main-d'œuvre, mais rendent davantage dans le même temps. Un de leurs plus grands avantages est d'occuper moins de place pour une même production. A Hennebon, près Lorient (Bretagne), on a trouvé que les fourneaux à deux portes donnaient une économie d'un tiers sur le combustible ; et lorsque, l'année dernière, l'un de nous a visité cette usine, on démolissait les fourneaux à une porte pour leur en substituer d'autres.

Fourneaux à deux portes, dont une seule de travail. Les fourneaux à deux portes, dont une seule de travail, comme ceux de Dowlais, paraissent mériter la préférence. Ils procurent une économie en combustible, et produisent plus dans le même temps sans incommoder les ouvriers par une chaleur excessive.

Sole des fourneaux de puddlage. La sole des fourneaux de puddlage est faite en briques réfractaires posées de champ, ou en fonte. Dans ce dernier cas, on n'emploie qu'une seule plaque dans les petits fourneaux et deux ou trois dans les grands fourneaux à deux portes ; l'épaisseur de la fonte est de 2 pouces à 2 pouces $\frac{1}{2}$ ($0^m,50$ à $0^m,065$).

La sole est supportée au milieu par des piliers de fonte ou de briques, ou par une voûte en briques communes lorsqu'elle est elle-même en briques.

Trou des floss. Du côté opposé à la chauffe, la sole se termine par un plan incliné qui se rend au trou du *floss*, derrière la cheminée, par lequel s'écoulent les scories. On entretient continuellement du feu contre ce trou, afin d'empêcher qu'il ne soit fermé par les scories, qui pourraient se solidifier.

Les cheminées des fourneaux de puddlage ont de 30 à 50 pieds ($9^m,15$ à $15^m,25$) de hauteur ; assez généralement on préfère les cheminées de 45 pieds ($13^m,72$). Leur section horizontale varie entre 16 et 20 pouces ($0^m,405$ et $0^m,505$) de côté.

Les cheminées sont ordinairement indépen- Cheminées. dantes des fourneaux ; elles sont portées par quatre piliers en fonte. L'extérieur est bâti en briques communes ; il est formé de deux rangs de briques jusqu'à la moitié de la hauteur, et ensuite d'un seul rang. L'intérieur est en briques réfractaires ; il n'est pas lié à l'extérieur, en sorte qu'on peut le réparer seul sans toucher à l'extérieur. Elles sont aussi très souvent entourées d'une enveloppe en briques, de telle manière qu'il existe un vide entre cette enveloppe et le mur en brique qui forme le canal de tirage.

Toutes les cheminées sont surmontées d'une plaque de fonte destinée à servir de registre ; cette plaque est mobile, au moyen de tringles de fer qui descendent le long de la cheminée.

La fumée des fourneaux de puddlage est quel- Chauffage de quefois employée à chauffer des chaudières de chaudières avec la flam- machines à vapeur. Ce moyen d'utiliser la cha- me des four- leur des fumées peut très bien être employé neaux de puddlage. dans les usines à fer où les machines à vapeur travaillent toujours en même temps que les four-

neaux de puddlage. Nous donnons ici une disposition de chaudière que nous avons vue dans
une grande usine du Staffordshire ; on gagne complétement la houille qui serait nécessaire aux
machines à vapeur.

La chaudière reçoit la chaleur de trois ou
quatre fourneaux disposés autour d'elle, ainsi
que le représente la *fig.* 1, Pl. VII. Elle est enveloppée jusqu'au dôme par une construction en
briques, ayant la forme d'une tour et cerclée en
fer. Cette tour est soutenue par une pièce de fonte
AB, placée au dessus des voûtes du fourneau, et
portée par des massifs de briques bâtis entre ces
fourneaux. La flamme sortant du fourneau s'é-
lève dans le tuyau e le long de la chaudière, entre dans le tuyau c pratiqué dans la chaudière
même, et descend par un tuyau semblable d ; de
là, la fumée se rend par un canal souterrain à
une grande cheminée de 80 à 100 pieds ($24^m,40$
à $30^m,50$) de hauteur, qui est la seule de toute
l'usine.

La chaudière a 16 ou 17 pieds ($4^m,88$ ou $5^m,18$)
de hauteur, 7 pieds ($2^m,13$) de diamètre. Les
tuyaux c et d ont $2\frac{1}{2}$ pieds et 3 pieds ($0^m,76$ et
et $0^m,91$) de diamètre : $xy = 8$ à 9 pieds ($2^m,44$
à $2^m,74$).

On règle le tirage des fourneaux au moyen
d'une plaque de fonte f, portant une crémaillère,

dans laquelle engrène une roue enarbrée avec une grande poulie *g*. Sur cette poulie passe une chaîne sans fin, avec laquelle on peut manœuvrer la plaque *f*.

Les scories tombent dans l'espace *h* et s'écoulent par un trou pratiqué dans le massif de maçonnerie, devant lequel on entretient continuellement un feu de houille.

Dans la même usine, la fumée des fourneaux de tôlerie est employée à chauffer des chaudières. On place une chaudière horizontale sur chaque fourneau; la fumée circule dans des tuyaux pratiqués dans la chaudière, et de là se rend à la cheminée commune.

Ce sont des fourneaux à réverbère, dont la chauffe a à peu près les mêmes dimensions que celles des fourneaux de puddlage. Sa largeur est souvent plus grande; elle est d'environ 4 pieds (1^m,22). La sole a 6 ou 7 pieds (1^m,83 à 2^m,13) de longueur, et va en se rétrécissant du pont vers la cheminée; elle est faite en briques et quelquefois en fonte. La voûte est un peu plate et élevée d'environ 2 pieds (0^m,61) au dessus de la sole au centre du fourneau; elle va en descendant du côté de la cheminée. *Fourneaux de chaufferie (heating furnaces).*

La cheminée a 30 ou 40 pieds (9^m,15 à 12^m,20) de hauteur.

Le fourneau de tôlerie est encore un fourneau *Fourneau de tôlerie.*

à réverbère : on charge et on retire la tôle par
une grande porte, qui tient toute la largeur des
fourneaux, et est placée au dessous de la cheminée. Les dimensions de ce fourneau sont assez grandes; nous ne les connaissons pas exactement.

Machines. Les machines consistent en marteaux, cylindres et cisailles. Le moteur est le plus souvent la
vapeur; dans quelques usines du pays de Galles,
on emploie des roues hydrauliques.

Ces machines doivent être disposées de manière que les ouvriers n'aient jamais à porter
qu'à une petite distance les pièces qu'ils ont à
travailler avec le marteau ou avec les cylindres.
Tous les cylindres ne peuvent pas être sur le
même axe, puisqu'ils doivent avoir des vitesses
différentes : en outre, souvent une barre sortant
d'un premier couple de cylindres passe immédiatement sous un second; il peut être alors avantageux que le second couple soit vis à vis le premier.

Les cylindres sont le plus souvent disposés de
part et d'autre de la machine à vapeur. Dans ce
cas, on met d'un côté les marteaux et les cylindres qu'on nomme les ébaucheurs, de l'autre
côté on dispose les cylindres destinés à terminer
les barres. On place de même les fourneaux de
puddlage du côté des marteaux et des ébaucheurs,

et les fourneaux de chaufferie de l'autre côté.

On n'emploie ordinairement en Angleterre que les marteaux en fonte à soulèvement.

On établit généralement deux marteaux dans une usine, les usages en sont différens. L'un sert à cingler la loupe, l'autre à finir les barres. La panne du premier présente plusieurs plans en retrait les uns sur les autres, celle du second est plate. Marteaux.

Les marteaux à cingler ont environ 10 pieds (3m,5) de longueur et pèsent de trois tonnes $\frac{1}{2}$ à 4 tonnes avec leur panne. Cette pièce entre à frottement dans un trou conique, et est fixée avec des coins de bois et de fer. Le marteau est mobile autour d'un axe horizontal, supporté par deux pieds de fonte à collets. Il est mené par des cames fixées à un anneau de fonte de 3 $\frac{1}{2}$ ou 4 pieds (1m,06 ou 1m,22) de diamètre. Cet anneau est mis en mouvement par une machine à vapeur : tantôt c'est la même machine qui mène les marteaux et les cylindres; tantôt ce sont deux machines séparées. Cette dernière disposition vaut peut-être mieux ; car, dans le premier cas, lorsque le marteau et les cylindres marchent ensemble, la vitesse des derniers est beaucoup moindre que lorsque l'on n'emploie pas le marteau ; et il n'est pas indifférent, dans le travail du fer, que les cylindres aient toujours la même vitesse. On établit quelquefois deux marteaux à peu près en face l'un de l'autre, de manière qu'ils soient menés par la même machine à vapeur. Celle-ci donne le mouvement à un arbre placé entre les deux marteaux, portant, sur deux circonférences différentes, deux rangs de cames, disposés en sens contraire l'un de l'autre; cet arbre, pouvant tourner à volonté dans deux sens différens, soulève l'un ou l'autre marteau suivant que le travail l'exige. Nous avons aussi vu un arbre de 6 pieds de diamètre, portant huit cames, qui faisait marcher en même temps deux marteaux, l'un par la tête, l'autre par la queue.

Un marteau à cingler donne de soixante-quinze à quatre-vingts coups par minute : on estime qu'une force de dix à douze chevaux est nécessaire pour le mener.

L'enclume est aussi en fonte; elle se compose de deux parties, le support, et l'enclume proprement dite, qui n'est autre chose qu'une panne renversée.

Toutes ces pièces, étant fort lourdes et fatiguant beaucoup par les coups de marteau, doivent être solidement établies. On commence par construire une fondation en maçonnerie, sur laquelle on pose trois lits de pièces de bois dans deux sens différens : l'un dans le sens de la longueur des marteaux, l'autre perpendiculairement, et le

troisième parallèle au premier. Ces pièces de
bois ont 10 pouces ou 1 pied d'équarrissage ; elles
portent des pièces de fonte à oreilles, dans lesquelles on engage les supports des marteaux et
de l'enclume.

Le marteau pour forger les barres est plus léger
que l'autre ; mais il faut toujours à peu près la même
force pour le mener, parce qu'il doit donner un
plus grand nombre de coups par minute ; souvent
ce marteau est soulevé par cinq cames, tandis que
le marteau à cingler n'est soulevé que par quatre.

On établit ordinairement une cisaille en avant   Cisailles.
des marteaux ; elle est menée par la même machine ; elle sert à couper les extrémités des loupes qui viennent d'être forgées ; il faut aussi des
cisailles près des cylindres pour couper les extrémités des barres : cet instrument consiste toujours en deux branches, l'une fixe, l'autre mobile : toutes deux portent des ciseaux tranchans
et fort épais. La branche mobile est menée par
une manivelle ou un excentrique.

Les cylindres employés dans la fabrication du   Cylindres.
fer sont de plusieurs espèces, suivant l'usage auquel on les destine ; on peut cependant réduire ces
espèces à deux : *les cylindres ébaucheurs* et les *cylindres étireurs ou finisseurs*. Ces derniers compren-
nent les cylindres à faire le fer de tout échantillon.
On pourrait ajouter les *laminoirs* ou *cylindres*

unis ; ils ne sont employés que pour la tôle et dans un petit nombre d'autres cas.

Ébaucheurs.   Les *ébaucheurs* (*roughing rolls* ou *puddler rolls*) sont les cylindres sous lesquels on passe les loupes aussitôt après le cinglage ou même à leur sortie immédiate du fourneau à puddler, comme cela se pratique dans quelques usines du pays de Galles où l'on n'emploie pas de marteaux , méthode qui abrège un peu la durée du travail, mais donne un fer moins bon.

Les cylindres ébaucheurs, dans les usines où on les emploie conjointement avec les marteaux, ont le plus souvent deux ou trois cannelures, dont la section a la forme d'un ovale ou d'un carré à angles très arrondis. Une des diagonales de ce carré est verticale : les cannelures qui viennent ensuite sont rectangulaires et au nombre de six ou sept; nous ne connaissons pas leur loi de décroissement, on en fait un secret. Elle n'est pas uniforme ; les premières cannelures décroissent plus vite que les dernières , ce qui doit être , puisque les loupes sortant des fourneaux sont pleines de laitier , ont une texture très lâche, et offrent par conséquent peu de résistance à la pression. Plusieurs cannelures de ces cylindres présentent des creux et des saillies ou espèces de dents, de manière que le fer soit facilement saisi et entraîné.

Les ébaucheurs dans le Staffordshire ont 5 ou 5 ½ pieds ($1^m,52$ ou $1^m,77$) de longueur de table et 18 pouces ($0^m,45$) de diamètre. Ils font souvent vingt-cinq tours par minute; ce qui donne une vitesse à la circonférence de 1113 pouces par minute ($35^m,87$). Ils sont, dans ce cas, sur le même axe que les laminoirs pour la tôle, comme cela est indiqué dans l'ouvrage de MM. Dufrénoy et de Beaumont. On leur donne aussi une vitesse plus grande en diminuant le diamètre. Ainsi, dans certaines usines du Staffordshire, on forge assez la loupe pour qu'on puisse la passer de suite sous des cannelures rectangulaires. Les cylindres ont alors 14 pouces ($0^m,355$) de diamètre, et font soixante à soixante-quinze tours par minute; ce qui correspond à un espace parcouru de 2640 à 3300 pouces par minute ($67^m,04$ à $83^m,79$). La vitesse qu'on leur donne dépend aussi de la qualité du fer que l'on étire.

Il faut remarquer que dans ces cylindres, ainsi que dans tous ceux qui ont des cannelures rectangulaires à diagonales inclinées, ces ouvertures sont formées par une cannelure saillante d'un des cylindres, ordinairement le cylindre supérieur, et par une cannelure rentrante du cylindre inférieur. Si donc on taillait les cannelures dans des cylindres coulés de même diamètre, celle qui est saillante aurait un diamètre plus grand que celle qui est rentrante et lui correspond. Les cylindres, pendant le laminage, prendraient donc des vitesses différentes, et les barres frotteraient sur un long espace à la fois; il en résulterait que les cylindres seraient très souvent brisés par la grande force qu'il faudrait développer pour étirer les barres, et souvent celles-ci sortiraient mal ou avec une grande difficulté : c'est pourquoi une paire de cylindres est formée de deux cylindres coulés de diamètre différent A et B (*fig.* 2, Pl. VII); le cylindre inférieur A est ordinairement celui qui a le plus grand diamètre. On passe les barres dans les cannelures 1, 3, 5, 7 et non dans les cannelures 2, 4, 6. On ne parvient pas par ce moyen à faire des cannelures telles que les diamètres supérieurs et inférieurs de chacune soient égaux, il faudrait pour cela que toutes les cannelures d'une même paire de cylindres fussent d'égale profondeur, ce qui n'a pas lieu ; mais on sait que cette dimension varie peu. Si l'on voulait que chaque ouverture fût formée d'une cannelure saillante et d'une cannelure rentrante ayant exactement le même diamètre, il faudrait couler un des cylindres, celui des cannelures saillantes avec des couronnes de diamètres différens. La petite différence de profondeur des cannelures d'une même paire de cylindres rend cette précaution inutile.

La section des cannelures n'est jamais exactement un rectangle; elle est toujours un peu évasée, ainsi que le montre la *fig.* 2, Pl. VII, pour le cylindre A. Cette disposition a encore pour but d'empêcher un trop grand frottement de la barre sur les côtés, ce qui pourrait briser la cannelure, et de faciliter la sortie de la barre. En outre, si la barre frottait sur les côtés, elle pourrait être entraînée autour du cylindre et produire la rupture de tout l'appareil. Cet élargissement fait l'effet des petits barreaux de fer que l'on place entre les couteaux d'une fenderie pour diriger les barres coupées et les empêcher d'envelopper les cylindres. Nous ne savons pas quel est l'élargissement des cannelures à la partie supérieure, il est toujours très petit et à peine sensible à l'œil, plus grand pour le fer de petit échantillon que pour les grosses barres.

Dans plusieurs usines du pays de Galles, on n'emploie pas de marteaux, on passe immédiatement les loupes sous des ébaucheurs. Dans ce cas, les cylindres présentent huit ou neuf cannelures ovales; on a, dans quelques usines, une règle particulière pour les tracer. Elle consiste à tirer une ligne *ab* (*fig.* 3), porter de part et d'autre de *c* les distances $ca = cb = $ le demi-diamètre de la cannelure; décrire des points *a* et *b*, comme centre, deux arcs de cercle; élever la perpendiculaire $cd = ca = cb$; décrire du point *d*,

Règle pour tracer les cannelures des cylindres ébaucheurs dans le pays de Galles.

9

comme centre, avec le rayon *a b* un nouvel axe de cercle ; et enfin des points *e*, comme centre, décrire les arcs *ad* et *bd* : *abd* sera le profil d'une cannelure. On coule ces cylindres avec des cannelures et on les achève sur le tour. On arrondit un peu l'angle *d*, et on évase *a* et *b* de manière que le profil de la cannelure achevée soit representé par la *fig.* 4.

La première cannelure des ébaucheurs présente ordinairement, au lieu d'aspérités irrégulières, quatre ou cinq creux, dont la coupe, perpendiculaire à l'axe du cylindre, est un triangle rectangle ayant un angle très aigu.

D'après le tracé que nous avons donné, on voit que ces cannelures ne sont autre chose que des carrés dont on arrondit les angles et les côtés. Voici les diamètres de celles de deux paires d'ébaucheurs, prises dans des usines différentes du pays de Galles.

	p°.	lig.	p°.	lig.
Diamètre de la 1re. cannelure..	7	7 1/2	8	4
........2e..........	6	4	7	2
........3e..........	5	4 1/2	5	6
........4e..........	4	»	4	5
........5e..........	3	2 1/2	4	2
........6e..........	2	6 1/2	3	4
........7e..........	2	3 1/2	3	»
........8e..........	2	1	2	4
........9e..........	1	6 1/2	»	» (1)

(1) Le pouce anglais se subdivise en huit lignes.

Les diamètres horizontaux sont toujours un peu plus grands que les verticaux ; en arrondissant les angles supérieur et inférieur de la cannelure dans le moulage, on diminue toujours un peu le diamètre vertical : ainsi , pour la seconde paire, les diamètres verticaux étaient de 7 pouces 4 lignes, 6 pouces 2 lignes , 5 pouces, etc.

On remarquera que le décroissement des cannelures est assez rapide : il pourrait l'être beaucoup plus si on ne considérait que la résistance des loupes à la pression. Mais comme elles ont aussi fort peu de ténacité , si on les passait sous des cannelures décroissant plus vite, on les mettrait en morceaux.

Ces ébaucheurs ont 14 ou 15 pouces de diamètre, et font souvent de soixante à soixante-dix et quelquefois soixante-quinze tours par minute.

Les cylindres étireurs ou finisseurs (finishing or merchant rolls) sont ceux sous lesquels on passe le fer laminé sous les ébaucheurs après qu'il a été chauffé en trousses. Ces cylindres présentent aussi quelquefois, dans une partie de leur longueur, des cannelures ovales.

Cylindres étireurs ou finisseurs.

Les dimensions et les vitesses qu'on leur donne sont très variables et dépendent de l'échantillon du fer à fabriquer. Les cylindres pour étirer le fer en barres de 5 ou 6 lignes jusqu'à 16 ou 18 lignes carrées ont ordinairement 14 pouces

($0^m,355$) de diamètre et 4 pieds ($1^m,22$) de table ;
ils font soixante-quinze à quatre-vingts tours par
minute , ce qui donne environ 3,500 pouces
($88^m,86$) de vitesse par minute. Les cannelures
pour fabriquer le fer carré sont à diagonales verticales ; le profil de la cannelure est un triangle iso-
cèle un peu obtus : à l'extrémité de la diagonale
horizontale , les angles sont un peu évasés, ainsi
que nous l'avons indiqué précédemment pour les
dégrossisseurs ; on facilite ainsi la sortie de la
barre.

Les cylindres à fabriquer le petit fer carré,
rond ou méplat, au dessous de 5 lignes , ont ordinairement 8 pouces ($1^m,20$) de diamètre, et 2
à 3 pieds ($0^m,61$ à $0^m,91$) de table ; ils font cent
cinquante , deux cents et jusqu'à deux cent cinquante révolutions par minute, ce qui donne
une vitesse de 4 à 600000 pouces par minute.
Ces cylindres sont assez petits pour que l'on en
fixe trois sur les mêmes châssis. On prend pour
les cannelures carrées et rectangulaires les précautions que nous avons indiquées, l'évasement
est seulement beaucoup plus sensible que pour
les grosses barres. Souvent, en avant des cannelures , pour fabriquer le fer rond, on place une
sorte de filière, qui sert à diriger la barre; celle-
ci passe ensuite dans une autre filière en quittant
la cannelure.

On emploie dans quelques usines des cylindres unis destinés à donner le fini aux barres : on les nomme *planishing rolls*. On leur donne 14 pouces ($0^m,355$) de diamètre, et 3 pieds ($0^m,91$) de table ; ils font de soixante à quatre-vingts révolutions par minute, quelquefois cent. Les mêmes cylindres peuvent être employés à faire de la tôle pour le fer-blanc.

Cylindres. polisseurs. (*planishing rolls*).

Ce sont des cylindres semblables qu'on emploie pour fabriquer le fer feuillard (*hoops*, etc.) ; mais on ne leur donne que 8 pouces ($0^m,20$) de diamètre et 2 pieds ($0^m,61$) de table ; ils font cent cinquante à deux cents révolutions par minute.

Les cylindres à fabriquer la tôle épaisse ont ordinairement 18 pouces ($0^m,45$) de diamètre, 5 pieds ($1^m,52$) de table, et font de vingt à vingt-cinq révolutions par minute ; ce qui donne une vitesse de $1,413$ pouc. ($35^m,87$). Ces cylindres s'échauffent beaucoup pendant le travail, on les change souvent.

On prend toujours des précautions particulières dans le moulage des cylindres ; dans beaucoup de fonderies, on en fait un secret. Nous savons seulement que généralement on coule les cylindres destinés à être cannelés, avec des masselottes, à la manière des canons. On obtient ainsi une fonte plus dense. La masselotte a le diamètre du cylindre et environ un pied de hauteur, elle est quelquefois beaucoup plus considérable.

Moulage et coulée des cylindres.

Les cylindres destinés à rester unis, tels que les *planishing - rolls* et les cylindres à fabriquer la tôle, sont coulés en coquille, c'est à dire dans des moules faits en fonte fort épaisse.

Force nécessaire pour faire marcher les cylindres. On trouvera, Pl. VIII, les dessins d'un assortiment complet de cylindres fabriqués récemment dans une des meilleures usines du pays de Galles pour de nouveaux établissemens. On peut compter sur leur parfaite exactitude.

Nous ne connaissons pas la force nécessaire à chaque espèce différente de cylindres. On calcule qu'il faut une machine d'environ trente chevaux' pour mener un *rolling-mill* : c'est un système de cylindres composé d'une paire d'ébaucheurs et d'une ou deux paires de finisseurs. On peut admettre aussi qu'il faut une force de cent vingt chevaux à une forge capable de donner par semaine cent quatre-vingts tonnes de fer de divers échantillons, consistant en deux *rolling-mills*, une paire de *planishing rolls*, une paire de cylindres à faire la tôle, une fenderie, plusieurs paires de cylindres pour fer de petit échantillon, deux marteaux. Tous ces cylindres ne travaillent pas en même temps.

Généralités. Une paire de cylindres à fabriquer la tôle exige seule environ trente chevaux.

Les cylindres doivent nécessairement être très fortement assujettis. Pour cela, on commence par creuser une fosse, au fond de laquelle on établit un massif de maçonnerie ou une voûte renversée, dont la surface supérieure est à environ 6 pieds au dessous du sol. On place dans ce fossé une sorte de cadre de charpente, dont les pièces inférieures et supérieures sont unies de distance en distance par des barres de fer boulonnées. On bâtit un mur dans l'intérieur de cette charpente ; sur la pièce supérieure, on fixe des pièces de fonte à oreille, sur lesquelles on dispose les châssis de fonte destinés à recevoir les cylindres. La charpente de bois est quelquefois remplacée par une charpente en fonte ; dans ce cas, la pièce supérieure porte des oreilles pour maintenir les châssis des cylindres.

On dispose au dessus des cylindres un tuyau en bois, duquel tombe de l'eau sur chacun des couples. Cette eau est destinée à les refroidir, et paraît en outre faciliter la sortie de la barre ; elle contribue probablement aussi à la séparation des battitures, de même que, dans le travail au marteau, ordinairement employé en France, on augmente toujours la quantité d'eau répandue sur le marteau, à la fin du forgeage ou pour finir la barre.

En sortant du laminoir, les barres présentent toujours quelques courbures ; on les porte immédiatement sur une longue pièce en fonte, or- Table à dresser les barres.

dinairement un peu inclinée, et un enfant re-
dresse la barre en la frappant de quelques coups
d'un marteau de bois.

Opérations, consommations, dépenses.

Opération du
puddlage.

Le fine-metal est transformé en fer métallique,
par l'opération du puddlage, dans un fourneau
que nous avons décrit. Cette opération ne laisse
pas que de présenter des difficultés nombreuses,
et tous les ouvriers ne réussissent pas également
bien. Nous n'entrerons cependant pas dans tous
les détails de ce travail, nous en rappellerons
seulement les principales circonstances.

Diverses va-
riétés de
soles.

On recouvre ordinairement les soles d'une
substance plus fusible.

Les différentes matières dont on a essayé de se
servir pour cela en Angleterre et en France sont:

Le sable;

Les battitures ou scories qui tombent des laminoirs;

Un mélange de battitures et de scories de
puddlage;

La chaux.

Il paraît aussi qu'en Angleterre, lorsque le sable est cher, on se sert de vieilles briques pilées,
il faut alors changer un peu l'inclinaison. On a

aussi montré à l'un de nous, à Imphy, des soles en fonte d'un demi-pied d'épaisseur, sur lesquelles on lui a dit qu'on puddlait sans les recouvrir d'aucune substance.

Le sable paraît encore préféré en Angleterre pour certaines qualités de fer ; on emploie cependant bien plus communément les battitures. L'emploi du mélange des scories et de battitures était assez commun en France il y a deux ou trois ans. Quant à la chaux, elle a été essayée chez MM. Hannonet et Gendarme , et les expériences ont été décrites dans les *Annales*. (V. 1828, 6e. liv., p. 498.) L'emploi des soles en fonte sans les recouvrir est assez généralement blâmé. Nous ne l'avons vu adopté nulle part en Angleterre.

Lorsque l'on veut commencer le travail , on étend d'abord sur la sole la couche de sable ou de battitures pilées, sur une épaisseur de 2 pouces et demi à 3 pouces. On doit choisir les battitures les plus pures ou contenant le moins de matières nuisibles à la qualité du fer et les plus riches. On emploie ordinairement celles qui tombent des cylindres finisseurs ou étireurs ; on les répartit uniformément sur la sole , et on chauffe le fourneau pendant cinq à six heures , avant d'introduire le fine-metal, de manière à produire une demi-fusion des battitures et à obtenir un fond bien uni, sans fissures, par lesquelles on pourrait perdre du métal.

Lorsque le fourneau de puddlage est en feu, l'ouvrier doit réparer la sole à la fin de chaque opération : cela consiste à l'unir de nouveau et à introduire de nouvelles scories pour boucher quelques cavités qui se sont faites pendant le *brassage* ou *puddlage* de la matière ; il faut, en outre, détacher quelques morceaux de métal qui restent dans la sole.

Durée de la sole et des autres parties du fourneau. Une sole ne dure qu'une semaine ; à la fin de ce temps, elle doit être complétement renouvelée. Nous ajouterons ici que l'on calcule, en Staffordshire, que le pont d'un fourneau à puddler, la voûte et une partie du mur de derrière ont besoin de réparations après trois semaines de travail, et toutes les parties du fourneau au bout de trois mois.

Frais de construction et entretien du fourneau. Dans une usine de ce comté, le maçon entrepreneur reçoit 15 pences (1,50) par tonne de fer puddlé, pour construire et entretenir le fourneau ; sur ces 15 pences, il en emploie 11 pour achat de matériaux.

Travail du puddlage. Pendant la préparation de la sole, on a rangé en petits tas, près du fourneau, la quantité de fine – metal en morceaux que l'on traite dans une opération. Les morceaux pèsent 1, 2 ou 3 kilogrammes ; on les dispose ordinairement en piles de quatre morceaux, et l'ouvrier introduit chaque pile sur la sole, en la plaçant à l'extrémité d'un ringard terminé en forme de pelle, dont il fait glisser le manche sur le seuil de la porte.

On ferme ensuite toutes les portes et on élève la température du fourneau : au bout de peu de temps, la fonte commence à s'amollir; on la brise alors avec un ringard, et on finit par brasser très fortement la matière, en écartant du pont les parties qui s'échaufferaient trop et qui entreraient en fusion complète. Dans quelques usines, on bat le métal sur la sole avec un ringard terminé par une masse de fer; souvent on diminue un peu la chaleur, en fermant le registre de la cheminée ou en retirant du charbon. La température s'abaisse même quelquefois trop, alors on arrête le brassage un instant, et on tient toutes les portes fermées.

Lorsque les fontes sont impures dans quelques usines, par exemple chez M. Hill aux Plymouth-Works, on jette une petite quantité de chaux sur la fonte liquide.

Quand la matière est suffisamment affinée, l'ouvrier forme des loupes en faisant rouler des portions de métal sur la sole : il la partage ainsi en six, sept ou huit loupes, pesant chacune environ 30 kilogrammes. Il range ensuite ces loupes sur la sole; puis, fermant un instant toutes les portes du fourneau, il les amène à une température très élevée, qui commence à en mieux souder toutes les parties.

Durée de l'opération, consommations, déchet.

Dans un fourneau ordinaire, toute l'opération dure environ deux heures et demie. La charge est de 3 quintaux à 3 quintaux et demi (grand poids), ou de 360 à 420 liv. (164^k,12 à 191^k,30) de fine-metal. La consommation en houille est d'environ une tonne pour affiner une tonne de fine-metal ; quelquefois elle est un peu plus considérable. Le déchet sur le fer est assez généralement de 10 pour 100 en Staffordshire et quelquefois de 11 à 12 pour 100 dans le pays de Galles. Il est, du reste, assez variable ; à l'usine de Clydach près Abergavanny, dans le pays de Galles, une charge de 420 liv. de fine-metal donne 380 liv. de fer puddlé, ce qui ne correspond qu'à un déchet d'un peu moins de 10 pour 100.

Produits.

Le produit d'un fourneau à une porte est d'environ douze tonnes (1) de fer en barres par semaine de six jours ; celui d'un fourneau à deux portes de travail, dix-huit tonnes ; enfin, un fourneau à deux portes, dont une seule de travail, paraît

---

(1) Cela paraîtra considérable ; mais une personne qui a dirigé des établissemens en Angleterre et en France nous a confirmé ce nombre, et nous a assuré que les ouvriers anglais, quoique faisant en France généralement plus d'ouvrage que les ouvriers français, travaillaient cependant moins dans ce pays qu'en Angleterre, où il était plus facile de les remplacer.

aussi produire de seize à dix-huit tonnes par semaine, car les ouvriers nous ont dit qu'on char-
geait, dans ceux-ci, 4 quintaux ou 480 livres de
fine-metal, et qu'on faisait huit opérations en douze
heures. Nous n'avons pu nous procurer de donnée certaine pour évaluer l'économie en combustible due à l'emploi de ces derniers.

En Yorkshire, près Bradford, les fourneaux de
puddlage sont plus petits qu'en Staffordshire :
on ne travaille que 300 livres (135,93) de fine-
metal par opération ; on consomme une tonne et
quart de houille pour affiner une tonne de fine-
metal.

Les loupes étant préparées, comme nous l'a- Cinglage.
vons dit, l'ouvrier en prend une avec des pinces
et la traîne sous le marteau à cingler; on la place
d'abord sur la table de l'enclume pendant qu'on
façonne la loupe précédente sous le polissoir, de
manière qu'elle n'est d'abord que faiblement
comprimée sur toutes ses faces. Si le marteau
agissait de suite avec tout son poids sur une
loupe sortant du fourneau, elle tomberait infail-
liblement en morceaux. Lorsque la loupe est sur
la table, on y soude une barre de fer, dont le
bout a été d'avance fortement chauffé; on passe
pour cela la barre par le trou, qu'on remarque en
général en face du pont de tous les fourneaux de
puddlage ; et c'est ensuite avec ce morceau de fer

qu'on manœuvre la loupe sous le marteau ; on la façonne en parallélipipèdes.

Étirage en barres. Les loupes ainsi cinglées sont quelquefois pas-sées immédiatement sous des cylindres et étirées en barres plates de 4 à 5 pieds de longueur, 4 pouces de largeur et 1 pouce d'épaisseur. Le fer ainsi obtenu ne pourrait pas être travaillé; aussi chaque barre est de suite coupée en quatre mor-ceaux au moyen d'une cisaille.

Dans les usines où l'on n'emploie pas de mar-teau, la loupe, traînée avec une pince courbé, est de suite passée sous des ébaucheurs; on la passe plusieurs fois sous la première cannelure, et en-suite successivement sous six ou sept autres : elle a pris alors la forme d'un cylindre un peu équarri, de $3\frac{1}{2}$ à 4 pieds de longueur ; on la passé immé-diatement sous d'autres cylindres à cannelures rectangulaires, de manière à obtenir aussi une barre de 5 ou 6 pieds de longueur, que l'on met de suite en morceaux au moyen d'une cisaille.

On tire quelquefois, dans le pays de Galles, de suite, des barres de 4 pouces de largeur et de 15 pieds de long, qui sont vendues aux chaufferies.

On a soin, pendant tout ce travail, de tenir le fourneau de puddlage fermé tant qu'il y reste encore des loupes.

Prix de fabri-cation d'une tonne de fer Voici comment on pouvait établir, l'été dernier, le prix de fabrication d'une tonne de fer, dit *com-*

mon bloom, dans une usine des environs de Dud- dit *common bloom* aux environs de Dudley.

ley :

		sh.	d.
22 quintaux de fine-metal . . . . .liv. 5		6	8
20 quintaux de houille.. . . . . »		6	»
10 qx. de houille menue pour la machine. »		1	6
Puddlage . . . . »		8	6
Cinglage. . . . . »		2	3
Pesage du fine-metal . . . . »		»	3½
Pesage des *blooms*.. . . . . »		»	4
Construction et réparation du fourneau... »		1	2
Réparation et main-d'œuv. de la machine. »		»	8
Réparation d'outils.. . . . . »		»	8
Pièces de moulage, telles que marteaux, etc. »		»	10
Administr., balayage, charpentier, etc. . . »		2	»

Total.. . .. 6   10   10½

Le fer ainsi obtenu est en *pièces* ou *masseaux,* auxquels on donne le nom de *blooms.*

En transformant les nombres précédens en kilogrammes, on trouve qu'un quintal métrique de *common blooms* coûte à fabriquer 15^f,04.

Le fer obtenu dans l'opération précédente doit Chaufferies. encore subir au moins une opération avant d'être versé dans le commerce. Elle s'exécute dans le fourneau que nous avons décrit sous le nom de *heating-furnace,* et consiste à souder plusieurs (ordinairement quatre) morceaux des barres ob-

tenues précédemment. On dispose ces morceaux
en piles ou trousses, et on arrange les trousses
deux à deux, en croix, sur la sole du fourneau.
Celle-ci est recouverte de sable ; on a essayé les
battitures, mais la grande chaleur les fondait, et
les trousses s'enfonçaient dans cette masse pâteuse. La couche de sable doit être plus épaisse
que dans les fours de puddlage, parce qu'autrement la grande chaleur pourrait fondre la sole
en fonte ; elle a de 7 à 8 pouces. On amène le fer
à une température très élevée ; les morceaux
commençant à se souder, on porte chaque trousse
sous des cylindres convenables, où elle est étirée
en barres. On a soin, dans le laminage des barres
plates, de les retourner toutes les fois qu'on les
passe dans une nouvelle cannelure, et, dans l'étirage des barres carrées, de leur donner un quart
de tour à chaque nouvelle cannelure, pour que le
fer soit comprimé dans tous les sens et afin de
rendre vives toutes les arêtes des barres. Si on n'en
agissait pas ainsi, la dernière condition ne serait
évidemment pas remplie d'après la description
des cannelures que nous avons donnée plus
haut. Lorsqu'on veut obtenir du fer de bonne
qualité, on lui fait subir ordinairement plusieurs
chaudes ; chaque fois, le fer est mis en morceaux
et on augmente ordinairement, à chaque nouvelle opération, le nombre des morceaux qui

composent une trousse. Dans la dernière chaude, les trousses sont faites de morceaux de barres qui n'ont pas plus d'un pouce un quart de côté : elles sont liées ensemble au moyen de deux petits morceaux de verge de fer. Les fourneaux de chaufferie sont toujours chauffés avec les qualités de houille qui donnent le plus de chaleur.

Voici quelques renseignemens sur la manière dont on se procure des fers de diverses qualités. *Méthodes pour se procurer des variétés diverses de fer.*

Pour fabriquer le fer commun (*common-iron*), on emploie du fine-metal provenant d'un mélange de *Fer commun (common-iron.)*

$\frac{2}{3}$ fonte blanche ou truitée,

$\frac{1}{3}$ fonte grisâtre.

Le déchet dans le four de puddlage est un peu plus de 11 sur 100 de fine-metal.

Le fer puddlé est coupé en morceaux, ces morceaux sont réunis en trousses ; on leur donne une chaude seulement et l'on étire en barres. Le déchet au réchauffage est d'environ 8 sur 100 de fer puddlé.

Le fer dit *best-iron* (le fer meilleur) se fabrique de la même manière avec du fine-metal provenant d'une fonte à grains fins blanchâtres, très brillante dans la cassure, dite *high bright-pig*. La perte est peut-être un peu plus grande au puddlage, mais moindre au réchauffage. *Fer dit best-iron.*

Lorsque l'on veut avoir du fer de la qualité *Fer dit best-best.*

10

dite *best-best* (meilleur-meilleur), on se sert de fine-metal provenant des meilleures qualités de fonte brillante et on le travaille comme précédemment ; seulement les trousses ne sont pas formées entièrement de fer puddlé ordinaire, mais elles se composent de la manière suivante.

1. Plaque puddlée ordinaire.
2. Plaque provenant du traitement de rognures.
3. Plaque puddlée ordinaire.

ou bien :

1. Plaque puddlée ordinaire.
2. Plaque de rognures.
3. Plaque puddlée.
4. Plaque de rognures.
5. Plaque puddlée.

On voit, d'après ce procédé, que la bonté du fer ne dépend pas toujours du plus ou moins grand nombre de corroyages qu'il a subis. Il arrive même que des fers trop souvent réchauffés et corroyés finissent par perdre leur qualité.

Frais de construction et réparation des fourneaux de chaufferie. Fenderies.

Le maçon-entrepreneur reçoit, dans une des usines du Staffordshire, pour la construction et l'entretien des fourneaux de chaufferie, 6 p. (0,60) par tonne de fer en barres.

Dans une usine située près de Dudley, pour faire des baguettes à clous, on tire de suite les loupes en barres de 5 ou 6 pieds de longueur et de 4 pouces de largeur, comme nous l'avons déjà dit. On les coupe, après cela, en morceaux ayant 1 pied ou 15 pouces de longueur; avec quatre de ceux-ci on forme des paquets ; on les chauffe et on les étire en une barre de 6 pieds de longueur et de 4 pouces de largeur. Cette dernière est aussi divisée en quatre morceaux, et est encore assez chaude pour être immédiatement passée sous d'autres cylindres, qui lui donnent la longueur et l'épaisseur des baguettes à faire des clous : la longueur est d'environ 5 pieds. De là, la barre passe une fois sous des cylindres unis, et enfin sous la fenderie. Tous ces cylindres sont disposés en face les uns des autres, et le travail se fait avec une rapidité extrême.

A Stourbridge, le fer destiné à être fendu reçoit toujours deux chaudes. Après la seconde, la trousse est laminée, coupée avec la cisaille ; enfin, de suite, passée sous la fenderie, comme nous venons de dire que cela se pratique à Dudley. Mais on prend un soin particulier dans l'étirage : lorsque la barre a déjà passé sous deux cannelures et est longue de 2 ou 3 pieds, on la passe sous une grande cannelure mince, de manière qu'elle pose sur sa plus petite épaisseur, et que sa dimension en largeur soit dans une position verticale. Cette cannelure est faite de deux cannelures rentrantes, une dans chacun

10.

des deux cylindres. La barre passe ensuite sous une dernière cannelure, puis sous les cylindres unis, et enfin sous la fenderie.

Fabrication du fer de rognures *(scraps-iron)*. Les fenderies et les tôleries donnent beaucoup de rognures; on chauffe celles-ci dans un petit fourneau à réverbère particulier, sur la sole duquel on les charge à la pelle sans prendre aucune précaution. Ces rognures se fondent en masses, qui sont forgées et laminées; elles donnent du fer de très bonne qualité.

Fabrication du fer près de Bradford *(Yorkshire)*. Dans le pays de Galles, on réchauffe le fer de même que dans le Staffordshire. Les trousses, dans certaines usines, sont passées sous des espèces d'ébaucheurs, ayant d'abord deux grandes cannelures rectangulaires à angles arrondis, et ensuite des cannelures ovales à la manière ordinaire. De là, les barres passent immédiatement sous des étireurs.

On fait en Yorkshire, près Bradford, un fer très estimé en Angleterre, et dont le prix, dans le commerce, est presque le double du prix du fer gallois. Voici la suite des opérations qu'il subit : les loupes sortant du fourneau de puddlage sont cinglées à la manière ordinaire, et tirées de suite en barres d'environ 1 pouce d'épaisseur et 4 ou 5 pieds de longueur. Cette barre est brisée, au moyen d'une espèce de mouton. La cassure de ce métal présente de grandes paillettes et a un peu la couleur de la fonte. On forme les trousses avec les morceaux qui en proviennent et des rognures de barres ; on leur donne une chaude, ét on les cingle de nouveau à la manière des loupes : on obtient ainsi des parallélipipèdes de 2 à 3 pieds de longueur et 3 pouces d'épaisseur ; ces parallélipipèdes sont chauffés de nouveau et étirés en barres. La perte, dans cette dernière opération, est d'un quintal $\frac{1}{4}$ par tonne ou 6 $\frac{1}{4}$ pour 100. Les barres sont encore portées au rouge dans une sorte de fourneau de tôlerie et parées sous un marteau à panne étroite.

Le déchet et la consommation d'une chaude varient avec l'échantillon du fer que l'on fabrique ; le déchet d'une chaude dépasse rarement 8 ou 9 pour 100, en tenant compte du fer que l'on retrouve dans les rognures. A Stourbridge, le fer sortant du fourneau de puddlage perd, en deux chaudes, 12 $\frac{1}{2}$ pour 100 pour être transformé en fer de petit échantillon.

Les fers du Yorkshire (Lowmoor et Bowling) sont à peu près égaux aux meilleurs fers du Staffordshire qui sortent des usines de Stourbridge ; ils ont beaucoup de nerf et une couleur blanc bleuâtre qui est estimée. Les fers d'Angleterre, de première qualité, ont sur les fers de Suède l'avantage d'être plus homogènes ; mais ils partagent les défauts de tous les fers fabriqués au laminoir.

Nous joignons ici le prix de fabrication du fer de plusieurs échantillons, tel qu'on pouvait l'établir, l'été dernier, dans une usine des environs de Dudley. Nous donnerons ainsi en même temps la consommation de combustible dans diverses opérations.

Prix de fabrication du fer fendu (common-rods).

On fait quelquefois du fer fendu avec le fer que nous avons désigné sous le nom de *common-bloom*; ce fer fendu prend alors le nom de *common-rods*. Le prix de fabrication d'une tonne peut s'établir ainsi :

		sh.	d.
22 quintaux de common-blooms. . . . .liv. 7	3	10
10 quintaux de houille. . . . . »	3	6
10 qx. de houille menue pour les machines.. »	1	»
Laminage et fenderie. . . . . »	7	»
Faux frais. . . . . »	6	»
Prix total d'une tonne (*long-weight*), liv. st. 8	1	4

C'est le prix de fabrication de 2,400 livres. Celui du quintal métrique serait donc 18^f,55.

Prix de fabrication du fer en barres (common-merchant-iron).

Prix du fer ordinaire en barres , dit *common-merchant-iron :*

20 qx. 1/2 de common-blooms (2,460 l.) 6	14	1
12 quintaux de houille. . . . . »	5	6
10 quintaux de houille menue. . . . . . . »	1	6
Étirage . . . . »	5	»
Faux frais. . . . . »	5	6
Prix total d'une tonne (*short-weight*). 7	9	7 (1)

(1) Ce prix de fabrication , comparé au prix courant ac-

C'est le prix de 2,240 livres. 100 kilogrammes coûteraient 18^f,42.

On fait quelquefois des loupes plus petites que les loupes ordinaires, on les nomme *billets*, et on les emploie dans la fabrication de certains échantillons.

Prix du fer commun en bandes, dit *common-hoops* :

	sh.	d.	
20 quint. 3/4 de *common-billets* (2,490 l.).	6	17	»
15 quintaux de houille	»	4	6
10 quintaux de houille menue.	»	1	6
Étirage et laminoir des bandes.	»	13	6
Faux frais	»	12	9
Prix total d'une tonne (*short-weight*). . .	8	9	3

Prix de fabrication des bandes de fer (common-hoops).

C'est le prix de 2,240 livres. 100 kilogrammes coûteraient 20^f,84.

tuel, pourra paraître trop élevé ; nous avons cependant de fortes raisons de croire à l'exactitude des comptes que nous donnons ici. Mais il faut songer que les usines qui, aujourd'hui, peuvent encore vendre sans perte, se procurant la houille à 6 shell. ou peut-être moins et le minérai à 7 sh., ont la fonte de forge à 3 liv. 10 shell. au lieu de 4 liv. que nous avons comptées. Il est aussi incontestable que, dans un grand nombre d'usines du pays de Galles, le bas prix de la houille permet de fabriquer à beaucoup meilleur marché que dans le Staffordshire.

Prix de fabri-
cation de la
tôle pour
chaudières
(common-
boiler-plate).

Prix de la tôle pour chaudières, dite *common-boiler-plate* :

	sh.	d.
20 quint. 1/2 (2,460 liv.) de fer forgé en plaques d'environ 15 pouces, sur 10 pouces sur 2 pouces...............	7	3	6
15 quintaux de houille............	»	4	6
15 quintaux de houille menue...........	»	2'	3
Laminage.................	»	10	»
Perte par quatre quintaux de rognures....	»	8	»
Faux frais.................	»	15	»

Total pour 2,240 livres....... 9 3 3

100 kilogrammes coûteraient 22,56.

A tous ces nombres il faut ajouter l'intérêt des capitaux engagés ; la houille menue est toujours brûlée sous les chaudières des machines.

Prix de fabri-
cation du fer
en feuilles
minces
(common-sin-
gle-sheet).

Prix du fer en feuilles minces, dit *common-single-sheet* :

	sh.	d.	
20 qx. 3/4 de fer commun en barres (2,490 l.)	8	6	»
25 quintaux de houille..............	»	7	6
20 quintaux de houille menue.........	»	3	»
Laminage...............	»	15	»
Réchauffage.............	»	2	6
Perte sur 4 quintaux de rognures........	»	12	»
Faux frais...............	1	»	»

Prix de 2,240 livres....... 11 6 »

Prix de 100 kilogrammes... 27^f,82.

Prix du fer en feuilles plus épaisses, dit *com-mon-double-sheet* :

21 qx. de fer commun en barres (2,520 l.).	8	8	»
3o quintaux de houille.	»	9	»
25 quintaux de houille menue	»	3	9
Laminage.	1	»	»
Réchauffage.	»	2	6
Perte sur 4 quintaux de rognures.	»	12	»
Faux frais.	1	5	»
2,240 livres.	12	»	3

Prix de 100 kilogrammes..... 29ᶠ,53.

·Prix de fabrication de la tôle commune pour fer-blanc, dite *common-latten* :

21 qx. de fer commun en barres (2,520 l.).	8	8	»
4o quintaux de houille.	»	12	»
5o quintaux de houille menue.	»	4	6
Laminage.	1	5	»
Réchauffage	»	2	6
Perte sur 4 quintaux de rognures.	»	13	6
Faux frais.	1	10	»
2,240 livres de tôle commune. . .	12	15	6

Prix de 100 kilogrammes.... 31ᶠ,46.

Nous avons dit, en commençant, que l'on distinguait les diverses qualités de fer par les mots *common, common-best , best ,* etc. Tous les prix que nous venons de donner précédemment se rapportent à la qualité dite *common-best.* Les qualités supérieures coûtent plus cher ; mais nous ne connaissons pas bien la différence.

CONSÉQUENCES.

Consomma-
tions de ma-
tières pre-
mières pour
la fabrication
d'un quintal
de fer forgé.

Si maintenant nous rappelons les consommations que nous avons données pour la fabrication de la fonte en Staffordshire, nous trouve-
rons les résultats suivans, correspondant aux
consommations de la fabrication d'un quintal
métrique de fer en barres dans ce comté :

$$
\left.\begin{array}{ll}
395^k,59 & \text{Minérai cru.} \ . \ . \\
85 \ ,07 & \text{Castine} \ . \ . \ . \ . \ . \\
514 \ ,77 & \text{Houille} \ . \ . \ . \ . \ . \\
100 \ ,85 & \text{Houille menue..}
\end{array}\right\}
\begin{array}{c}
\text{donnent } 134^k,61 \text{ de fonte} \\
(\textit{forge-pig}).
\end{array}
$$

134,61 de fonte donnent 121 de fine-metal.
Le finage consomme 86,25 de houille, et 25 de
houille menue.

121 de fine-metal donnent 110 de fer puddlé.

Le puddlage consomme 110 de houille et 55
de houille menue.

110 de fer puddlé donnent 100 de fer en barres. L'opération consomme 60,72 de houille et
50,75 de houille menue.

La consommation totale de la houille de la fabrication d'un quintal métrique de fer se compose donc de :

514^k,77 dans le haut-fourn.   100,85 menu p^r. mach. souffl.

86 ,25 dans la finerie. ...   25..................*id.*

110 , » dans le puddlage...   55....*id.* p^r. les cylindr.

60 ,72 dans la chaufferie.   50,75..*id.*.........*id.*

771,74 de houille. . . . . 231 ,60 de houille menue.

La consommation totale en houille est donc dix fois le produit du fer en barres.

DISPOSITION GÉNÉRALE DES USINES ET DEVIS.

DISPOSITION DES USINES.

Nous terminerons enfin ce Mémoire sur la fabrication de la fonte et du fer malléable par quelques données sur la disposition générale des forges, et par un devis estimatif des différentes machines qu'on y emploie et du fond de roulement.

Les hauts-fourneaux sont construits aussi près que possible du puits ou de la galerie, dont on retire ordinairement en même temps le combustible, le minérai et quelquefois aussi la pierre o u l'argile réfractaire. Dans plusieurs usines du

Disposition des hauts-fourneaux.

Staffordshire et dans un petit nombre de celles du pays de Galles, un chemin de fer de peu de longueur met en communication l'orifice du puits et le gueulard du fourneau. Dans la plupart des usines du Staffordshire, les hauts-fourneaux étant construits en plaine, on arrive à leur sommet, ainsi que nous l'avons déjà dit, par un plan incliné. La houille est alors carbonisée et le minérai grillé sur une aire, aussi près de la partie inférieure du fourneau que les circonstances le permettent. Dans le pays de Galles, les hauts-fourneaux étant souvent adossés à des collines, et les minérais étant grillés en vases clos, on élève les fours de grillage à quelques pas en arrière du gueulard. Un peu plus vers le haut de la colline, sur une surface que l'on a soin de rendre peu inclinée, sont disposées les meules de coke. Les machines soufflantes, placées dans un petit bâtiment particulier, transmettent le vent au fourneau par des tuyaux qui circulent au dessous et à l'entour, ainsi que cela est indiqué dans l'ouvrage de MM. Dufrénoy et de Beaumont. Un hangar est ordinairement construit devant l'embrasure de coulée. Nous ne faisons que rappeler ici une partie des détails déjà donnés dans le courant du Mémoire.

Un nombre suffisant de fineries se trouve rassemblé dans le voisinage des hauts-fourneaux, et enfin il arrive souvent que, le fer étant affiné dans la même usine, les différentes parties d'une forge soient réunies sous un toit particulier.

Les Pl. IX et X indiquent deux dispositions différentes d'usines, l'une du pays de Galles, l'autre du Staffordshire. Le moteur est, dans l'un et l'autre établissement, une roue à eau, à laquelle attient une roue dentée de même diamètre. Ces roues sont assez communes dans le pays de Galles, où quelques localités réunissent l'avantage de posséder une abondante chute d'eau à un grand nombre d'autres circonstances favorables. Dans le Staffordshire, où l'eau manque, on n'emploie que des machines à vapeur, qui communiquent le mouvement par un système d'engrenages indiqué *fig.* 3, Pl. X. Si donc, *fig.* 1, nous avons figuré une roue à augets, c'est simplement pour donner une idée plus claire des deux espèces de roues de ce genre dont on se sert en Angleterre, appareil moins connu en France que les machines à vapeur. On voit, *fig.* 1, Pl. X, que la roue dentée partage la roue à augets, suivant sa longueur, en deux parties égales, et que, Pl. IX, la roue dentée est attachée à une de ses faces latérales. Des deux dispositions de la roue d'engrenage la dernière est préférée : on ne peut espérer ni avec l'une ni avec l'autre une grande régularité de mouvement.

Dispositions de forges à l'anglaise.

DEVIS ESTIMATIF.

Passons maintenant au devis des différentes parties d'une usine à fer ; MM. Dufrénoy et de Beaumont ont donné une estimation du coût d'un haut-fourneau, 'de la machine soufflante, etc. Nous n'avons à communiquer sur ce sujet aucunes données plus complètes que celles qu'ont imprimées ces messieurs, mais nous nous sommes procuré des devis de forges qui nous semblent de nature à intéresser quelques uns de nos lecteurs, et sur la parfaite authenticité desquels on peut compter. Les voici :

Devis d'une
forge devant
produire cent
vingt tonnes
de fer par se-
maine, fourni
par l'usine de
Neath-Abbey
(pays de Gal-
les).

Devis des machines nécessaires à une forge qui doit fabriquer cent vingt tonnes de fer par semaine, établi par le directeur de l'usine de Neath-Abbey, pays de Galles.

Machine à vapeur de Bolton et Watt à double effet et basse pression , avec un cylindre de 40 pouces , la course du piston étant de 8 pieds ; chaudière en tôle , tuyaux , barreaux de grille, portes de foyer, et toute pièce de fonte, de fer ou laiton nécessaire pour monter ou assujettir l'appareil. . . . . 1600 l. st.   40,240 f. »c.

Système de roues destinées à
convertir le mouvement rectiligne de la bielle en mouvement
circulaire et à le transmettre ,
volant, etc. (*rotative machinery*) 1,090 l. st.   27,413 f. 50 c.

A reporter. . . . . . . 2,690 l. st.   67,653 f. 50 c.

Report.. :...	2,690 l. st.	67,653f.5oc.

Un système d'ébaucheurs, pignons, montans, et en général toute espèce de pièce de fonte, de fer ou de laiton nécessaire pour monter cet appareil. 525 l. st.   13,2o3f.75c.

Deux paires, ou un système de finisseurs, avec tout leur attirail. . . . . 525 l. st.   13,2o3f.75c.

Deux paires de cisailles prêtes à être montées, à raison de 170 l. la pièce.. ..'. . . . . . . 340 l. st.   8,551f. »c.

Une paire de cylindres de 10 pouces de diamètre, pour la fabrication du petit fer, avec tout l'attirail nécessaire pour la monter. . . . . 230 l. st.   5,784f.5oc.

Marteau, y compris l'enclume, l'arbre à cames, et toute pièce de fer, fonte ou laiton qui sert à monter l'appareil...... 185 l. st.   4,652f.75c.

Un tour complet. . . . . . . 200 l. st.   5,o3of. »c.

	4,695 l. st.	118,079f.25c.

A cela il faut ajouter :

Un assortiment de cylindres de rechange, pesant environ 60 tonnes ; la tonne coulée brute coûtant 13 liv. st. et 16 livres après avoir été achevée sur le tour, cela fait.. . . . . 960 l. st.   24,144f. »c.

A reporter	960 l. st.	24,144f. »c.

Reporter......	960 l. st.	24,144f. »c.
Articles de rechange pour la machine à vapeur..........	?	
150 tonnes de fonte en plaques pour couvrir le sol de l'usine, à raison de 6 liv. la tonne.	900 l. st.	22,635f. »c.
Pièces en fonte pour un fourneau à réverbère, environ 8 tonnes, à 6 liv. 6 sh. la tonne.	52 l. st.	1,307f. 80c.
Outils, tels que ringards, etc., en fer malléable, à raison de 28 liv. la tonne, une tonne. .	28 l. st.	704f. 20c.
Pièces en fer pour un fourneau à la Wilkinson......	50 l. st.	1,257f. 50c.
Soufflet pour ce fourneau..	80 l. st.	2,012f. »c.
Pièces en fer pour une petite forge à deux feux, deux soufflets, deux enclumes, outils avec faces aciérées, outils en fer non aciérés, etc., etc.....	100 l. st.	2,515f. »c.
Pièces en fonte, coulées à découvert, pour un fourneau de puddlage, 8 tonnes, à raison de 6 liv. 6 sh. par tonne, 52 liv. Pièces en fer malléable, 13 qx. à 28 shell.; le quintal, 18 liv. 4 shell. En supposant quatorze fourneaux de puddlage, cela ferait environ..........	983 l. st.	24,722f. 45c.
Pièces en fonte pour un four-		

A reporter. ...	31,531 l. st.	79,297f. 95c.

Report.... 3,153 l. st.   79,297f.95c.

neau de chaufferie, 7 tonnes à
6 liv. 6 sh. la tonne, 45 livres.
Pièces en fer malléable, environ 18 livres : cela fait environ 63 livres par fourneau ou
pour quatre fourneaux. . . . .   252 l. st.   6,337f.80c.

·Outils des ouvriers puddleurs et autres ouvriers, à 4 ¹/₂
d. la liv., environ 7 quintaux
et 10 liv. en nombres ronds. .   15 l. st.   377f.25c.

Pièces en fer pour deux
grues construites partiellement
en bois. . . . .   50 l. st.   1,257f.50c.

TOTAL. . . . . 3,470 l. st.   87,270f.50c.

Y ajoutant le prix de la ma-
chine, des cylindres, etc. . . . . 4,695 l. st.   118,079f.25c.

Nous avons pour le prix total des machines et parties en
fonte ou fer de l'usine. . . . . . 8,165 l. st.   205,349f.75c.

— Si nous ne tenons compte que des dépenses de
la forge proprement dite, nous pouvons de cette
somme supprimer 182 livres sterling, qui ont
été comptées pour un fourneau à réverbère et
un fourneau à la Wilkinson.

D'un autre côté, nous ajouterons 185 liv. st.
pour un second marteau et 4,000 liv. sterl. pour
emplacement, maison de la machine à vapeur,

11

hangar, dépenses imprévues, etc. On observera cependant que l'évaluation de cette dernière
somme est assez arbitraire; car les élémens dont
elle se compose, celui surtout qui est le plus important, le coût de l'emplacement, varient dans
des limites assez étendues, suivant les localités.
Soient donc 12,000 l. st. (301,800 fr.) environ le
capital que représente l'établissement, à l'exception de la maçonnerie des fourneaux.

Devis d'une forge sembla- ble à la précé- dente, fourni par une usine du Stafford- shire.

Les devis suivans ont été faits dans une usine
du Staffordshire :

Une machine à vapeur de 60 chevaux.	2,016 l. st.	50,702f.40c.
Cylindres, etc., pour faire 120 tonnes de fer par semaine, avec les ferremens de dix four- neaux de puddlage.	2,572 l. st.	64,685f.80c
TOTAL.	4,588 l. st.	115,388f.20c.

On voit que le prix de la machine à vapeur et
celui des cylindres, etc., plus le ferrement de dix
fourneaux de puddlage, sont chacun moindres
que dans le devis du pays de Galles; mais il est
bon d'observer que l'usine de Neath-Abbey a la
réputation de donner des produits de meilleure
qualité que l'usine du Staffordshire.

Substitution   D'après des devis établis à Neath-Abbey, dans le cas où l'on se servirait d'une roue à eau de 30 pieds de diamètre au lieu d'une machine à vapeur, le moteur coûterait, avec le système des roues d'engrenage, pour transmettre le mouvement, 1,820 livres sterl. au lieu de 2,690, et le marteau, que l'on ne peut faire marcher que par l'intermédiaire d'un mécanisme plus compliqué, coûterait 430 liv. st. au lieu de 185, en sorte que le devis total du moteur, des cylindres et du marteau se réduirait à 4070 liv. st. (102,360 fr. 50 c.) au lieu de 4695 liv. st. (118,079 fr. 25 c.).

d'une roue à eau à la machine à vapeur dans le devis de Neath-Abbey.

D'après des devis semblables établis dans le Staffordshire, la roue à eau, avec les roues d'engrenage pour transmettre le mouvement, coûterait 1,422 liv. st. (35,763 fr. 30 c.).

Enfin, voici deux devis calculés dans le Staffordshire pour une forge devant produire cent quatre-vingts tonnes par semaine :

Devis d'une forge devant produire 180 tonnes de fer par semaine.

Deux machines à vapeur de
la force de 60 chev. chacune.. 4,032 l. st.   101,404 f. 80 c.

Cylindres, etc., pour faire
180 tonnes de fer en barres,
tôle, fer fendu, rubans, etc... 4,775 l. st.   120,091 f. 25 c.

TOTAL....... 8,807 l. st.   221,496 f. 5 c.

11.

Ou, dans le cas où l'on emploierait des roues à eau :

Deux roues à eau, chacune
de 30 pieds de diamètre.. . . . .   2,845 l. st.   71,551 f. 75 c.
Cylindres, etc... . . . .   4,775 l. st.   120,091 f. 25 c.

TOTAL... . . . . . .   7,620 l. st.   191,643 f. c .

Estimation du fonds de roulement nécessaire pour fabriquer 120 tonnes de fer par semaine. Prenons pour base des frais d'établissement, en Angleterre, d'une forge devant produire cent vingt tonnes de fer en barres par semaine, la somme de 12,000 liv. st. (301,800 fr.), qui résultait de notre premier devis; rappelons-nous que ce prix de fabrication d'une tonne de fer en barres, y compris les frais d'administration, main-d'œuvre et même de construction et réparations des fourneaux, mais non compris l'intérêt des capitaux engagés, est, d'après les comptes donnés précédemment, environ 7 liv. 10 sh. (188 f. 65 c.). Multipliant cette valeur par $120 \times 52 = 6240$, nous aurons 46,800 liv. st. (1,177,020 fr.) comme évaluation de la mise hors de fonds annuelle pour les frais de fabrication. Additionnant cette somme avec 12,000 liv. st., nous nous formerons une idée approximative du capital que nécessite en Angleterre une semblable forge : ce capital se montera à 58,800 liv. st. : disons 60,000 liv. st., ou environ $1 \frac{1}{2}$ million de francs.

CONCLUSION.

Comparant les détails des comptes que nous venons d'établir avec le relevé des frais qu'occasione un établissement semblable sur le continent, on pourra juger en quoi consiste la différence entre les dépenses d'une usine à fer créée en Angleterre ou dans un autre pays ; on verra jusqu'à quel point il convient d'acheter les machines en Angleterre et d'en supporter les frais de transport et les droits d'entrée. Les fabricans du continent pourront aussi se faire une idée des avantages avec lesquels ils peuvent lutter contre les forges de la Grande-Bretagne sous la protection d'un droit déterminé.

Les prix de fabrication ont leur limite infé- rieure dans le prix de la main-d'œuvre et celui-ci, comme on le sait, n'est altéré que par un concours de circonstances que des événemens extraordinaires et passagers ou une longue série d'années peuvent seuls amener. Il paraît qu'aujourd'hui, en Angleterre, surtout dans le Staffordshire, l'on a à peu près atteint cette limite inférieure : le grand nombre d'usines qui chôment l'atteste. Il est vrai que l'on peut aussi attribuer cette stagnation du commerce du fer au manque de débouchés. Il ne nous semble pas

Observations générales.

probable cependant que, lors même que l'on ouvrirait de nouveaux marchés au débit de ces produits, les maîtres de forges anglais, ou du moins ceux du Staffordshire, pussent, tout en remettant en activité leurs usines aujourd'hui arrêtées, supporter encore une baisse de quelque importance dans le prix de vente. Il n'en serait peut-être pas de même dans le pays de Galles. A la solution de ces questions se lie intimement celle de la question du maintien ou de la diminution des droits sur les fers étrangers. On sait, du reste, que de nouvelles usines s'élèvent en France, qui, dit-on, n'auront à craindre, en aucun cas, la concurrence des usines anglaises dans un rayon de pays considérable.

AFFINAGE

DE LA FONTE AU BOIS DANS LE FOUR A RÉVERBÈRE
ET AFFINAGE CHAMPENOIS A LA HOUILLE.

Quelques détails sur les essais que l'on a faits pour affiner la fonte dans le four à réverbère avec d'autres combustibles que la houille, ou avec la houille par un nouveau procédé ne seront sans doute pas déplacés après la description que nous venons de donner des procédés que l'on suit en Angleterre. Les renseignemens sur le puddlage au bois ont été communiqués à M. Coste, avec une extrême complaisance, par M. Maître-Humbert, l'un des plus habiles maîtres de forge de la Côte-d'Or. Les articles concernant le puddlage à la tourbe et le puddlage à l'anthracite sont extraits des derniers numéros des *Annales des Mines*.

Affinage au bois.

Les expériences sur le puddlage au bois, dont nous allons parler, ont eu lieu, en 1824, à la forge anglaise de Châtillon-sur-Seine.

Le four à puddler qu'on employait avait des dimensions peu différentes de celles du four ordinaire. La chauffe était seulement un peu plus profonde et le flux plus étroit.

Voici les principales dimensions de ce four :

Grille. . . $\begin{cases} \text{Longueur.} \dots \dots \dots \text{1 mètre.} \\ \text{Largeur} \dots \dots \dots \dots \text{0,94} \\ \text{Hauteur.} \dots \dots \dots \text{0,81. Depuis, la} \\ \quad \text{traverse supportant la grille jusqu'à la voûte.} \end{cases}$

Four. . . . $\begin{cases} \text{Longueur du pont au flux. } 1^m,94 \\ \text{Largeur au pont.} \dots \dots \text{0}^m,94 \\ \text{Largeur au milieu, vis à vis} \\ \quad \text{la porte de travail. } \dots \text{ 1}^m,24 \\ \text{Largeur au flux.. } \dots \dots \text{0}^m,28 \end{cases}$

Hauteur
de
la voûte. $\begin{cases} \text{Près du pont.} \dots \dots \dots \text{0}^m,66 \\ \text{Vis à vis la porte de travail. 0}^m,61 \\ \text{Au flux.} \dots \dots \dots \dots \text{0}^m,15 \end{cases}$

Hauteur du seuil de la porte de travail
au dessus de la sole. . . . . 0^m,15
Hauteur du pont au dessus du seuil de la
porte de travail. . . . . 0^m,13.

La hauteur du réverbère du flux était de 0^m,04 en contre-bas du seuil de la porte de travail.

Opération.   L'opération était conduite comme celle du puddlage à la houille ; sa durée était à peu près la même.

Charge et déchet.   La charge était de 175 kilog. de fonte, fabriquée au charbon de bois ; on retirait 152 kil. 20 de fer puddlé : le déchet sur la fonte était donc de 15 pour 100 du fer obtenu.

La qualité du fer était la même que celle du métal provenant du travail à la houille.

On consommait 32,87 pieds cubes de bois (*charbonnette* de toute essence) par opération , ou 216 pieds cubes (7,50 mètres cubes) pour fabriquer 1,000 kilog. de fer.

Lorsqu'on emploie du bois sec, la consommation est beaucoup moindre ; elle n'a été que de $3\frac{1}{2}$ mètres cubes pour 1,000 de fer dans des expériences sur le puddlage au bois, que M. Roche a publiées dans le n°. 1 de la *Correspondance des Élèves-Mineurs de Saint-Étienne*. Cet ingénieur ne dit pas avoir eu le soin de faire dessécher le bois qu'il a employé dans ses expériences, mais nous pouvons présumer qu'il avait pris cette précaution.

Nous ferons observer d'ailleurs que l'on pouvait prévoir, par le calcul, le résultat donné par M. Roche. En effet, le pouvoir calorifique de la houille étant représenté par 80, celui du bois, lorsqu'il contient $\frac{20}{100}$ d'eau, l'est par 38,41 (1), c'est environ la moitié du pouvoir calorifique de la houille : il faudra donc, la durée de l'opération étant la même dans les deux cas, une quantité de bois pesant le double de la houille

(1) Voy. le résumé des leçons de M. Clément, publié dans le *Producteur*, en 1827.

ordinairement employée : or, on consomme ordinairement 1,000 kilog. de houille pour fabriquer 1,000 kilog. de fer puddlé ; on brûlerait
donc pour le même opération 2,000 kilog. de
bois, ou environ 3,33 mètres cubes.

L'habileté que les ouvriers acquerraient bientôt diminuerait aussi la consommation de combustible indiquée par les expériences ; car les
mêmes qui, en 1824, brûlaient 15 hectolitres
de houille pour fabriquer 1,000 kilogramm. de
fer puddlé n'en brûlent pas 10 aujourd'hui. Nous
admettrons donc que, dans le puddlage au bois,
la consommation peut être réduite à 4 mètres
cubes.

On pourrait penser que les bois durs seraient
préférables aux bois blancs pour le puddlage. Il
paraît que celui de toute essence conviendrait, si
on avait soin de le dessécher. Le bois blanc donne
même une flamme plus vive que l'autre, et présenterait plus d'avantages si on mesurait ce combustible en poids.

Malgré les avantages que ce procédé semblait
offrir, on l'a cependant abandonné après trois ou
quatre mois de travail.

Nous allons voir quels en sont les inconvé-
niens : comparons-le d'abord au procédé d'affinage à la houille.

Comparaison   Un four pouvant faire, en 6 mois, 300,000 kilog. de fer exigerait un hangar de 1,200 mètres de l'affinage au bois à l'affinage à la houille. cubes de capacité, pour abriter le combustible qui lui serait nécessaire pour ces six mois seulement.

Il faudrait opérer la dessiccation presque complète du bois. On pourrait y parvenir peut-être, dans certaines années de sécheresse, en exposant le bois, en plein air, aux rayons du soleil ; mais quand viendrait le moment de le rentrer, on ne se procurerait que difficilement le nombre de voituriers ou de manœuvres que ce travail exigerait. Dans les années pluvieuses, ce procédé ne pourrait plus être suivi, il faudrait alors des appareils et du combustible pour la dessiccation du bois.

On peut calculer approximativement la quantité de bois que cette opération exigerait. Admettons que le bois contienne 20 pour 100 d'eau, qu'un kilogramme de ce bois est capable de fondre $38^k,41$ de glace, et de donner 2,881 calories (1), et que le mètre cube de bois pèse 600 kilog., la quantité d'eau contenue dans un mètre cube sera de 120 kilog., qui demanderont 78,000 calories pour être réduits en vapeur, ou 27 kilog. de bois. Supposons que la perte de chaleur par

_____

(1) Voyez la note précédente.

les appareils soit la moitié de la chaleur totale
développée, il faudra, pour produire la dessiccation d'un mètre cube de bois, 54 kilog. de ce
combustible, ou environ le douzième de celui
qui est à dessécher.

On a essayé d'employer la chaleur dégagée par
les rampans à chauffer des étuves de dessiccation ; on n'a pas desséché, par ce moyen, plus de
la cinquième partie du bois nécessaire au puddlage : la chaleur se propageant mal, la dessiccation offre beaucoup de difficultés.

De ce qui précède, il faut donc conclure que
le puddlage au bois ne pourrait l'emporter sur
l'affinage à la houille que dans des endroits très
éloignés des mines de ce combustible et très voisins des forêts.

En pareilles circonstances, on trouverait peut-
être du profit à remplacer deux feux d'affinerie
au charbon de bois par un fourneau de puddlage ; on cinglerait les lopins, qui seraient ensuite chauffés dans des chaufferies ordinaires au
charbon de bois.

La charbonnette serait empilée à l'air comme
sur les chantiers, et chaque jour exigerait une
étuve qui pût dessécher 12 à 15 mètres cubes de
bois par jour.

En effet, nous avons dit que la consommation
de bois pour produire 1,000 kilog. de fer puddlé

pouvait se réduire à 4 mètres cubes. On calcule
que le charbon brûlé dans un four d'affinerie
pour fabriquer la même quantité de métal est de
8 à 9 mètres cubes, et provient de la carbonisation de 26 à 27 mètres cubes de bois. A la vérité,
le fer puddlé doit encore être chauffé et laminé
une fois; mais cette opération exigeant moins de
combustible, quoiqu'une chaleur plus vive que
le puddlage, le puddlage au bois offrirait, en
tous cas, au moins un tiers d'économie sur le
combustible, même en y ajoutant le bois nécessaire à la dessiccation.

On observera, toutefois, que le puddlage au
bois ne pourrait être appliqué que dans de petits établissemens, et seulement être substitué à
nos anciennes forges.

Affinage champenois à la houille.

Un procédé suivi dans quelques usines de la
Haute-Marne et de la Côte-d'Or consiste à puddl-
ler le fer à la manière ordinaire, à cingler les loupes sous un marteau à drôme de 550 kilog. environ, à rechauffer les lopins au milieu de la
houille et à les forger sous un marteau semblable.

Cette dernière opération se fait dans un petit
foyer de 18 pouces de côté, peu différent d'une

chaufferie au charbon de bois, et exigeant à peu près la même quantité de vent. Ce foyer est fermé de trois côtés et couvert d'une petite voûte; la cheminée est placée sur le côté, et on pratique entre elle et le foyer un petit compartiment voûté, dans lequel passe la flamme et où l'on commence à rechauffer les lopins qui doivent être travaillés dans l'opération suivante.

On fabrique, dans une chaufferie de ce genre 12,000 kilog. de fer en barres par semaine, en sorte qu'une seule suffit à un four de puddlage.

On consomme 12,000 kilog. de houille et 14,400 kilog. de lopins.

L'avantage que ce procédé présente est de n'exiger que très peu de frais d'établissement; mais il paraît que jusqu'à présent il n'a donné qu'un fer de qualité médiocre.

Il vaudrait mieux rechauffer le métal hors du contact de la houille. En effet, pour peu qu'elle soit pyriteuse, et c'est le cas le plus ordinaire, on doit obtenir un fer cassant à chaud. Ne serait-il pas plus avantageux de cingler les lopins en plaques un peu minces et de les rechauffer avec le coke dans un four semblable à celui que nous avons décrit plus haut (page 94) ? A la vérité, on consommerait plus de combustible, mais la qualité serait bien meilleure.

AFFINAGE

DE LA FONTE A L'ANTHRACITE (1).

Les nombreux essais faits à la fonderie de Vizille, créée pour utiliser l'anthracite de Lamure dans le traitement des minérais de fer spa-

---

(1) Cet article, extrait des *Annales des Mines*, est de M. Robin, Directeur de l'usine de Vizille.

On n'avait point encore tenté un semblable emploi de l'anthracite; nous voyons seulement que M. Roche, directeur des manufactures royales de Crans, près d'Annecy, a cherché à remplacer la houille de bonne qualité, qui lui manquait pour faire le puddlage de la fonte, par le charbon de bois et le mélange de charbon et de bois. Voici ce qu'on lit dans la *Correspondance des Élèves-Mineurs de Saint-Étienne*, n°. 1, p. 61.

1re. expérience.—*Avec le charbon de bois.*

Sans vent, l'opération est impraticable. J'ai essayé le vent des trompes, et préalablement intercepté le courant d'air qui a lieu sous la grille, au moyen d'une couche d'anthracite qui se vitrifie en partie, en laissant un résidu considérable.

Les buses, au nombre de trois, reposaient sur la plaque de fonte supportant le mur où prend naissance la voûte

thique qui se trouvent dans le voisinage de l'établissement, amenèrent à ces résultats jusqu'alors
inconnus, que la fonte peut être obtenue, mais

---

du cendrier ; j'avais disposé les deux extrêmes de manière à diriger le vent plutôt au centre du foyer que sur
les murs latéraux ; il était lancé parallèlement à l'axe du
pont.

Il se dégage beaucoup plus de flamme que dans le travail ordinaire ; le fer est meilleur que par le traitement à la
houille : il est à remarquer que la fonte n'est pas aussi liquide que par ce dernier procédé ; elle se soutient plus
long-temps en sable, et exige beaucoup moins d'eau pour
se réduire. J'ai employé, dans ce travail, 1,100 kilogr. de
fonte par 1,000 kilog. de fer puddlé et 4,50 mètres cubes
de charbon de bois.

2e. expérience. — *Avec charbon et bois.*

Charbon consommé 2 mètr. cub., et bois 1 mèt. cub.,50.
L'opération s'est comportée comme la précédente.

3e. expérience. — *Avec le bois seul.*

Fonte employée, 1,100 kilog.
Bois consommé, 3,50 mètres cub.

La fonte se réduit fort lentement, la qualité du fer est
moindre ; il paraît que la chaleur développée n'est pas
suffisante. Cependant, l'auteur croit qu'en modifiant les
dimensions du fourneau de la manière qu'il l'indique, on
parviendrait à obtenir de bon fer ; il ne dit point qu'on ait
fait sécher artificiellement le bois.

avec des difficultés extrêmes seulement, au moyen du combustible en question; que l'anthracite étant employée dans la proportion de 7 parties contre 3 de coke, un haut-fourneau peut marcher très régulièrement.

Il est à regretter que l'économie n'ait pas répondu à ce dernier résultat scientifique: en raison de la lenteur avec laquelle brûle l'anthracite, il fut reconnu qu'il y a plus d'avantage à employer les combustibles à parties égales.

Les fontes obtenues avec les différentes proportions d'anthracite ont toujours été d'excellente qualité, ce qui doit surprendre d'autant plus que le combustible employé sans préparation, tel qu'il sortait de la carrière, était toujours chargé d'une grande quantité de pyrites. Néanmoins leur cherté résultant du transport du coke, pris à Rive-de-Gier, c'est à dire à 28 lieues de Vizille, les empêchait d'être vendues avec avantage aux forges montées sur de grandes échelles, qui seules pouvaient assurer leur écoulement.

Les fontes grises, reconnues excellentes pour le moulage de seconde fusion, rivalisèrent, sous ce rapport, avec les meilleures fontes de Bourgogne et de Franche-Comté obtenues avec du charbon de bois; mais comme elles étaient trop coûteuses, parce qu'elles ne pouvaient être produites

12

qu'avec un excès de combustible, il ne fut pas possible de les vendre brutes avec avantage. D'un autre côté, il ne fallut pas songer à les employer à Vizille, qui, par sa position, n'offre pas suffisamment d'élémens pour la prospérité d'un atelier de moulage.

Une fabrication de fer parut être le seul moyen d'assurer l'existence de l'établissement ; mais on devait nécessairement la baser sur l'emploi de l'anthracite, pour ne pas éprouver, à cause du transport de la houille, le même inconvénient qu'avec le coke dans la production de la fonte.

Le mode du travail à suivre était indiqué par le peu de succès obtenu jusqu'à ce jour dans les essais faits pour affiner les fontes en contact avec des combustibles minéraux. On adopta par conséquent l'emploi du fourneau à réverbère, quoiqu'il ne fût pas possible de se dissimuler les difficultés que l'on devait rencontrer dans le chauffage avec un charbon aussi dense, et par conséquent aussi difficilement combustible que l'anthracite. On devait s'attendre à ne pas élever suffisamment la température en employant le tirage naturel : l'expérience avait déjà appris, dans le département des Hautes-Alpes, que même, pour le traitement des minérais de cuivre au four à réverbère, un courant d'air forcé était nécessaire.

Avant de commencer les essais avec l'anthracite, il était important de savoir de quelle manière les fontes de Vizille se comportent lorsqu'on les affine avec la houille, afin de pouvoir comparer les résultats des deux procédés.

On opéra donc d'abord le puddlage d'après les procédés connus, dans un four construit, à quelques légères modifications près, sur les plans de celui des fours de l'usine de Terre-Noire, qui a donné le plus d'avantage. (V. Pl. VIII, *fig.* 1 et 2.) Nous en indiquerons les dimensions principales, ses formes secondaires ne s'écartant pas de celles ordinaires.

La longueur de la grille, dans le sens de celle du four, est de 3 pieds, sa largeur de 3 pieds 2 pouces.

Le seuil du tisard est à 1 pied 1 pouce au dessus de la grille.

La hauteur du pont, au dessus de la grille, est de 1 pied 6 pouces ; la largeur, de 9 pouces.

La sole en fonte, de 5 pouces d'épaisseur, se trouve à 1 pied au dessous du pont ; sa longueur, jusqu'à l'autel, est de 5 pieds. La plus grande largeur de la sole vis à vis la porte de travail est de 4 pieds 3 pouces.

La porte de travail est à 8 pouces au dessus de la sole et à 2 pieds 9 pouces au dessus du sol.

La hauteur de l'autel est de 6 pouces ; sa largeur, de 5 pouces.

La longueur du rampant, y compris l'autel et l'ouverture de la cheminée, égale 3 pieds 5 pouces ; sa hauteur et sa largeur, à son ouverture, sont de 11 pouces.

La plus grande hauteur de la voûte se trouve près du pont ; elle y est de 26 pouces et baisse graduellement jusqu'à la couronne, qui est à 3 pouces au dessous du seuil de la porte de travail.

La largeur du bas de la cheminée, égale à celle du rampant, est de 11 pouces à 2 pieds au dessus du bas de la couronne ; elle prend 16 pouces et conserve cette largeur jusqu'au registre, c'est à dire à une hauteur de 27 pieds. La dimension de la cheminée, dans le sens du rampant, est de 15 pouces sur toute la hauteur de la couronne égale à 9 pouces. Au dessus de la couronne, elle prend 16 pouces, et conserve cette dimension jusqu'au haut de la cheminée.

Essais faits en employant la houille de Rive-de-Gier.

On fit dans ce four huit chaudes, dont les trois premières s'opérèrent sur de la fonte blanche, et n'eurent pour objet que de former une sole en scories et de mettre le four en allure. Des cinq autres chaudes, deux furent faites sur de la fonte grise, deux sur de la fonte truitée et une sur de la fonte blanche.

On passa chaque fois 175 kilogrammes de fonte ;

on retira cinq boules, que l'on cingla sous un mouton du poids de 386 kilogrammes.

Les masseaux de fonte grise pesèrent, moyennement, 149 kilogrammes, ceux de fonte truitée 151, ceux de fonte blanche 139; c'est à dire que 100 kilogrammes de ces diverses espèces de fontes rendirent 85, 86, et 79 de fer brut.

Une partie du fer provenant de la fonte blanche n'ayant pas pu être arrachée du four, il ne faut compter sur l'exactitude que des deux premiers nombres. Ils indiquent des résultats avantageux; et, en effet, on ne pouvait pas en attendre davantage en opérant sur des fontes non finées, et surtout dans un four neuf. On pourrait penser que si on avait employé un moyen plus parfait pour cingler les boules, le déchet aurait été plus fort; mais on a reconnu, en étirant les masseaux en fer marchand dans un martinet du voisinage, que non seulement il ne dépassait pas 12 à 14 pour 100 pendant cette opération, mais, en outre, que les fers étaient d'excellente qualité. Ce dernier résultat est d'autant plus remarquable que le puddlage avait eu lieu sur des fontes obtenues avec sept parties d'anthracite contre trois de coke. Il est certain également que la perte, à la fin du puddlage, a été grande, puisque le fer, dégagé de carbone et présentant une grande surface à l'action de l'air, se brûlait rapidement pendant la manœuvre du mouton, qui durait 25 à 30 minutes pour une chaude.

Le temps mis à l'affinage, depuis le chargement de la fonte jusqu'à la sortie de la première boule, a été d'une heure 55 minutes pour la fonte grise, 1 h. 40^m. pour la fonte truitée, et 1 h. 25^m. pour la fonte blanche.

Pour les cinq dernières chaudes, composées de 775 kilogrammes de fonte, on a brûlé 722 kilogrammes de houille seulement, pendant 8 heur. 39 minutes; ce qui suppose 2003 kilogrammes employés pendant 24 heures.

Le four a été parfaitement entretenu avec cette faible quantité de charbon ; résultat qui peut être attribué en partie à l'emploi d'une houille de première qualité, en partie aux bonnes dimensions du four. Il est cependant probable que celles-ci, une fois altérées par un travail de plusieurs jours, l'on n'aurait plus marché avec le même avantage.

Il a été reconnu pendant ces essais, auxquels on s'est borné, que les fontes de Vizille se laissent travailler avec une grande facilité; les puddleurs en étaient plus contens que d'aucune des fontes brutes de Bourgogne et de Franche-Comté qu'ils avaient eues à traiter dans les usines de la Loire. Les fontes blanches surtout se réduisaient presque instantanément, ce qui doit être attri-

bué en grande partie à une espèce de demi-
finage qu'elles subissaient pendant leur séjour
dans le creuset du haut-fourneau ; elles s'y trouvaient soumises à l'action d'un vent violent, qui
mettait le bain à nu en chassant les laitiers devant lui.

Après ces essais, on passa à ceux sur l'anthracite, et, sans faire de modifications au four, on
chargea sa grille, après qu'il eut été refroidi,
avec de l'anthracite en morceaux de la grosseur
du poing. Elle s'alluma si doucement, que sa
combustion ne fut active qu'après deux heures,
et encore la température ne put-elle pas être
portée au delà du rouge naissant. La flamme ga-
gna à peine le milieu du four, et une demi-heure
plus tard, lorsque les charbons étaient brûlés à
leur surface, elle ne passa même pas le pont et
l'intérieur du four devint sombre. On ne chan-
gea pas sensiblement cet état en piquant la grille.

Les mêmes tentatives, répétées sur des anthra-
cites tirées de différentes mines des environs de
Lamure, et réputées pour être plus tendres que
la première employée, ne conduisirent pas à de
meilleurs résultats : alors on disposa le foyer
pour y appliquer un courant d'air forcé.

On ménagea sur la partie postérieure du four,
et à six pouces au dessus de la grille, trois tuyères, espacées d'un pied, dirigées dans le sens de

Essais faits avec l'anthra-cite.

la longueur du four et inclinées de 10 degrés ;
trois autres tuyères furent placées au dessus des
premières ; mais, à 22 pouces de la grille, on leur
donna 45 degrés d'inclinaison pour faire frap-
per le vent à la surface des charbons dans le premier tiers du foyer. Cette dernière disposition
pouvait ne pas convenir pour la fin de l'opération du puddlage, puisqu'une certaine quantité
d'air pouvait échapper à la combustion et favoriser l'oxidation du fer ; cependant elle devait
contribuer à faire connaître le meilleur mode
d'application du vent.

On souffla d'abord, par les trois tuyères d'en
bas, avec des buses de $0^m,023$ (10 lignes) d'œil
et une pression de mercure égale à $0^m,055$.

Le four devint rouge après une heure et un
quart ; il ne fut pas possible de porter la température plus haut, elle baissa même chaque fois
que l'on chargea de nouveaux charbons, à cause
de la lenteur avec laquelle ils s'allumaient. La
houille ne présente pas cet inconvénient, elle
brûle et chauffe instantanément.

La chaleur du foyer fut cependant très intense,
mais seulement dans le voisinage des points d'application du vent. Sur la moitié de la grille, près
du pont, les charbons n'éprouvaient pas l'action
de l'air, qui ne pouvait traverser leur masse, en
grande partie réduite en poussière par la décré-

pitation. Il était évident, d'après cela, qu'une
grille moins large pouvait donner les mêmes résultats et devait en outre présenter un autre
avantage, celui de porter les tuyères vers le rampant, que la flamme n'atteignait que difficilement.

C'est à la grande déperdition du calorique par
la grille que l'on a attribué en partie la difficulté que l'on a éprouvée pour élever la température. Outre la flamme, qui était chassée avec
force à travers les barreaux, ceux-ci brûlaient
rapidement. Un dernier inconvénient était attaché à l'emploi d'une grille : comme, après quelques instans, les plus gros morceaux d'anthracite
étaient réduits en petits fragmens et en poussière, on en perdait une grande quantité lorsqu'on piquait le foyer. Pour remédier à ces in-
convéniens, il fallut se résoudre à opérer avec
un foyer fermé.

En soufflant par les tuyères d'en haut, on par-
vint à porter le four presqu'au blanc ; mais l'agitation fut si grande dans le foyer, qu'en fort peu
de temps les paillettes de charbon et les cendres,
entraînées par le vent, formèrent des couches
épaisses sur la sole. Cet inconvénient, bien moins
marqué en employant les tuyères inférieures,
l'était encore tellement, que l'on eut, dès cet instant et avec raison, lieu de le craindre pour

l'opération du puddlage ; n'ayant jamais pu être évité entièrement, c'est en effet lui qui s'est opposé puissamment au succès des opérations en salissant le fer.

D'après le dernier essai, il était évident que l'on chauffait le plus fortement avec le soufflage par en haut, on remarqua que plus la couche de charbon au dessus des tuyères était épaisse, plus la température du four baissait. De nombreuses expériences, faites postérieurement, prouvèrent qu'il y a le plus d'avantage à ne donner à cette couche que 6 pouces environ ; on pouvait l'augmenter, élever la pression de l'air, mais on n'en retirait aucun profit, puisqu'on favorisait ainsi la projection des poussières. Cet effet ne peut s'expliquer que par la difficulté que les charbons opposent à l'arrivée de l'air dans le foyer.

Les nouvelles modifications du four furent les suivantes :

Le pont, dont l'épaisseur était de 10 pouces, a été réduit à ne plus en avoir que 5.

La largeur du foyer, primitivement de 3 pieds, fut réduite à 2 pieds, en sorte que les tuyères furent rapprochées de 17 pouces du rampant.

A la place des barreaux de grille on mit des plaques en fonte.

Entre ces plaques et la marâtre supportant la

face des tuyères, on ménagea, sur toute la largeur du foyer, une ouverture de 5 pouces de hauteur, destinée à l'enlèvement des crasses et pouvant se fermer avec quelques briques.

Afin de rapprocher, autant que possible, le point de plus grande chaleur du rampant, on plaça les tuyères à 1 pied au dessus des plaques.

Avec ces changemens et un vent de $0^m,08$ de pression avec les mêmes buses de $0^m,023$, on porta, en moins de trois heures, le four au blanc. La température se soutint parfaitement pendant neuf heures; mais, après cette époque, il fut nécessaire de nettoyer le foyer. Cette opération, faite pour la première fois, dura assez longtemps et causa un grand refroidissement, parce qu'on fut obligé d'arrêter la soufflerie; mais, par la suite, elle ne demanda qu'une demi-heure, y compris le temps nécessaire pour rétablir la chaleur. La nature même du charbon contribuait à la faciliter : pénétré de schistes assez réfractaires, ceux-ci entraient en fusion autour des tuyères seulement, y formaient des masses, que l'on détachait en passant un ringard, soit par le tisard, soit par trois petites ouvertures ménagées dans la voûte immédiatement au dessus des tuyères.

Quatorze heures après la mise du vent, le four se trouva assez préparé et reçut successivement trois chaudes; l'une de fonte blanche, la seconde de fonte truitée, la troisième de fonte grise, dont les durées dépassèrent celles des fontes de même nature affinées avec la houille de 38, 58 et 56 minutes.

Ces résultats défavorables ont été attribués principalement à la présence des poussières d'anthracite, dont l'effet était de neutraliser en partie les propriétés de l'eau et des battitures de cinglard ajoutées à la chaude comme réductifs.

Dans des opérations faites plus tard, il est quelquefois arrivé qu'après cinq heures d'un travail opiniâtre le fer n'avait pas encore pris nature, et qu'on fut obligé de retirer, avec un râble, la chaude à l'état de grumeaux, que l'on n'avait pas pu réunir en boules.

D'un autre côté on n'était pas encore parvenu à donner au four la chaleur désirable; elle fut suffisante pour le puddlage, mais non pour la fusion de la fonte, qui s'opérait très lentement, et pour le coup de feu à donner aux boules avant leur sortie du four. Cela résultait de la disposition de quelques unes de ses parties, qui n'étaient pas appropriées à la manière d'activer la combustion. On remarqua surtout que la flamme gagnait et traversait le rampant avec beaucoup de vitesse sans battre convenablement le travail, et qu'elle restait attachée à la voûte, en laissant entre elle et la sole, dans la moitié du four près du pont, qui chauffe ordinairement le plus, un espace presque égal à la hauteur du pont. Il était donc évident qu'un rétrécissement du rampant devait être avantageux et que la voûte était trop haute.

En outre, les tuyères qui ne se trouvaient qu'à 8 pouces au dessus du pont jetaient, dans certaines circonstances, sur la sole, outre les poussières d'anthracite et les cendres, des quantités assez grandes de paillettes de charbon. Dans des modifications, qui furent, à deux reprises différentes, faites au four, on les porta, à cause de cela, à 2 pieds 2 pouces au dessous du pont. On ne laissa entre elles et la plaque de fond que 6 pouces.

Quant au rampant, il fut réduit à n'avoir que 8 pouces de hauteur sur 9 pouces de largeur.

La voûte fut surbaissée de 4 pouces, et pour concentrer davantage la chaleur, on rapprocha aussi de 4 pouces les parois latérales du travail.

Le four, ainsi modifié pour la dernière fois, et représenté par le plan et la coupe ci-joints, chauffa, aussi bien qu'il était possible de le désirer, avec trois buses de $0^m,027$ et une hauteur de manomètre marquée par $0^m,07$. Des buses plus grandes ou plus petites, avec d'autres pressions, ne donnèrent pas de résultats plus avantageux, soit pour le chauffage, soit pour éviter la difficulté que l'on éprouvait à se préserver des poussières.

Il est remarquable que l'anthracite, qui brûle
presque sans flamme dans les circonstances ordinaires, en a produit une si forte avec la soufflerie,
qu'elle se présentait au haut de la cheminée aussi
belle qu'avec la houille ; elle se distinguait de la
flamme de cette dernière en ce qu'elle n'était ac-
compagnée d'aucune fumée et ressemblait à la
flamme de l'alcool.

On est arrivé à ne mettre, pour le puddlage à
l'anthracite des fontes truitées et grises, que 20 à
25 minutes de plus que pour celui à la houille.
Un résultat plus satisfaisant ne pouvait pas être
obtenu : le four était chauffé même plus fortement qu'avec la houille ; mais les opérations se
prolongèrent un peu, à cause de l'action des poussières de charbon, que l'on était à la vérité parvenu à diminuer en baissant beaucoup les tuyères,
quoiqu'elles fussent encore très abondantes surtout après les décrassages ; et ce n'était que deux à
trois heur. après ces opérations, que l'on pouvait
compter sur trois bonnes chaudes ; l'agitation
dans le foyer, occasionée par la libre action de
l'air, cessait lorsqu'il s'était formé dans le voisinage des tuyères une certaine quantité de scories, qui, par leur disposition, divisaient les jets
d'air ; mais il fallait, toutes les dix heures environ, lorsque les crasses étaient trop abondantes,
se soumettre au même inconvénient. On réus-
sissait à marcher régulièrement de suite après le

décrassage, en jetant au dessus des tuyères quelques morceaux de crasses de foyer; néanmoins
le succes de cette manœuvre n'était pas toujours
certain. Les poussières très fines, qu'il est dans
tous les cas impossible d'éviter, agirent encore
très nuisiblement, même lorsque les opérations
marchèrent le mieux.

On pensa que l'on éviterait l'agitation du charbon en soufflant avec un plus grand nombre de
tuyères de moindre œil, mais plus rapprochées
les unes des autres. La tentative que l'on fit ne
conduisit à aucun succès : lorsque les tuyères
étaient distantes de 9 pouces, les deux jets d'air
voisins se réunissaient en un seul et agissaient
avec beaucoup de violence.

Pendant la dernière série d'opérations, le four
a brûlé, en cent neuf heures, 8220 kilogramm.
d'anthracite, ou 1717 kilogrammes en vingt-quatre heures ; tandis qu'il a fallu 2003 k. de houille.
Cet avantage tient à ce qu'une perte de ce dernier combustible a toujours lieu à travers les barreaux de la grille.

Il est à remarquer que l'on a chauffé presque
continuellement avec des charbons de la grosseur d'une noix environ, qui avaient été rebutés
comme trop petits lors des triages d'anthracite
pour le haut-fourneau, leur emploi au four à
puddler devait par conséquent donner une

grande économie à l'établissement. On trouva
qu'ils pouvaient être employés aussi bien que les
gros charbons, qui, ainsi qu'on l'a déjà dit, se
réduisent en petits fragmens à la première impression du feu, effet inévitable qui doit être
attribué en partie à l'humidité, mais principalement, à ce qu'on pense, à une dilatation inégale
de la masse serrée du charbon. Ce qui paraît venir à l'appui de cette dernière manière de voir la
chose, c'est que même l'anthracite que l'on mettait pour boucher le tisard décrépitait très fortement et se réduisait en esquilles lorsqu'on la
poussait dans le foyer. Dans toutes ces opérations, on a, du reste, employé un charbon sec,
qui avait séjourné pendant une année sous le
hangar. L'anthracite, chargée au gueulard du
haut-fourneau, ne décrépitait pas, à beaucoup
près, aussi fortement que dans le foyer du four
à puddler, où une chaleur vive agissait instantanément sur elle.

Les chaudes à l'anthracite, formées aussi de
175 kil. de fonte, rendirent, moyennement, 83,5
pour 100 de fer en masseaux, c'est à dire, à 2 pour
100 près, autant que les fers à la houille.

Pour la qualité des fers à l'anthracite, elle fut
très variable; ceux provenant des meilleures
chaudes se rapprochaient beaucoup des fers à la
houille; mais aucun masseau, étiré au moyen du

charbon de bois, ne donna des fers sans disconti-
nuités. Des morceaux de barres, pris individuelle-
ment, étaient aussi parfaits que les fers à la houille;
ils présentaient le même nerf et résistaient aux
mêmes épreuves : du reste, les fers se séparaient
ou se gerçaient très facilement à la couleur. Cette
propriété ne doit être attribuée qu'aux poussières
interposées entre les molécules de fer, puisque
celui à la houille en était exempt ; elle donne de
nouvelles notions sur les causes qui tendent à
rendre les fers cassans à chaud. Ce n'est pas au
soufre qu'il faut l'attribuer; il passait en grande
quantité à l'état d'acide sulfureux sur le fer, mais
il était ainsi sans action. Une recherche analytique, faite sur 50 grammes, n'en fit d'ailleurs
découvrir aucune trace; mais, par contre, on
trouva dans un fer à l'anthracite, de qualité
moyenne, 0,79 pour 100 de silice et 0,08 d'alumine, tandis qu'un fer à la houille ne donne que
0,46 de silice et 0,02 d'alumine. Les fers au charbon de bois sont purs : ces résultats se rapportent
parfaitement avec les analyses des cendres des
combustibles qui avaient été faites antérieure-
ment.

Le cuivre, qui est également signalé comme
un des corps qui donnent des fers de couleur, a
aussi été recherché, parce qu'il accompagne ordinairement la pyrite de fer qu'on rencontre dans

les fers spathiques, et surtout dans l'anthracite :
il n'en a pas été trouvé d'indice.

Il paraît donc prouvé que les fers obtenus avec
l'anthracite sont bien plus mauvais que ceux à
la houille, parce qu'ils renferment plus de matières impures. Il est certain aussi que l'entraîne-
ment des poussières ne peut pas être évité. Le
puddlage à l'anthracite ne répond donc pas à
l'une des premières conditions qu'on exigeait de
lui, celle de donner des produits livrables au
commerce ; il est donc impossible.

Un dernier essai a été fait, à Vizille, au four à
puddler, sur les fers obtenus avec la houille ; il a
servi à constater que la température que développe l'anthracite est plus que suffisante pour le
soudage des trousses ; il n'a fallu que 20 minutes
pour les ramollir. En outre, une bande de fer
d'excellente qualité, exposée pendant deux heures
et un quart aux vapeurs anthraciteuses, n'avait
pas acquis le moindre défaut. On pensa, en con-
séquence, qu'il serait possible d'établir une fabrication mixte, c'est à dire un puddlage à la houille
et un étirage à l'anthracite ; mais les fers ainsi
obtenus n'auraient pas pu, au moment où les
essais se faisaient et où les prix des fers étaient
très bas, soutenir la concurrence avec les fers fabriqués d'après les méthodes anglaises. (Les fers
marchands seraient revenus à 45 fr. les 100 kil.)

AFFINAGE

DE LA FONTE PAR LE MOYEN DE LA TOURBE.

Les renseignemens suivans sur le puddlage à la tourbe, communiqués par M. Alex, ingénieur des mines de Saxe, sont compris dans deux articles insérés dans les *Annales des Mines*, l'un en 1826, l'autre en 1829. Le premier est extrait d'une lettre de M. Alex à M. Berthier. En voici le contenu :

Lauchhamer, près Dresde, 25 décembre 1826.

. . . . Il n'y a en Allemagne que deux établissemens où l'on affine la fonte au four à réverbère ; ils sont situés sur les bords du Rhin, l'un à Rasselstein, près de Neuwied, et l'autre à Lendersdorf, près de Duren.

Son Exc. le comte d'Einsiedel, premier ministre du roi de Saxe, désirait introduire cette méthode dans son usine de Lauchhamer ; mais comme il est difficile de s'y procurer de la houille, et qu'au contraire la tourbe se trouve en abondance dans les environs, il m'a chargé de faire des essais dans le but de reconnaître si ce dernier combustible donnerait assez de chaleur pour opérer l'affinage de la fonte. Ces essais ont eu le plus heureux résultat.

13.

La fonte que j'ai employée provenait de minérais des prairies, traités au haut-fourneau avec
du charbon de bois. Je l'ai puddlée immédiatement sans la soumettre au mazéage. J'en ai chargé 200 livres à la fois, et, toutes les deux heures,
j'en ai obtenu 170 livres de lopins, qui ont produit 125 livres de fer en barres : ainsi, le déchet
a été de 37 et demi pour 100. Le fer était d'excellente qualité ; la consommation a été de 30 pieds
cubes de Paris de tourbe pour 100 livres de fer.

J'ai donné au four dont je me suis servi une grille
plus grande qu'aux fours à la houille ; j'ai sur-
baissé davantage la voûte, et j'ai, au contraire, élevé
beaucoup la cheminée, pour augmenter le tirage.

On vient de construire à Lauchhamer une
machine à vapeur et des laminoirs, et l'on va y
pratiquer le puddlage à la tourbe sur une grande
échelle. Quand l'établissement sera en pleine activité, je vous en communiquerai le plan, et je
vous transmettrai une description du travail ;
j'y joindrai les résultats de l'analyse de tous les
produits. Peut-être trouvera-t-on de l'avantage à
introduire cette méthode dans quelques parties
de votre chère France.

On répète aussi dans ce moment à Lauchhamer les essais que l'on a déjà faits souvent en
Allemagne pour employer le charbon de tourbe
dans les hauts-fourneaux.

Voici maintenant le second article inséré dans les *Annales* :

Déjà, en 1826, M. Berthier a rendu compte, dans les *Annales,* de mes essais relatifs au puddlage à la tourbe. Je me fais un devoir de faire connaître ici la continuation de mes travaux à ce sujet.

Je me propose de publier, dans quelque temps, un ouvrage sur le puddlage en général. L'expérience m'a guidé dans la construction du fourneau : elle était basée sur des essais que j'avais faits en petit ; savoir, qu'une livre à la houille et $2\frac{1}{2}$ livres de tourbe séchée à l'air, et exposée pendant huit jours à 40°, produisent le même effet. Dans cet état, le volume de la tourbe est à celui de la houille : : 8 : 1. Le problème à résoudre était donc de construire un fourneau qui consommât dans le même temps huit fois plus de tourbe que de houille en volume ; et comme dans cette localité 8p.c. de tourbe coûtent moins qu'un pied cube de houille, cette considération d'économie m'a engagé à poursuivre les essais.

De plus, mes essais en petit m'ont convaincu que la flamme de la tourbe est plus longue que celle de la houille, j'en ai conclu que je devais construire le fourneau plus étroit et plus long que pour le puddlage ordinaire. Il me semble que, dans l'usage de la houille, les gaz inflamma-

bles se produisent sur la grille en même temps
que les matières volatiles s'en dégagent ; au lieu
que l'eau de la tourbe (et celle qui est la mieux
séchée à l'air en contient toujours) n'est décomposée que dans son passage de la chauffe à travers le fourneau , et il se forme de l'*hydrogène
carboné* (?), pourvu que le tirage soit bon. Cette
dernière circonstance m'a engagé à construire,
pour l'emploi de la tourbe , les cheminées plus
hautes que pour l'emploi de la houille, et le
pont plus élevé.

Les figures 4 et 5 , Pl. V, donnent deux coupes
du fourneau que j'ai construit, et dont voici les
dimensions principales en pieds de Dresde (1).

Hauteur de la cheminée, 48 pieds : elle porte
à sa partie supérieure un registre.

Largeur intérieure de la cheminée, 18 pouces.

Dimensions de la chauffe :

Largeur, 3 pieds,
Longueur, 3 pieds 9 pouces, } en tout 11,25 P· c·'

Le fourneau au pont (*d*) a 3' de large ; la voûte
a 9'' d'élévation à sa naissance sur la paroi latérale du fourneau et 1' au centre , ce qui donne
pour surface de la section du fourneau par un
plan passant par le pont et parallèle à celui-ci,

(1) 144 pieds de Dresde = 125 pieds français.

2,6op.c.'. Ainsi, le rapport entre la chauffe et l'espace entre le pont et la voûte $= 260 : 11,25$, à peu près $= 1 : 4\frac{1}{4}$.

Longueur de la sole $= 6'6''$.

La plus grande largeur $= 3'$.

La section du rampant est de $1'$ de large sur $6''$ de haut, ce qui donne $\frac{1}{2}$ p.c.$'$ de surface. La surface de la section en g est à la surface de la section en d comme $1 : 5\frac{1}{4}$.

La surface de la grille est à celle de la sole comme $11 : 14$; tandis que le rapport entre ces deux surfaces, dans l'emploi de la houille, est de 8 ou 9 à 14. Hauteur de la sole à la voûte suivant $ab = 2'$. Le dessin donne les autres dimensions.

Les parois extérieures du fourneau sont en maçonnerie, ce qui est beaucoup plus économique que des plaques de fonte : il est lié dans la longueur et la largeur par des barres en fonte (m). La sole (c) repose sur des plaques de fonte; la sole elle-même est en scories. On forme la sole en la fondant de la même manière qu'en Shropshire, et on se sert, pour le travail, des mêmes outils que dans les fourneaux à puddler à la houille. Le travail du puddlage est le même (*voyez* Dufrénoy, p. 499). Ici, on n'ajoute point de matières étrangères, par exemple de l'eau et de la chaux, comme en Angleterre. J'ai eu, pour agir ainsi, des raisons que je développerai dans

le traité dont j'ai parlé. Cependant, à chaque
charge du fourneau, je fais ajouter des scories
riches et des battitures; car, puisque l'oxidation
des métaux terreux nécessite de l'oxide de fer
pour former des silicates ou des scories, celui-ci
sera fourni aux dépens des matières ajoutées et
non aux dépens de la fonte.

Résumé. En résumé, l'opération du puddlage
dure deux heures pour 250 livres de fonte ; on
ajoute à chaque charge des battitures de fer provenant de la mise en barres des loupes. La perte
au fourneau à puddler ne s'élève pas au delà de
6 à 8 pour cent. La consommation en tourbe est
de 26 pieds cubes de Paris pour 100 kil. de fer
en barres.

Comme nous n'avons pas encore un grand laminoir, nous chauffons les lopins dans un fourneau d'affinage au charbon de bois : on forge à
l'aide d'un marteau ordinaire. La perte est de 25
à 28 pour cent. Il faut 20 pieds cubes français
de charbon de bois pour 100 kilog. de fer forgé.

D'après l'ancienne méthode (affinage allemand),
il faut pour 100 kil. de fer forgé 140 kil. de fonte
grise et 42 p. c. français de charbon de bois, et on
fait par semaine 17 quintaux métriques. D'après
le procédé, où l'on affine la fonte avec la tourbe
au four à puddler, où l'on chauffe les lopins à
part dans un foyer avec le charbon de bois, il

faut, pour 100 kil. de fer forgé, de 145 à 156
kil. de fonte grise, 34 p. c. (français) de tourbe
(parce que 100 kil. de fer en barres ne donnent
que 72 kil. de fer forgé), et 20 p. c. (français) de
charbon de bois.

Nous fabriquons par semaine 57 quintaux métriques. Comme les 34 p. c. de tourbe ne coûtent
pas ici autant que les 22 p. c. de charbon, et
comme le plus grand déchet en fer est couvert
par l'économie de combustible, il me semble
que ceci est intéressant pour ceux qui ont de
faibles capitaux d'exploitation. Pour le travail de
puddlage, on fera bien d'employer, comme moi,
des affineurs ordinaires, et de former des ouvriers pour ce but. Ainsi, on peut épargner les
grands frais nécessaires pour en faire venir d'Angleterre.

Dans mon Traité, j'indiquerai comment on
peut combiner, dans les usines à deux feux et à
deux marteaux, le puddlage et le travail des lopins avec du charbon menu et mauvais, et j'indiquerai les moyens de sécher économiquement
la tourbe.

NOTE

SUR LES FONDERIES D'ANGLETERRE.

FOURNEAUX.

La fonte est refondue dans les *fourneaux à manche* et dans les *fourneaux à réverbère*.

Il n'est guère possible d'établir une comparaison entre le travail des fourneaux à manche et celui des fourneaux à réverbère, afin de déterminer lesquels doivent être préférés. Les premiers ont l'avantage de donner de la fonte toutes les demi-heures ou toutes les heures, mais en petite quantité : on doit donc les employer dans le moulage des poteries et des petits objets. Les autres peuvent contenir une grande quantité de fonte liquide à la fois, et doivent nécessairement servir dans le moulage des grosses pièces.

Fourneaux à la Wilkinson.

Forme et
dimensions.

La forme intérieure des fourneaux à la Wilkinson ou *coupelos* varie peu ; elle est toujours cylindrique ou plutôt un peu conique. Leur hauteur est de $4\frac{1}{2}$ à 7 pieds ($1^m,37$ à $2^m,13$). Le plus souvent, dans le Staffordshire, ils ont 5 ou 6 pieds. Le diamètre varie de 1 pied ($0^m,304$) à 20 pou-

ces et même 2 pieds (0^m,608); quelquefois la
forme intérieure est carrée ou rectangulaire ; le
plus souvent, ces fourneaux ont deux tuyères,
placées sur des faces opposées. On ménage, en
outre, des trous à diverses hauteurs, dans lesquels on puisse placer les buses, à mesure que le
fourneau s'emplit de fonte, et lorsque l'on désire obtenir une assez grande quantité de métal
à la fois. L'intérieur du fourneau est en briques
réfractaires et l'extérieur est toujours garni de
fortes plaques de fonte. Les coupelos sont le
plus souvent surmontés d'une cheminée assez
haute en briques, on ménage seulement une ouverture pour le chargement dans la face postérieure de la cheminée, et l'on établit ordinairement une petite plate – forme, sur laquelle
monte l'ouvrier pour verser dans le fourneau la
fonte et le coke.

Nous avons vu, à Birmingham, une disposition particulière, au moyen de laquelle la flamme
d'un fourneau à manche est employée à chauffer une chaudière de machine à vapeur. La chaudière repose sur une voûte demi-cylindrique,
horizontale, qui s'étend jusque sur le gueulard ;
cette voûte est ouverte à une des extrémités,
afin qu'on puisse charger le fourneau ; à l'autre extrémité aboutit une cheminée verticale.
Le tirage fait incliner la flamme du côté de la

Chauffage de
chaudières
avec la flam-
me d'un four-
neau à la
Wilkinson.

cheminée, de manière qu'elle passe tout entière sous la chaudière.

Travail des fourneaux à la Wilkinson. Le travail des fourneaux à manche est très simple et n'exige aucun soin : il consiste à tenir le fourneau plein de coke, et à charger par dessus les morceaux de fonte ; celle-ci est en petites gueuses de $1\frac{1}{2}$ à 2 quintaux ($76^k,12$ à $101^k,49$); on les casse en quatre ou cinq morceaux pour les jeter dans le fourneau.

Addition de castine. Le plus souvent on ajoute à la fonte une petite quantité de calcaire, environ 12 pour 100 de son poids. Le calcaire, par la chaux qu'il contient, enlève le soufre et le phosphore que la fonte peut renfermer. D'un autre côté, d'après des expériences que l'un de nous, M. Coste, a faites en France, la castine, ajoutée à la fonte dans des coupelos, la blanchit quelquefois en hâtant trop la fusion.

Quantité de vent et pression. On arrête le soufflet pendant la coulée. Nous ne connaissons pas la quantité de vent donnée à un fourneau à manche ; elle doit être très variable, et de cette quantité dépend beaucoup le produit des fourneaux : aussi voit-on des fourneaux peu différens par leurs dimensions l'être beaucoup par la quantité de leurs produits. La pression du vent est en général de $1\frac{1}{2}$ livre à 2 livres.

Déchet. Le déchet de la fonte dans les fourneaux à

manche est de 5, 6 ou 7 pour 100. La consommation de coke est de 25 à 30 pour 100 du poids
de la fonte.

Voici des détails sur quelques fourneaux :

A Birmingham, un fourneau de 5 pieds (1^m,52)
de hauteur fondait une tonne en six heures ; un
autre fourneau de la même usine, ayant 6 pieds
(1^m,83) de hauteur, fondait une tonne et $\frac{1}{4}$ en
six heures, et la fonte était plus douce que celle
du premier.

Chez MM. Fairbairn et Lillie, à Manchester, les
fourneaux à la Wilkinson ont 7 pieds de hauteur et 2 pieds de diamètre intérieur. Ils sont
ronds, construits intérieurement en briques et
entourés de fortes plaques de tôle réunies par
des boulons. Le vent, dont la pression monte
jusqu'à 3 livres, est donné par deux buses, chacune d'environ 1 $\frac{1}{4}$ pouce de diamètre. On y
passe de vingt à vingt-cinq tonnes en soixante
heures, ce qui fait de deux tonnes à deux $\frac{1}{2}$ tonnes
en six heures ; mais l'on nous a dit que l'on pouvait aisément augmenter beaucoup cette quantité
de produit fondu. Le coke dont on se servait
dans cette usine était un coke pesant. D'après les
livres, que l'on a eu l'extrême obligeance de
nous laisser consulter, on en consommait 32 livres pour 112 livres de fonte, ce qui fait un peu
plus de 28 pour 100 ; mais ce nombre correspond

au travail d'une semaine, et l'on arrête le fourneau chaque jour. On brûlerait moins de combustible si le fondage n'était pas ainsi inter-
rompu.

Dans une autre fonderie de Manchester, les
fourneaux étaient semblables à ceux que nous
venons de décrire. La pression du vent était de
$1\frac{1}{2}$ à 2 livres par pouce carré, le déchet de 7 à
$7\frac{1}{2}$ pour 100. On passait de trois à trois tonnes et
demie en six heures, et la consommation de coke
était de 30 livres pour 112 livres de fonte.

A Stourbridge, près Dudley, on nous a assuré
que des fourneaux n'ayant que 4 pieds de hauteur passaient deux tonnes et demie en six heures.

Fourneau de Newcastle. A Newcastle-sur-Tyne, un fourneau de $6\frac{1}{2}$
pieds de hauteur, rectangulaire, ayant 22 pouces
de côté sur 30, fondait, nous a-t-on dit, une
tonne par heure. Cela semble considérable; mais
nous observerons que ce fourneau recevait le
vent de deux buses ayant chacune 3 pouces de
diamètre.

Fourneau de Glasgow. A Glasgow, on emploie des fourneaux de 7
pieds de hauteur et de 2 à $2\frac{1}{2}$ pieds de diamètre.
Nous n'avons pas sur le produit et la consommation de ces fourneaux de données qui nous paraissent exactes.

Dans l'expérience qu'a faite M. Coste, le fourneau avait 4 pieds de hauteur et recevait tout le

vent que l'on donne habituellement, en France, à un haut-fourneau à charbon de bois; on ne pouvait passer cependant que 300 livres de fonte par opération de 45 minutes, ce qui ne fait que 24 quintaux en six heures.

Fourneaux à réverbère.

Les fourneaux à réverbère employés à refondre la fonte sont de deux espèces, à *simple* et à *double* voûte. Les fourneaux à double voûte sont généralement employés en Staffordshire; on trouve qu'ils brûlent un peu moins de houille que les fourneaux ordinaires, et surtout qu'ils donnent un déchet moindre sur la fonte. Les fourneaux à simple voûte sont, au contraire, généralement en usage dans le pays de Galles; en Yorkshire et en Écosse, ils sont même préférés. Cela peut tenir à ce que les fourneaux à double voûte sont plus difficiles à bien construire que les autres; on sait, en outre, que l'on charge la fonte dans les fourneaux à double voûte vers la cheminée, en sorte que la matière fondue coule vers le pont. Elle est donc rencontrée par le courant de flamme et de fumée arrivant de la grille, et on y trouve un inconvénient lorsque le charbon contient des matières sulfureuses. Les fourneaux à double voûte offrent cet avantage que la fonte en fusion, réunie dans un espace assez étroit et profond, offre moins de surface à l'oxidation que dans les fourneaux ordinaires. Il arrive aussi que, se rassemblant dans le voisinage du foyer, elle est plus liquide.

Fourneau à double voûte de Horseley. Les *fig.* 5 et 6, Pl. VII, donnent les dimensions exactes d'un fourneau à double voûte, employé à l'usine de Horseley, près Dudley. On se sert de briques d'une forme particulière à la jonction des deux voûtes. La *fig.* 7 représente une de ces briques; elles ont 3 pouces 6 lignes d'épaisseur; les autres dimensions sont données par le dessin; les autres briques ont 9 pouces de longueur, 4 pouces 6 lig. de largeur, 2 pouces 6 lig. d'épaisseur.

La cheminée a 45 pieds de hauteur.

Ce fourneau a trois ouvertures : une près de la cheminée pour charger la fonte; elle a 1 pied 11 pouces de hauteur et 2 pieds 1 pouce de largeur; elle est fermée par une porte en briques, bâtie dans un châssis de fonte. La seconde est en face du creux dans lequel la fonte se rassemble; elle sert à nettoyer, à réparer le fourneau et à couler : elle est fermée par un mur de briques pendant l'opération; elle a 3 pieds 4 pouces de hauteur et 1 pied 4 pouces de largeur. Enfin, la troisième porte est celle de la grille; elle a 9 pouces $\frac{1}{2}$ de largeur et 10 pouces $\frac{1}{2}$ de hauteur.

Nous avons vu, à Stourbridge, des fourneaux à double voûte, dont les dimensions sont à peu près les mêmes que celles du fourneau précédent ; la grille est carrée et a 4 pieds (1^m,22) de côtés. La longueur du fourneau, du pont à la cheminée, est d'environ 8 pieds (2^m,44). La hauteur du pont au dessus de la grille est de 1 pied 8 pouces, et du pont à la voûte de 1 pied 10 pouces, trois fourneaux ont une cheminée commune, de 8 pieds de diamètre à la base et de 80 à 100 pieds (21,37 à 30,46) de hauteur. Cette cheminée est destinée à servir à un plus grand nombre de fourneaux.

Fourneau à double voûte de Stourbridge.

On peut fondre dans chacun de ces fourneaux de trois tonnes et demie à quatre tonnes de fonte à la fois. On brûle une demi-tonne de houille par tonne de fonte : le déchet est de 10 pour 100. On a trouvé, dans la même usine, que la consommation de houille était à peu près la même dans les fourneaux à simple voûte, mais que le déchet était de 12 et demi pour 100.

Produit, consommation en combustible. Déchet.

On emploie, à Glasgow, des fourneaux à simple voûte, dont la sole est fort inclinée, et au moyen desquels on peut couler jusqu'à dix tonnes de fonte à la fois : les gueuses sont chargées à différentes reprises. En général, la sole a une pente de 18 pouces (0^m,45) du pont à la cheminée sur une longueur de 6 pieds 6 pouces (1^m,98). La

Fourneaux à simple voûte de Glasgow.

14

distance du pont à la voûte est de 13 à 14 pouces.

La cheminée a 3o pieds (9^m,15) de hauteur.

Le travail de la fusion ne présente rien de particulier. Le plus souvent, on a soin de chauffer le fourneau pendant une heure et demie, avant d'introduire la fonte, afin de fritter la sole. Par suite de cette précaution, le déchet est peut-être un peu diminué, la fonte étant moins long-temps exposée au courant qui traverse le fourneau.

On fond environ une tonne de fonte par heure, on consomme une tonne de houille pour fondre la première tonne de fonte, et ensuite le fourneau étant échauffé, une demi-tonne de houille par tonne de fonte.

Nous n'avons pu, en visitant les fonderies de l'Angleterre, nous y arrêter assez de temps pour juger si effectivement tous leurs produits méritaient leur réputation de supériorité sur ceux des usines françaises, et examiner avec soin les méthodes de moulage, nous rattacherons seulement à cet article quelques renseignemens sur un genre de fabrication intéressant que nous avons étudié dans deux fonderies différentes, l'une située à Oldbury, près Birmingham, et l'autre à Glasgow, en Écosse.

FABRICATION DES POTS ÉTAMÉS.

On emploie en Angleterre une poterie de
fonte étamée beaucoup plus légère et plus propre
que la poterie ordinaire de France. Le procédé
de fabrication est des plus simples.

Nous n'entrerons pas dans les détails du mou- Moulage.
lage des pots; ils sont faits avec une fonte très
grise , que l'on fond dans des fourneaux à manche : on les coule dans des moules de sable mélangé d'une petite quantité de houille. Les produits sont remarquables par leur peu d'épaisseur.

Avant d'être étamés , les pots doivent être d'a- Recuit.
bord recuits, puis polis intérieurement. L'opération du recuit se fait dans un fourneau ressem-
blant à un four de verrerie. La grille occupe le
milieu du fourneau ; son plan est un peu au
dessous de deux banquettes latérales, sur lesquelles on dispose les vases contenant les pots à
recuire, mélangés avec de la poussière de houille.
Ces vases sont sur des chariots, qui consistent en
un plateau en briques, construit dans un châssis
de fer et porté sur quatre roues de fonte ; ils
sont introduits dans le fourneau par deux grandes portes , fermées, pendant l'opération , par
une maçonnerie en briques enveloppée d'un
châssis de fer, et mobile au moyen d'une chaîne
passant sur une poulie.

14.

Les vases contenant les pots à recuire sont en fonte; ils ont environ 5 pieds de hauteur et 2 pieds 6 pouces de diamètre à la partie supérieure. Nous ne savons pas le temps que dure une opération.

Moyen d'ar-
rondir les
pots défor-
més.

Un certain nombre de pots ne sortent pas ronds du moulage. Pour leur donner la forme convenable, on les porte au rouge dans un petit fourneau à réverbère ; puis on fait entrer dans chacun d'eux, à frottement, au moyen de quelques coups de marteau, un cercle de fer bien rond, ayant le calibre du pot. Ce cercle est fixé à l'extrémité d'un manche, et porte une saillie, qui empêche qu'il n'entre trop profondément dans le pot.

Polissage.

Les pots sont polis extérieurement avec une lime et intérieurement avec des ciseaux : on place le fond du pot dans une boîte de bois, où il n'est maintenu que par le frottement ; cette boîte est fixée à un tour, auquel on peut donner un mouvement plus ou moins rapide au moyen d'une lanière de cuir, que l'on fait passer à volonté sur des treuils de différens diamètres. On dispose, en avant du tour, une pièce horizontale en fonte, percée de plusieurs trous. L'ouvrier place à volonté dans l'un quelconque de ces trous une cheville de fer, contre laquelle il appuie le manche du ciseau, avec lequel il polit le fond et les parois du pot.

A Glasgow, au lieu d'employer une boîte de bois, on fixe les pots au moyen de quatre vis de pression, dont les écrous font partie d'un cadre en fonte, recevant le mouvement d'un tour.

L'étamage consiste à chauffer les pots de fonte sur un petit foyer semblable à celui d'un maréchal, à fondre l'étain dans le pot même que l'on veut étamer, à incliner ce pot dans tous les sens, de manière que l'étain fondu en mouille toutes les parois; puis à frotter ces parois avec un morceau de sel ammoniac, que l'on tient à l'extrémité d'une tenaille : tout cela dure fort peu d'instans. On coule l'excès d'étain dans une autre pièce à étamer, et on plonge de suite dans l'eau le pot qui a reçu l'enduit. L'étain présente alors une sorte de cristallisation : on le polit en le frottant avec un peu de sable fin. *Étamage.*

Les pots sont vernis extérieurement.

MACHINES EMPLOYÉES DANS LES FONDERIES.

Nous ne nous sommes pas adonnés à une étude spéciale et approfondie de toutes les machines employées dans les fonderies, nous allons seulement tracer une esquisse de celles qui sont le plus communément en usage.

Machines à forer et alléser.

Les machines à alléser peuvent se subdiviser en deux espèces : les unes, dans lesquelles l'axe du cylindre à alléser est horizontal : les autres, dans lesquelles il est vertical.

Machines à allésoirs horizontaux.

Machines à forer et allésoirs horizontaux de Glasgow. Nous avons vu à Glasgow une machine de la première espèce, qui est très ingénieusement construite ; nous n'avons pu nous en procurer les plans, mais en voici la description :

AA', *fig.* 1, Pl. XI, est la section verticale d'un arbre cylindrique d'environ 1 pied de diamètre, et AA', *fig.* 2, la section horizontale du même arbre. Deux cannelures cylindriques, de $1\frac{1}{2}$ pouce de hauteur environ, s'étendent à la partie supérieure et inférieure de cet arbre, suivant toute sa longueur. Elles sont représentées par les rectangles *ab* et *a'b'*, *fig.* 1 et *ab*, *fig.* 2. Dans l'une et dans l'autre sont placées deux vis, d'environ un pouce de diamètre, représentées, *fig.* 1, par *ef* et *e'f'*, et *fig.* 2 par *ef*.

CC' est un collier en fonte. Soit la *fig.* 3 la section de cette pièce par un plan DD' perpendiculaire à l'axe de l'arbre AA', on voit qu'elle est percée d'une ouverture qui a la forme de la section de cet arbre ; en sorte qu'elle peut aisément s'emmancher dessus ; ss' sont des vides d'écrou, dans lesquels passent les vis. Ce collier porte à sa circonférence les ciseaux allésoirs, fixés comme à l'ordinaire.

Soit la *fig.* 4 une section de l'appareil par un plan EE', *fig.* 1, perpendiculaire à l'axe du grand arbre ; vv', *fig.* 1, 2 et 4, sont deux roues portées sur l'axe des vis ; nn', *fig.* 1, 2 et 4, est une grande roue dentée engrenant intérieurement avec les deux vis et extérieurement avec deux autres roues ll', *fig.* 2 et 4.

L'allésoir travaillant, une machine à vapeur communique, en o, au grand arbre AA' un mouvement de rotation autour de son axe ; la grande roue dentée nn' est maintenue fixe par des crampons k et k', *fig.* 1, et les petites roues vv', entraînées par l'arbre, tournent en en parcourant les dents intérieures. De cette manière, les vis elles-mêmes tournent sur leur axe, et la pièce CC', qui forme écrou, parcourt une ligne droite de A' en A ou de A en A'.

Les roues ll' servent à amener le collier dans une position quelconque, à main d'hommes. La machine à vapeur est alors arrêtée. On donne à la grande roue dentée la facilité de tourner autour de son axe, et l'on imprime le mouvement aux roues dans un sens ou dans l'autre, suivant que l'on veut faire avancer ou reculer la pièce des ciseaux.

Le cylindre à alléser est maintenu aussi fixe que possible. MM', *fig.* 1, en représente la section.

Machine de MM. Fairbairn et Lillie à Manchester. Chez MM. Fairbairn et Lillie, à Manchester, les ciseaux C et C', *fig.* 5, sont attachés à l'arbre A dans une position invariable : celui-ci reçoit en *o* un mouvement de rotation autour de son axe, et c'est le cylindre à alléser qui a le mouvement horizontal de translation.

La roue *o*, à l'aide d'une roue d'angle, imprime le mouvement circulaire à une tige verticale FF', et celle-ci, au moyen d'une vis sans fin *v*, fait tourner une grande vis V, dont l'axe est horizontal. La pièce P, à laquelle est fixé invariablement le cylindre à alléser, forme écrou à la vis, et avance ou recule suivant que celle-ci tourne dans un sens ou dans l'autre.

Machine employée dans une autre fonderie de Manchester. Dans une autre fabrique de Manchester, on a des allésoirs de différentes espèces, verticaux et horizontaux. Les allésoirs horizontaux sont employés pour les gros cylindres : dans ceux-ci, c'est la pièce des ciseaux qui a le mouvement de translation horizontal. Elle le reçoit, d'après l'ancienne méthode, au moyen de contre-poids agissant par l'intermédiaire de pignons et crémaillères. On prétend que l'on peut ainsi plus aisément modifier le mouvement de translation des ciseaux, indépendamment du mouvement de rotation de l'arbre, en changeant le contre-poids.

Chez MM. Fawcett et Preston, à Liverpool, on se sert d'allésoirs semblables.

A Lowmoor, on emploie pour l'allésage des gros cylindres des allésoirs horizontaux ; l'arbre est creux intérieurement et traversé, suivant une de ses arêtes, par une fente. Une cheville, passant dans la fente, lie la pièce des ciseaux à un nouvel arbre concentrique au premier et d'un diamètre un peu moindre que celui du creux intérieur : ainsi, l'arbre principal, la pièce des ciseaux et le cylindre intérieur tournent en même temps. L'arbre intérieur a de plus un mouvement de translation horizontal, qui lui est communiqué par un système de contre-poids, à l'aide d'engrenages. *Machine employée chez MM. Fawcett et Preston. Machine de Lowmoor (Yorkshire).*

Enfin, chez M. Robert Stephenson, à Newcastle-sur-Tyne, nous avons vu une machine à allésoir horizontal, dans laquelle le mouvement de translation était communiqué à la pièce des ciseaux par une seule vis. L'arbre, creux intérieurement, était traversé par une fente longitudinale comme celui de la machine Lowmoor, et c'est dans sa partie évidée que la vis, qui lui était concentrique, était placée. *Machine employée chez M. Robert Stephenson, à Newcastle-sur-Tyne.*

Nous avons vu des allésoirs horizontaux pour *Machines à*

forer et allé-
ser les canons
de Bowling et
Lowmoor.
alléser les canons dans les usines de Bowling et à Lowmoor dans le Yorkshire. Ils reçoivent le mouvement de translation horizontal d'un contre-poids, et nous ont paru en tout semblables à ceux qui se trouvent à la fonderie royale de la Chaussade (Nevers) et à la fonderie de Liége.

Machine à
forer et allé-
ser les petits
objets em-
ployée à Man-
chester.
Il existe chez MM. Fairbairn et Lillie, et dans une autre fonderie de Manchester, dont nous avons parlé, des allésoirs horizontaux pour de très petits objets, ainsi construits.

Le cylindre à alléser est attaché fermement à une pièce *abcd, fig.* 6, qui avance horizontalement ; cette pièce porte en dessous un pignon *ef*, engrenant avec une crémaillère *hi*, et enarbré avec une autre roue dentée *ik*, que fait tourner une vis sans fin appartenant à un arbre *ll'*. Cet arbre *ll'* reçoit un mouvement de rotation, par l'intermédiaire d'un système d'engrenage, de l'arbre des ciseaux, qui lui-même est mu par la machine à vapeur.

Force néces-
saire pour
faire marcher
les machines
à forer et al-
léser.
Une machine à vapeur de douze chevaux faisait marcher, chez MM. Fawcett et Preston, l'allésoir pour les gros cylindres dont nous avons parlé et cinq tours pour tourner les gros arbres. Elle peut imprimer le mouvement à tous ces appareils à la fois. Nous n'avons pas d'autres données sur la force nécessaire aux allésoirs.

Machines à allésoirs verticaux.

On emploie à l'usine de Bowling, dans le Yorkshire, un allésoir vertical dont la description
complète a été donnée dans le *Philosophical Ma-
gazine*. Voici comme cet allésoir est conçu :

ABCD, *fig.* 7 , est un arbre vertical en fer,
susceptible seulement de tourner sur son axe.
Les rectangles NN' sont la coupe de la pièce
qui porte les ciseaux. Une rainure rectangulaire, de peu de profondeur, pratiquée suivant la
longueur de l'arbre, est destinée à recevoir une
petite partie saillante de cette pièce, qui peut
donc descendre le long de l'arbre et tourne nécessairement avec lui.

Soit, *fig.* 8 , la section horizontale par un
plan PP'. Dans une partie de l'épaisseur de la pièce
des ciseaux s'étend une fente circulaire *ff'*, *fig.* 7,
dont la coupe a été laissée en blanc, *fig.* 8. Deux
tiges *t* et *t'*, *fig.* 7, terminant deux crémaillères
M et M', traversent cette fente et entrent dans un
anneau vide circulaire de plus grand diamètre.
Elles portent la pièce des ciseaux au moyen de
deux écrous *e* et *e'*, que l'on introduit par une ouverture *mopq*, *fig.* 7 et 8. On voit que , par cette
disposition, les deux tiges partagent avec la pièce
des ciseaux le mouvement de translation vertical que lui donne la pesanteur, tandis que celle-

ci ne les entraîne pas dans son mouvement de
rotation.

L'arbre principal ABCD reçoit son mouvement
d'une roue horizontale RR′ placée à la partie in·
férieure du même axe.

Les crémaillères engrènent avec des roues
dentées placées en K et K′, et liées par un arbre
horizontal à un système de roues dentées placées en Q. Celles-ci portent un contre-poids P, que
l'on augmente ou diminue à volonté, afin de ré-
gler l'effet de la pesanteur sur la pièce des allésoirs. On emploie un système d'engrenage au
lieu d'un seul treuil, afin de pouvoir se servir
d'un contre-poids plus léger.

Machine à allésoir verti- cal d'une fonderie de Manchester. Dans une fonderie de Manchester, dont nous
avons mentionné précédemment les allésoirs ho-
rizontaux destinés à aléser les gros cylindres, on
a aussi, pour les cylindres de dimension moyenne,
un allésoir vertical. En voici la description :

Une roue dentée A, *fig.* 9, et un plateau B sont
portés sur un même axe. Le cylindre à aléser est
fermement attaché au plateau B.

La roue A, recevant le mouvement de rotation
d'une machine à vapeur, le communique au plateau B et au cylindre à aléser.

Les ciseaux sont fixés à un arbre C. Cet arbre
a en même temps un mouvement de révolution
autour de son axe et un mouvement de transla-

tion vertical. Le premier lui est communiqué par l'intermédiaire d'une tige *ab,* qui agit sur une roue placée dans la partie supérieure, et le second par un pas de vis. L'arbre C et le cylindre à alléser tournent en sens contraire.

Chez MM. Fawcett et Preston, on emploie pour les objets de moindre dimension l'allésoir que nous allons décrire.

Allésoir vertical pour les objets de petites dimensions employé chez MM. Fawcett et Preston.

AB, *fig.* 10, est un arbre attaché par son extrémité supérieure à une crémaillère, indépendamment de laquelle il peut tourner. Cette crémaillère reçoit un mouvement de translation vertical d'un pignon *ab* porté sur un arbre que termine en *f* une roue dentée. Un ouvrier placé en *g* fait marcher, par l'intermédiaire d'un système *f,* cette route dentée, et modère ainsi à volonté la descente des ciseaux. Une rainure *hl h'l'* s'étend suivant une partie de la longueur de l'arbre AB.

En passant une cheville *p* ou *p'* dans une ouverture qui traverse une saillie de la roue C ou C', et l'enfonçant dans la rainure, on fait en sorte que cette roue entraîne l'allésoir dans son mouvement de rotation et ne suive pas elle-même le mouvement de translation vertical de l'arbre AB. C ou C' est soutenue dans un même plan horizontal par une pièce *n* ou *n'*, attachée fermement à un montant fixe de l'appareil, et dans l'intérieur de laquelle l'allésoir peut aussi descendre librement.

A l'extrémité B on ajuste à l'arbre AB l'outil EE' à l'aide d'une cheville qq'. La pièce à aléser est fixée en FF'.

On ne peut pas se servir des deux roues C et C' à la fois, mais on emploie l'une ou l'autre suivant que l'on désire donner à l'allésoir un mouvement de rotation plus ou moins rapide.

MM' est un arbre qui reçoit son mouvement immédiatement de la machine à vapeur. N et N' sont des roues dentées que porte cet arbre.

Machines à forets et allésoirs verticaux pour de très petits objets. Les machines à aléser pour de très petits objets sont construites de la même manière ; le mouvement de haut en bas est communiqué à l'arbre des allésoirs, en pressant sur l'extrémité supérieure de cet arbre par l'intermédiaire d'un bras de levier. Quatre de ces petits allésoirs sont disposés symétriquement autour d'une colonne verticale ; ils sont mus deux à deux au moyen de cuirs sans fin, qui passent sur des roues. Quatre becs à gaz sont attachés à la colonne verticale placée au centre et le gaz circule dans l'intérieur de cette colonne, qui est creuse.

Parallèle entre les machines à forer et aléser horizontalement ou verticalement. Les machines à allésoirs verticaux offrent cet avantage que la limaille de fonte tombe à mesure qu'elle se produit et que le cylindre à aléser risque moins de se déformer par l'effet de son propre poids, que lorsque l'on se sert de machines à allésoirs horizontaux. On emploie cependant plus généralement pour le forage et

l'allésage de gros cylindres les machines à allésoirs horizontaux.

Machines à percer des trous dans les plaques
épaisses.

La machine suivante est employée dans l'usine
de M. Robert Stephenson, à Newcastle, pour
percer des trous dans des plaques épaisses de fer.

ABCD, *fig.* 11, est un cadre susceptible de glisser
de haut en bas et de bas en haut dans des rainures pratiquées le long des piliers verticaux AC
et BD. On lui imprime le mouvement au moyen
d'un levier ou d'une grande roue EF avec pignon
et crémaillère.

HIKL est un cylindre avec deux collets HK et
H'K', qui le forcent à suivre le cadre, et auquel,
d'ailleurs, la tige MN donne un mouvement de
rotation auquel le cadre ne participe pas. Cette
tige MN, carrée de N' en N, entre dans un trou
de mêmes forme et dimensions, percé dans le cylindre HIKL. Celui-ci est terminé par un foret IL.

Sur l'arbre *ab*, qui porte EF, est aussi une roue
à rochets.

On a ordinairement deux machines semblables
l'une à côté de l'autre, et alors la même roue R
imprime le mouvement aux deux roues R' et R''.

Machine à percer les trous dans la tôle pour
chaudières.

Enfin, on emploie la machine suivante pour percer les feuilles de tôle qui servent à faire les chaudières de machines à vapeur.

L'emporte-pièce A, *fig.* 12, est fixe. La pièce B, percée d'un trou *b*, est mue de bas en haut par un excentrique agissant en *d* sur la tige C et soulève en même temps la feuille de tôle posée sur la surface *ss'*.

Lorsque la plaque est percée, comme elle pourrait être retenue contre la pièce A, la tige D est soulevée, et fait baisser la pince F, mobile autour de E, laquelle fait tomber la feuille de tôle.

Machines à tourner.

Les machines à tourner ordinaires nous ont paru différer peu les unes des autres par leurs dispositions générales; la pièce qui porte les outils reçoit un mouvement de translation horizontal par l'intermédiaire de mécanismes analogues à ceux que l'on emploie pour communiquer un mouvement semblable aux forets ou allésoirs : c'est toujours l'objet à tourner qui a le mouvement de rotation.

Nous ne décrirons qu'une machine à tourner

les vis, que nous avons vue daus une usine de Liverpool.

A, *fig.* 13 et 14, est la pièce qui porte l'outil; celui-ci est fixé, comme d'ordinaire, par des vis. B est un écrou sur lequel repose la pièce A; celle-ci, au moyen d'une vis de rappel, est susceptible de glisser dans le sens *ab* ou *ba*, *fig.* 14; sur l'écrou B, afin que l'on puisse à volonté écarter ou rapprocher l'outil de l'objet à tourner. L'écrou B, *fig.* 13 et 14, est traversé par une vis C; à cette vis est adaptée une roue dentée D; cette roue D engrène avec une roue E portée sur l'axe du tour, et la roue E avec une roue F, *fig.* 14; la roue F et une autre roue G sont folles sur l'axe. Un collier HH' tourne au contraire avec cet arbre; cette pièce porte des dents *d, d', d'', d'''*. Des saillies correspondantes *s, s', s'', s'''* se trouvent sur les roues F et G, et l'on peut, en faisant glisser la pièce HH' sur l'axe, faire participer l'une ou l'autre de ces roues à son mouvement. L'axe, et par conséquent la pièce HH', tournent toujours dans le même sens. On voit que le tour prend un mouvement en sens contraire ou dans le même sens, et que l'outil avance ou recule parallèlement à son axe, suivant que c'est la roue F ou G qui est entraînée avec la pièce H H'. On voit également que les roues F et G étant

15

folles, rien ne les empêche de tourner en sens contraire l'une de l'autre.

La pièce B suit un guide *mn;* arrivée à l'extrémité de sa course dans la direction *nm,* elle frappe contre un obstacle *qq',* et le choc se transmet, au moyen de la tige *mn* et d'un bras de levier *mm',* à la pièce HH' et la pousse contre la roue G, ou du moins lui fait quitter la roue F. Un effet opposé se produit lorsque l'écrou B est arrivé au bout de sa course dans la direction *mn.* Il frappe alors contre un obstacle *rr.*

Le bras de levier se termine en *m'* par une espèce de pince, entre les branches de laquelle le collier HH' tourne librement.

On conçoit que, toutes les roues faisant le même nombre de révolutions par minute, le pas de la vis C doit être le même que celui de la vis à tourner. Les diamètres de ces deux vis devraient être égaux si on voulait que les filets fussent également inclinés.

Cette machine à tourner peut être facilement employée pour tout autre objet que pour des vis.

Fabrication de vis par compression.

On fait aussi de petites vis communes par compression, de la manière suivante :

Dans une pièce A, *fig.* 15, est une cavité *c,* dont

le vide est semblable à celui d'un écrou fendu par le milieu ; dans une pièce B, est une cavité égale et semblable. Lorsqu'on veut se servir de cet appareil, on lève la pièce B, on couche une tige cylindrique chauffée au rouge blanc dans la cavité de la pièce A ; on pose de nouveau la pièce B sur celle-ci et on applique dessus un fort coup de marteau. On empreint ainsi dans le morceau de fer rond les saillies de la vis.

Machines à vapeur.

Les machines à vapeur que l'on rencontre le plus souvent dans les fonderies et aux environs de Newcastle-sur-Tyne sont des machines à haute pression, celle-ci étant de 25 à 30 livres au dessus de la pression atmosphérique par pouce carré de la soupape de sûreté. {Machines à vapeur à haute pression employées à Newcastle-sur-Tyne.}

Le système le plus communément employé pour conserver le mouvement rectiligne de la tige du piston est le système connu, dans lequel l'extrémité du balancier, à laquelle ne se rattache pas cette tige, décrit un arc de cercle de très grand rayon autour d'un point fixe, auquel elle est liée par une barre inflexible.

A Glasgow, nous n'avons vu que des machines de Watt à la pression de 3 ou 4 livres au dessus de l'atmosphère sur la soupape de sûreté. {Machines à vapeur de Watt employées à Glasgow.}

On conserve le mouvement rectiligne du piston par la méthode ordinaire du rectangle.

Machines à vapeur de Watt employées à Manchester. — A Manchester, on emploie dans plusieurs fonderies des machines de Watt également à la pression de 3 à 4 livres au dessus de l'atmosphère, mais qui ont deux balanciers placés, comme dans les bateaux à vapeur, dans la partie inférieure de la machine. Elles occupent moins de place que les autres. On s'y sert aussi avec avantage de l'appareil connu, pour distribuer uniformément le menu charbon sur la grille.

Machines employées à Birmingham. — A Birmingham, nous avons vu, à la fonderie dite *Eagle-foundry*, une machine de Watt, dans laquelle on maintenait le mouvement rectiligne comme à Newcastle, et dont on alimentait également le foyer avec de la menue houille, en se servant d'un appareil à peu près semblable à celui que nous venons de citer à Manchester.

Ce sont donc les machines à basse pression de Watt qui sont le plus généralement préférées.

NOTE

SUR LA FABRICATION DE L'ACIER A SHEFFIELD

DANS LE YORKSHIRE.

Fabrication de l'acier de cémentation.

L'acier de cémentation est fabriqué, à Sheffield, avec le fer de Suède, par un procédé qui a été décrit (1), et sur les détails duquel nous ne reviendrons pas; nous donnerons seulement la description d'un fourneau de cémentation, dont nous avons pu nous procurer les dimensions exactes.

Les *fig.* 1, 2 et 3, Pl. XII, montrent la disposition de ce fourneau : il est rectangulaire et couvert par une voûte en arc de cloître ; il contient deux caisses C de cémentation, construites en briques (2). Ces caisses ont $2\frac{1}{2}$ pieds de largeur, 3 pieds de profondeur et 12 pieds de lon-

Fourneau de cémentation.

---

(1) Voyez *Bulletin de là Société d'Encouragement* pour 1818, page 115.

Le fourneau décrit dans le *Bulletin de la Société d'Encouragement* diffère, mais seulement dans un petit nombre de parties, de celui dont nous donnons les dessins.

(2) Ces caisses se font aussi quelquefois en grès réfractaire.

gueur dans œuvre (mesures anglaises); elles sont placées de part et d'autre de la grille AB, *fig.* 2 ; celle-ci occupe toute la longueur du fourneau, qui est de 13 à 14 pieds; elle a 14 pouces de largeur et est à 10 ou 12 pouces au dessous du plan inférieur des caisses. La hauteur du point culminant de la voûte au dessus des caisses est de 5 pieds 6 pouces. Le fond des caisses est à peu près au niveau du sol, en sorte que l'on n'a pas besoin de lever beaucoup les barres pour les charger dans le fourneau.

La flamme s'élève entre les deux caisses, passe au dessous et circule à l'entour par des trous ou canaux verticaux et horizontaux *d, fig.* 1, 2 et 3 ; elle sort du fourneau par une ouverture H, percée au centre de la voûte, et par des trous *t*, qui communiquent avec les cheminées placées dans les angles. Quelques fourneaux se font remarquer par un plus grand nombre de cheminées disposées symétriquement autour du massif. Dans d'autres, les parois sont traversées par des espèces d'évent, que l'on ferme pendant le chauffage et que l'on ouvre à l'époque du refroidissement.

Tout le fourneau est placé dans un vaste cône en briques de 25 ou 30 pieds de hauteur, ouvert à la partie supérieure. Ce cône augmente le tirage, le régularise, et conduit la fumée hors de l'établissement.

Le fourneau a trois portes : deux, T, *fig*. 2, au dessus des caisses, servent à entrer et sortir les barres ; elles ont 7 ou 8 pouces carrés. On place dans chacune d'elles un morceau de tôle plié sur les bords, sur lequel les barres glissent sans dégrader le mur. Un ouvrier entre par la porte du milieu P, pour arranger les barres ; enfin, c'est par les trous S, *fig*. 1, pratiqués dans les parois des caisses, que l'on retire les barres d'essai.

Les barres sont rangées par lits, avec du charbon de bois en poudre, dans les caisses de cémentation. Elles ont environ 3 pouces de largeur sur 4 lignes d'épaisseur. On ne doit pas trop les rapprocher les unes des autres, afin qu'elles ne se soudent pas ensemble. La dernière couche, avec laquelle on achève de remplir la caisse, est formée d'argile et a 4 ou 5 pouces de hauteur. *Opération.*

On chauffe le fourneau graduellement, la plus grande chaleur n'a lieu qu'après huit ou neuf jours. Le refroidissement, qui doit être progressif, dure cinq à six jours, et l'opération dix-huit à vingt jours, quelquefois même davantage, suivant la qualité de l'acier que l'on veut fabriquer. On consomme, dans ce temps, environ treize tonnes de houille.

Fabrication de l'acier fondu.

L'acier fondu se fait avec l'acier cémenté ; on casse celui-ci en morceaux et on met ces morceaux dans un creuset d'argile, que l'on chauffe dans un fourneau à vent ordinaire. Ce fourneau a 1 pied ou 14 pouces de côté et 2 pieds de profondeur. On le ferme à sa partie supérieure avec un plateau formé de briques serrées dans un cadre de fer.

On construit ordinairement plusieurs de ces fourneaux le long d'un mur, contre lequel s'élève une grande cheminée. Leur partie supérieure est au niveau du sol, et ils ont pour cendrier commun une grande cave d'environ 10 pieds de hauteur.

Les creusets sont en argile réfractaire ; ils ont 16 ou 18 pouces de profondeur et 5 pouces de diamètre. On y fond environ 40 livres d'acier en cinq heures. Lorsque l'acier est fondu, il remplit un peu plus de la moitié du creuset ; les creusets sont simplement fermés avec un couvercle plat en argile ; ils ne peuvent pas servir à plus de trois opérations.

On ne brûle que du coke pesant, aussi préfère-t-on celui qui a été fabriqué dans les fours ; nous n'en connaissons pas la consommation.

On coule l'acier sous forme d'une barre carrée ; on tient le moule verticalement pendant
la coulée, et aussitôt qu'elle est finie, un ouvrier
place un poids en fer, qui empêche le métal fondu
de sortir de la lingotière par bouillonnement,
mais n'est pas assez lourd pour en augmenter
beaucoup la densité.

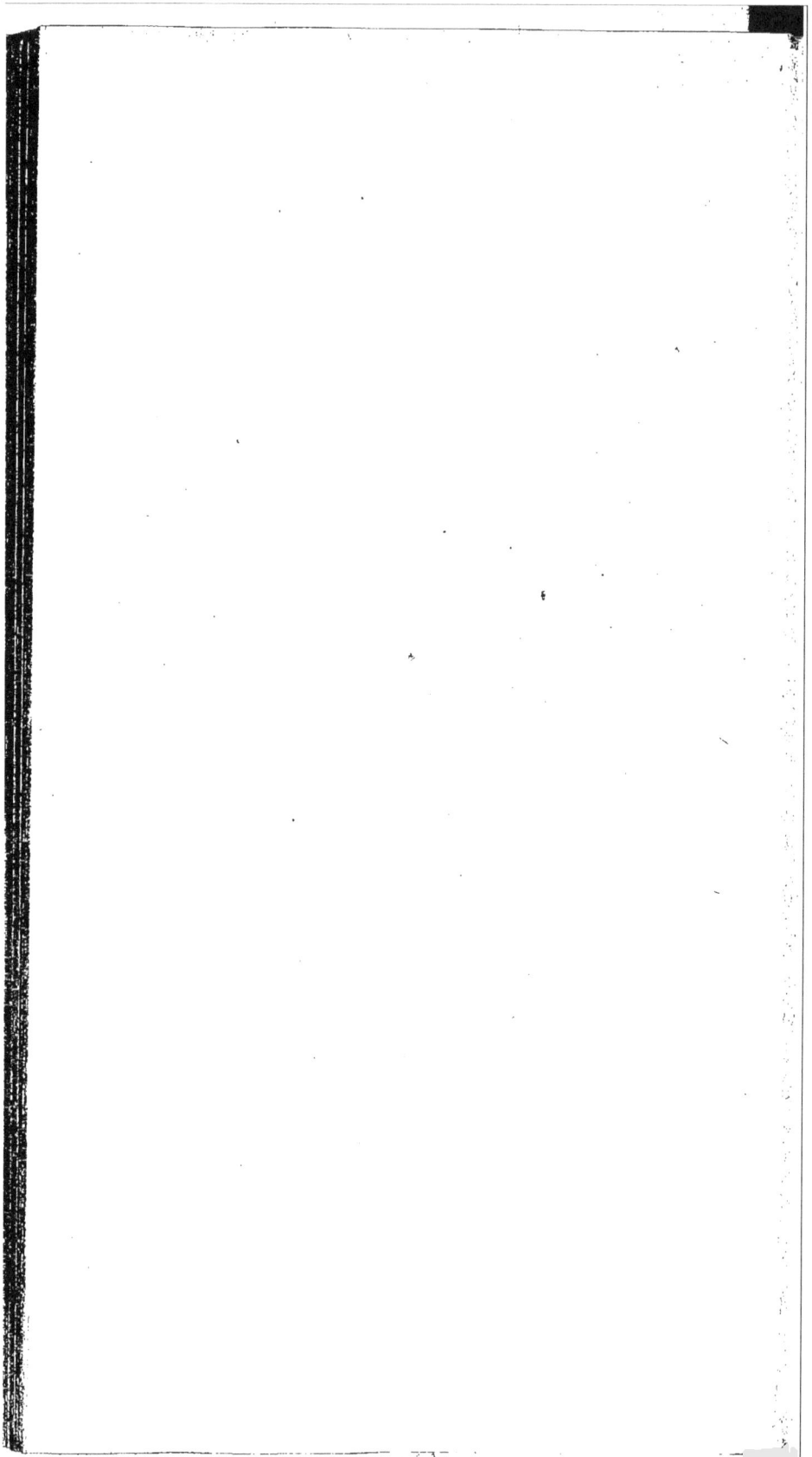

DEUXIÈME PARTIE.

TRAVAIL

DE L'ÉTAIN ET DU PLOMB.

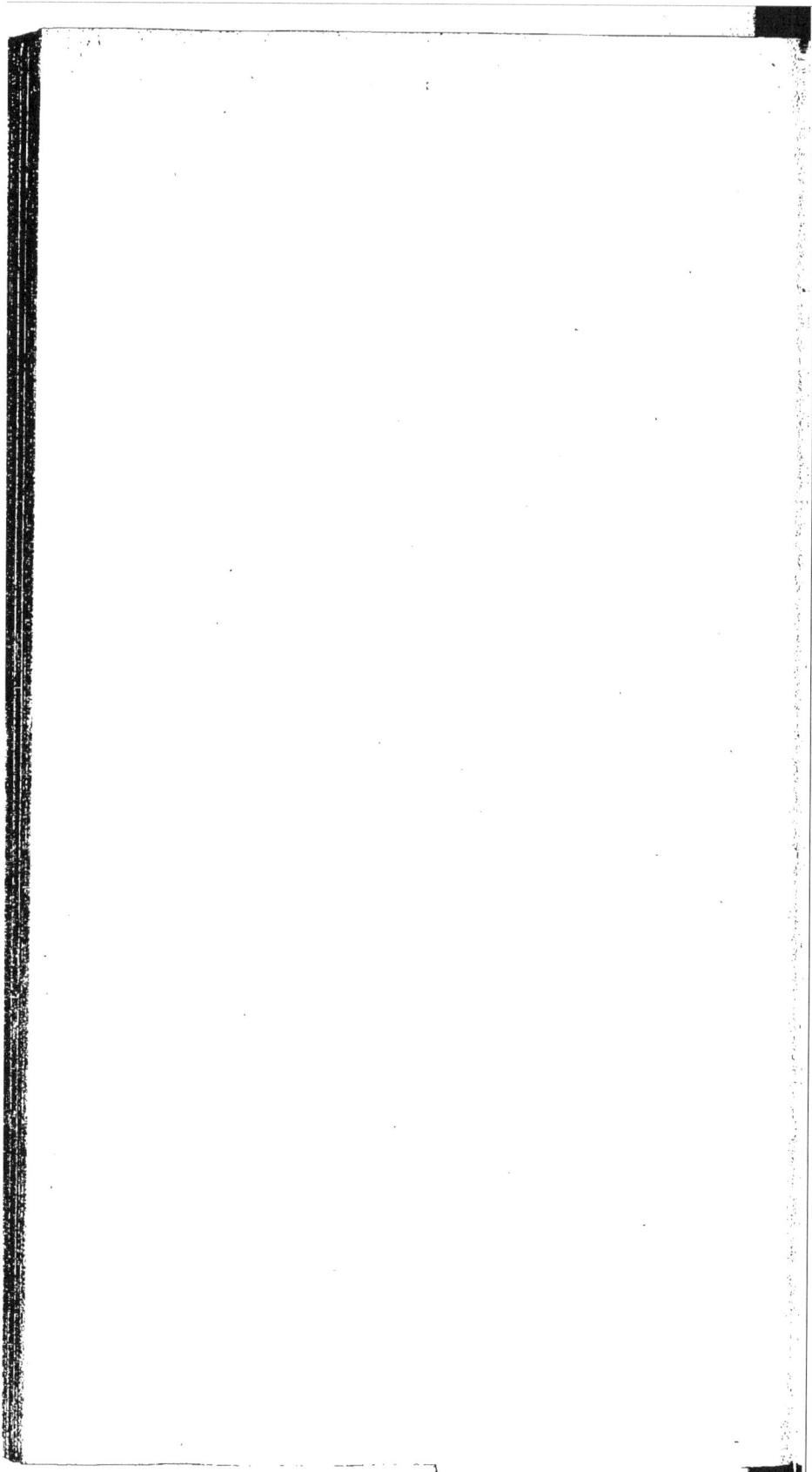

PRÉPARATION MÉCANIQUE

DES

MINÉRAIS D'ÉTAIN EN CORNOUAILLES ;

SUIVIE

D'UNE NOTE SUR CELLE DES MINÉRAIS DE
CUIVRE.

I. PRÉPARATION MÉCANIQUE DES MINÉ-RAIS D'ÉTAIN.

Ce travail a déjà été décrit par MM. Dufrénoy
et de Beaumont; les renseignemens que nous
allons donner, recueillis à une autre époque et
quelquefois dans d'autres établissemens, diffèrent
en partie de ceux qu'ont publiés ces ingénieurs.

LAVAGE DES MINÉRAIS D'ÉTAIN A POLGOOTH.

1°. Voici la description du procédé suivi à Polgooth, près Saint-Austle.

Bocardage.

Tous les minérais sont bocardés; les bocards
de Polgooth reçoivent le mouvement de roues

hydrauliques ou de machines à vapeur; ils se composent de batteries à trois ou quatre pilons, suivant la quantité d'eau dont on peut disposer pour laver le minérai.

Lorsque les batteries sont à trois pilons, on n'a que deux ouvertures pour la sortie du produit bocardé, l'une au milieu de la face de devant de l'auge, l'autre sur le côté. Lorsqu'il y a quatre pilons, on a trois ouvertures, deux sur les côtés, et une sur le devant.

Les flèches sont en bois et ont 6 pouces (1) (o^m,15) sur 5 $\frac{1}{2}$ (o^m,14) d'équarrissage; elles portent des mentonnets assujettis par un coin b en bois, et une cheville c en fer, comme l'indique la *fig.* 7, Pl. XIII, et se terminent par une masse A (*fig.* 8) en fonte, qui s'engage par une queue dans la tige en bois. Cette masse ou tête de pilon (*head*) a 6 pouces (o^m,15) de côté sur 10 $\frac{1}{2}$ (o^m,35) et 14 pouces (o^m,35) de haut; elle pèse environ 2 quintaux $\frac{1}{2}$ (2) (1^m,27). Des anneaux en fer a et a' servent de renfort à la flèche.

Un arbre communique le mouvement aux pilons à l'aide de cames qui en soulèvent les

(1) Un pouce anglais $= o^m$,025391.
    Un pied $= o^m$,304692.
(2) Un quintal anglais$=$112 livres anglaises $= 5o^k$,747.
    Une livre anglaise $= o^k$,4531.

mentonnets, et qui sont disposées de telle fa-
çon que la seconde flèche tombe pendant que
la première et la troisième sont soulevées, *et
vice versá*. Il y a quatre cames sur une même
circonférence, et l'arbre fait sept tours par
minute. Chaque pilon donne ainsi vingt-huit
coups par minute; la course est de 7 pouces $\frac{1}{2}$
($0^m, 9$). La caisse des bocards est ouverte par
derrière, et le minérai descend sous les pilons,
par son poids, le long d'un plan incliné, avec un
courant d'eau, qui ensuite l'entraîne au dehors.
Le fond des auges est en minérai battu.

Les ouvertures sur le devant ou sur les côtés
sont de même dimension; elles ont 7 pouces
10 lignes ($0^m, 19$), sur 7 pouces 4 lignes ($0^m, 18$);
elles sont fermées par un cadre de fer, qui porte
une plaque de tôle percée de trous. Ces trous
sont coniques, et par conséquent d'un diamètre
moindre sur une des faces de la plaque que sur
l'autre; on place leur petite ouverture du côté
de l'intérieur de l'auge. Leurs dimensions varient
suivant la nature des minérais, nous avons vu
une plaque percée de 158 trous par pouce carré.

Au sortir des auges, le minérai bocardé dépose
dans un premier bassin un produit dit *rough*, et
dans d'autres bassins à la suite des produits dits
slimes.

Le rough est lavé dans des caisses à tombeau

(*buddles*) et des cuves (*tossing tubs*); les slimes dans des caisses à débourber (*trunks*), et sur des espèces de jumelles (*racks*).

Lavage des sables de bocard.

Lavage dans les caisses à tombeau (*buddles*).

Les caisses à tombeau, semblables à celles que l'on emploie en Allemagne, ont, en longueur, 8 pieds ($2^m,44$); en largeur, 3 pieds ($0^m,91$), et en profondeur 2 pieds ($0^m,61$).

L'inclinaison du fond est d'un huitième.

Le produit est placé à la tête de la table par petites portions. Un enfant, avec une pelle de fer en langue de carpe, commence par l'étendre, puis y pratique une suite de rainures longitudinales parallèles, dans lesquelles l'eau coule en entraînant le minérai.

La caisse étant pleine, l'ouvrier y forme trois divisions, qui sont plus ou moins riches, suivant leur éloignement de la partie supérieure. En les retirant et les jetant sur le sol, il obtient trois tas, A, B, C.

A est relavé de la même manière, et donne quatre produits, A', B', C', D'.

A' subit la même opération jusqu'à ce qu'enfin l'on obtienne un produit A'' ou A''' assez pur pour être lavé à la cuve (*tossing tub*). B' forme un tas à part, auquel est joint un produit A d'une nouvelle opération. C' est joint à B, et D' à C.

Enfin, après un nombre de lavages semblables plus ou moins grand suivant la richesse du produit, l'on finit par obtenir un tas n°. I de minérai bon à laver à la cuve; un tas n°. II de minérai moins riche provenant des secondes tranches, bon aussi à laver à la cuve; un tas n°. III relavé dans les caissons, et un tas n°. IV lavé dans les *drudges* ou canaux, comme nous l'expliquerons plus loin.

Le lavage dit *tossing* est fort simple.

On jette le minérai dans de grandes cuves cylindriques ou légèrement coniques, avec une certaine quantité d'eau; un ouvrier agite et mêle le tout ensemble avec une pelle en fer, pendant trois ou quatre minutes. Il enlève ensuite une petite partie de l'eau avec un seau à manche; puis un aide frappe pendant huit à dix minutes avec un marteau sur les parois de la cuve, ce qui fait déposer les parties les plus lourdes; après quoi, on renverse celle-ci pour la vider entièrement de liquide, et l'on divise le minérai resté au fond en trois tranches.

Lavage à la cuve (tossing).

Les deux tranches supérieures, de moindre richesse, sont lavées séparément sur les tables semblables aux jumelles (*racks*); la tranche inférieure, très épaisse, est envoyée à des fourneaux de calcination.

Les tas provenant des caissons allemands, que

16

nous avons désignés par les nᵒˢ. I et II, sont lavés à la cuve de la même manière ; seulement les cuves dans lesquelles on lave les produits des tas nᵒ. II sont plus grandes. Les unes ont 2 pieds ($o^m,6r$) de haut sur 2 pieds 2 pouces ($o^m,66$) de diamètre, les autres 2 pieds ($o^m,6r$) de haut sur 3 pieds ($o^m,9r$) de diamètre.

Lavage des bourbes.

Lavage dans les canaux (*drudges*). Cette opération est une espèce de débourbage, qui a lieu au moyen d'un courant d'eau passant avec plus ou moins de rapidité sur le produit dans des conduits étroits.

On recueille, à différentes distances, dans le canal, trois produits A, B, C.

Le produit A est débourbé de nouveau de la même manière, jusqu'à ce que le résidu paraisse suffisamment riche pour être bocardé de nouveau.

La bourbe est recueillie dans un bassin, et ensuite lavée sur une jumelle.

Le produit B est aussi débourbé. Cela exige seulement plus de temps qu'avec le produit A, pour que l'on arrive à un produit digne d'être rebocardé.

Il en est de même du produit C.

Lavage des slimes.

Les slimes sont d'abord débourbés dans une caisse appelée *trunkingbox*. Cette caisse a 7 ou 8 pieds (2^m,13 à 2^m,43) de longueur. La coupe et le plan, *fig.* 11 et 12, Pl. XIII, donnent une idée de sa forme et de ses autres dimensions.

Débourbage dans la caisse à débourber (*trunking-box*).

Le *slime* est accumulé en M. L'ouvrier le pousse en arrière, avec une pelle, de *a* vers *b*. Les parties métalliques sont portées et déposées par un courant d'eau sur la table, les parties terreuses sont entraînées dans un bassin à la suite.

Le produit, recueilli dans la caisse, est divisé en deux parties, dont une est relavée une seule fois et une autre deux fois sur la jumelle.

Les *racks* se composent d'un cadre C, *fig.* 5 et 6, Pl. XIII, portant un plancher *abcd* incliné à l'horizon, et susceptible de tourner sur deux tourillons K et K'. Un plan incliné T sert de tête à la table. Une planchette P, qui s'y attache par une bande de cuir L, établit la communication avec la partie C.

Lavage sur les jumelles (*racks*).

L'inclinaison de ces tables est ordinairement de 5 pouces sur 9 pieds. On la fait un peu varier suivant la nature des minérais. Si le produit est en poudre très ténue, on donne moins d'inclinaison, et moins d'eau, *et vice versâ*.

16.

Le minérai est jeté en T par petites portions de
20 à 25 livres (9^k,06 à 11^k, 33). Une femme l'é-
tend avec un râble, tandis qu'un courant d'eau
en entraîne une partie sur la table, où ensuite elle
le lave. Les bourbes fines tombent par une fente F
dans un bassin B.

Lorsqu'après quelques minutes de travail, le
schlich paraît assez riche, l'ouvrière fait tourner
la table autour de l'axe K K', en sorte qu'il tombe
dans les cases placées au dessous.

En B sont les bourbes; en B' est un schlich
impur que l'on relave sur la jumelle; en B'', un
schlich bon à griller.

Grillage.

On sait que le but du grillage des minérais d'é-
tain est de changer la pesanteur spécifique des
divers élémens, afin d'en opérer ensuite plus facilement la séparation par un nouveau lavage. La
théorie de cette opération est très clairement ex-
pliquée dans l'ouvrage de MM. Dufrénoy et de
Beaumont.

Les fourneaux de grillage ont généralement
une voûte plate peu élevée au dessus de la sole
et un pont d'assez petite hauteur.

Leurs dimensions sont variables. La sole d'un
des fourneaux de Polgooth avait 12 pieds 6 pou-

ces ($3^m,80$) de longueur sur 7 pieds 6 pouces ($2^m,28$) de largeur. La distance de la sole à la voûte était 1 pied ($0^m,30$). La grille avait 7 pieds 6 pouces ($2^m,28$) sur 9 pouces.

Un très long canal servait à emmener les vapeurs arsenicales de l'autre côté de la colline, sur laquelle était placé le fourneau.

La durée du grillage varie, suivant les minérais, entre huit et quinze heures.

Lavage des schlichs grillés.

Les schlichs grillés sont criblés dans des cribles ronds, auxquels on donne un mouvement horizontal dans des cuves remplies d'eau.

Les parties qui restent sur le crible sont des morceaux pierreux assez gros; on les bocarde et les lave comme minérai riche.

Les parties qui traversent sont lavées dans les caissons allemands comme le minérai non grillé. On obtient ainsi des parties A, qui sont du schlich suffisamment pur pour être livré aux usines, des parties B, qui sont relavées dans les caissons, et des parties C, qui sont relavées sur les jumelles.

Les caissons pour le lavage du minérai grillé ont les mêmes dimensions en longueur et largeur que pour celui du minérai non grillé. L'inclinaison du fond est plus grande ; elle est d'un pied 4 pouces ($0^m,40$) sur 8 pieds ($2^m,44$).

L'inclinaison des *racks* pour le lavage du minérai grillé est ordinairement de $7\frac{3}{4}$ pouces sur
9 pieds (0^m,07).

LAVAGE DES MINÉRAIS D'ÉTAIN A POLDICE.

Nous avons suivi le lavage des minérais d'étain
à la mine de Poldice près Redruth.

Les minérais y sont tous bocardés comme à
Polgooth.

Bocardage.

Plusieurs batteries de bocards sont à six flèches, les tiges sont séparées par des planches qui
ont la faculté de se mouvoir de haut en bas; ce
qui diminue le frottement. Le poids des pilons
est d'environ 3 quintaux (152^k.).

L'arbre à cames fait dix tours par minute; il
porte six cames, la levée des pilons est de 8 à
9 pieds (2^m,44 à 2^m,75).

Quatre grilles servent à la sortie du minérai,
il y en a deux sur le devant et deux sur les côtés.
Elles sont en cuivre rouge, parce que les eaux,
étant très chargées de sulfate de cuivre, attaque-
raient très fortement les grilles de fer. Le minérai
de Poldice étant plus riche que celui de Polgooth,
le diamètre des trous est plus grand à Poldice
pour les variétés supérieures, nous en avons

compté 42 au pouce carré; pour celles de moindre qualité, 81.

On bocarde en douze heures, avec six batteries de six flèches chacune, cent vingt sacs de minérai, le sac étant de dix-huit gallons, et le gallon
de 282 pouces cubes. Cela fait 352 pieds cubes
et 864 pouces ($9^{m.c.},864$).

Le procédé de lavage ne diffère pas essentiellement de celui de Polgooth.

Grillage.

Nous avons esquissé à Poldice un des fourneaux
de grillage.

Forme et di-
mensions des
fourneaux.

La grille avait 1 pied ($0^{m},30$) sur 4 ($1^{m},32$); elle
était située au même niveau que la sole, et n'en
était séparée que par une rangée de briques posées à plat, de la hauteur de 2 pouces ($0,^{m}05$).

La longueur de la sole était de 9 pieds 6 pouces
($2^{m},74$); la largeur, 8 pieds ($2^{m},44$); la distance à
la voûte, 1 pied ($0^{m},30$). La voûte était à peu près
horizontale.

Ce fourneau se faisait remarquer surtout par
la bonne construction des canaux destinés à con-
denser les vapeurs arsenicales.

A l'extrémité antérieure de la voûte près de la
porte, s'élevait un canal, qui, d'abord vertical,
devenait ensuite horizontal ou légèrement in-

cliné, et aboutissait, après avoir parcouru près
d'un quart de mille (environ 400 mètres), à une
grande cheminée. Ses dimensions étaient 1 pied
($0^m,3o$) sur 1 pied 8 pouces ($0^m,5i$). Il n'était
fermé au dessus que par des dalles de pierre,
qu'on pouvait enlever facilement pour le nettoyer; on en retirait de l'arsenic, qui se vendait
10 shillings (1) (12 fr. 60 c.) la tonne.

En dehors du fourneau, au dessus de la porte
de travail, était aussi un manteau de cheminée
surmonté d'un canal d'une quinzaine de pieds
($4^m,o6$).

De semblables dispositions, favorables à la santé
des ouvriers et à la végétation, ont été adoptées
dans toutes les usines d'Angleterre. Il est fâcheux
qu'elles n'aient pas encore été imitées dans les
nombreux établissemens d'Allemagne.

On charge dans ce fourneau 6 quintaux ($3^{qm},o5$)
à la fois.

La consommation de combustible est en
moyenne $1\frac{1}{2}$ boisseau ($57^k,19$) (2) de charbon
par grillage; elle varie cependant beaucoup, ainsi
que la durée de l'opération, suivant la nature des
minérais.

---

(1) Le shilling $=$ 12 pences $=$ 1 f. 26.
(2) Le boisseau (*winchester bushel*) contient 84 livres
($37^k,80$) de houille.

CONCLUSION.

On voit que le procédé de lavage que nous avons décrit diffère essentiellement de celui qu'ont donné MM. Dufrénoy et de Beaumont par l'emploi des cuves (*tossing tubs*) et des jumelles (*racks*).

On aura remarqué que le lavage à la cuve sert à séparer le schlich pur dans les sables riches des parties ténues.

Les jumelles sont employées plus particulièrement pour la préparation des produits ténus, mais déjà assez riches.

II. PRÉPARATION MÉCANIQUE DES MINÉRAIS DE CUIVRE.

Nous avons étudié le procédé suivant à la mine de Pembroke, près Saint-Austle.

Cassage et séparation des minérais à la main.

On divise sur les haldes le minérai à la main et au marteau en trois produits :

A, bon; B, moins bon ; C, médiocre.

A est séparé au marteau par des femmes en deux produits :

A' envoyé à la machine à broyer (*crushing-machine*), et donnant immédiatement un schlich bon pour la fonderie.

A″ envoyé aussi à la machine à broyer, mais n'y donnant qu'un produit qui exige le lavage.

B est séparé de la même manière à la main et au marteau en deux produits :

B′, qui est broyé et lavé après;

B″ envoyé au bocard.

C est divisé en :

C′ envoyé au bocard ;

C″, nulle valeur.

Écrasage des minérais.

Description de la machine à broyer et du procédé.

Nous avons vu, à la mine de Pembroke, deux machines à broyer (*crushing-machine*), nous allons décrire celle qui nous a paru le mieux établie.

Des chariots amènent le minérai à écraser sur une route en fer à l'atelier A, *fig.* 9, Pl. XIII, au dessus de l'appareil ; ils sont mus, au moyen d'une corde et d'une poulie de renvoi, par la machine à vapeur, qui fait tourner les cylindres de la machine à broyer. En les ouvrant sur le côté, on fait tomber la substance dans la trémie T, d'où elle passe immédiatement entre les cylindres unis CC, puis tombe sur le crible D, qui reçoit un mouvement de va-et-vient dans le plan horizontal par l'intermédiaire d'un bras de levier L. Une partie du minérai le traverse et forme un tas S; une autre partie tombe sur des cylindres C′ C′, analogues aux cylindres supérieurs C, C. Il se forme un nouveau tas S′, et enfin un tas S″.

Les trous des cribles D, D′ étant de même diamètre, les produits S et S′ sont de même nature. On les considère comme schlich bon à fondre, ou comme produit devant être lavé, suivant la matière qui a été écrasée.

S″ est broyé de nouveau. On le rejette dans la trémie T avec du gros minérai brut, en ayant soin de les stratifier dans la trémie ou du moins de les mélanger.

Le diamètre et la longueur des cylindres inférieurs C′ C′ sont donnés par la *fig.* 10. On remarquera que *a b* est une partie carrée faisant suite au tourillon *t*, laquelle empêche le cylindre de se mouvoir dans le sens de son axe. Le diamètre des cylindres supérieurs est de 2 pouces (0^m,05) plus grand que celui des cylindres inférieurs. Leur longueur est la même.

Les uns et les autres sont en fonte blanche; ils durent en moyenne un mois seulement, s'ils sont de bonne qualité.

Le nombre de révolutions qu'ils font par minute varie, suivant la dureté de la substance à écraser, entre dix et quinze. Il est en moyenne de douze.

Cette machine broie 50 tonnes de minérai ri-

che en douze heures. Elle écrase moins de minérai de seconde qualité dans le même temps.

Le cylindre de la machine à vapeur qui imprime le mouvement à cette machine à broyer
a 26 pouces ($0^m,66$) de diamètre.

La course du piston est de 7 pieds ($2^m,14$);

Le nombre de courses par minute, de seize à
dix-sept.

La pression de la vapeur est très variable. Le
plus souvent elle est de 15 livres par pouce carré
du piston ($1^k,13$ par centimètre carré), et s'élève
quelquefois à 30 livres.

Cette machine à vapeur fait marcher, outre la
machine à broyer, six batteries de bocards à
trois pilons, et quatre batteries à quatre pilons,
en tout trente-quatre flèches, et elle élève l'eau
qui les alimente.

L'arbre à cames fait treize tours par minute,
et porte six cames sur une même circonférence.
Ainsi, chaque flèche tombe soixante-dix-huit fois
par minute.

La levée des pilons est de 8 pouces ($0^m,20$),
leur poids, 3 quintaux ($152^k,25$).

L'eau est élevée à 12 pieds ($3^m,65$) dans un corps
de pompe qui a 20 pouces ($0^m,50$) de diamètre.

La course du piston de la pompe est d'environ
3 pieds ($0^m,91$); le nombre de coups par minute,
de seize à dix-sept. La bielle verticale placée à

l'extrémité du balancier opposée à celle qui se lie au piston du cylindre à vapeur meut une double manivelle placée entre deux volans, chacun de 6 pieds ($1^m,83$) de diamètre.

D'après ce qui précède, faisant usage de la formule $F = \pi\, R^2\, PV$, dans laquelle F représente la force de la machine, π le rapport de la circonférence au diamètre, R le rayon du piston, P le poids qu'il supporte, et V l'espace qu'il parcourt en une minute; et en admettant pour l'expression de la force du cheval de vapeur 32,500 livres élevées à 1 pied par minute (4,500 kilogr. à 1 mètre), on trouve pour la valeur de F en nombre rond 55 chevaux. La partie de cette force employée pour soulever les flèches de bocard et faire monter l'eau qui leur est nécessaire, déterminée par le calcul, est d'environ 19 chevaux. Restent 36 chevaux pour la force perdue dans les chocs, les frottemens, etc., et pour celle employée à élever l'eau de la chaudière et du condenseur, et à faire marcher la machine à broyer. Si de ces 36 chevaux on en soustrait 16 pour les chocs, frottemens, etc., il en reste 20 pour la machine à broyer.

Revenons à la description du procédé.

A' étant écrasé pour schlich bon à fondre, le diamètre des trous des cribles de la machine est trois huitièmes de pouce ($0^m,009$).

Calcul de l'effet de la machine.

A″, donnant un produit qui exige le lavage, ce diamètre n'est que de deux huitièmes de pouce ($0^m,006$).

A″, après avoir été broyé, est jeté sur un crible, que l'on agite ensuite dans l'eau horizontalement, il se forme alors trois produits :

A‴, qui traverse le crible et se rassemble au fond d'un canal, est un produit bon pour la fonderie.

A⁗, recueilli au fond du crible, est aussi considéré comme schlich bon à vendre.

Enfin A‴‴, qui formait la tranche supérieure dans le crible, est lavé comme nous l'expliquerons plus loin.

Cette opération porte le nom de *jigging*.

On compte dans la grille des cribles de six à sept trous par pouce carré.

Débourbage dans un canal.

A⁗ est débourbé dans une espèce de très longue caisse, dans laquelle passe un courant d'eau plus ou moins abondant.

Il se forme deux dépôts : l'un à la partie supérieure *a*, relavé de la même manière;

L'autre à la partie inférieure *b*, envoyé au bocard.

Après avoir fait subir cette opération deux ou

trois fois au produit a, on obtient un sçhlich a'' ou a''', bon à vendre.

La pente du fond de la grande caisse était de 2 pouces sur 6 pieds (0,028).

On donne plus d'eau au premier lavage qu'au second, et plus au second qu'au troisième, en général d'autant moins que la substance est plus riche et plus ténue.

Cette opération porte le nom de *tie*.

Bocardage.

Les bocards pour les minérais de cuivre sont les mêmes que pour les minérais d'étain.

Le poids des pilons est $2\frac{1}{2}$ à 3 quintaux.

Les trous des grilles ont en général un huitième de pouce ($0^m,003$) de diamètre; mais plus le minérai est pauvre, plus on diminue leur grandeur, *et vice versá*.

Au sortir du bocard on obtient:

Dans un premier bassin,

A (*rough*);

Dans des bassins suivans,

B, slimes de différentes qualités.

A est débourbé dans une caisse dite *shaking-trunk*. On obtient alors trois produits A', A'', A'''; A', dans le creux qui est à la tête de la table; A'' et A''' sur la table même.

A^I subit l'opération que nous avons décrite sous le nom de *tie*.

A″ et A‴ sont lavés séparément dans des caissons allemands.

La pente du fond des shaking-trunks est à peu près nulle ; elle ne dépasse pas un demi-pouce sur 6 pieds (0,07) : c'est la même que celle du fond des labyrinthes.

Les caissons allemands ont 9 pieds (0^m,74) de longueur sur 3 pieds (0^m,91) de largeur et 2 pieds 2 pouces (0^m,66) de profondeur. L'inclinaison du fond est de 8 pouces sur 6 pieds (0^m,11).

Le lavage, dans cet appareil, a lieu comme pour le minérai d'étain. La partie supérieure, après un certain nombre d'opérations, est lavée à la cuve (*tossing tub*). La partie inférieure, comme on n'a pas de jumelles, est relavée dans les caissons.

Lavage à la cuve.

Dans une opération de lavage à la cuve que nous avons suivie, on a enlevé quatre tranches de minérai, séparées exactement, comme l'indiquent les lignes *ab, cd, efg, hik, fig.* 13, Pl. XIII.

La tranche A a été débourbée de nouveau dans les *trunking-box*.

B a été relavé dans les caissons allemands.

C a été mis à part comme schlich bon à vendre : c'était la partie la plus considérable.

Enfin, D, formant un noyau dans le centre de la cuve, a été passé dans des cribles à grilles en cuivre, ayant dix-huit trous au pouce carré. Ce produit en a donné alors deux nouveaux :

D′, qui a traversé la grille, et a été mis à part comme schlich pur;

D″, resté sur le crible, qui tantôt est rejeté, et tantôt subit l'opération dite *tie*.

Lavage des slimes.

On les débourbe d'abord dans des *trunking-boxes* ordinaires, et l'on obtient trois produits :

a, qui est débourbé de nouveau, et subit l'o-pération dite *tie;*

b, lavé dans les caissons allemands ;

c, rejeté, ou quelquefois lavé de nouveau dans la trunking-box.

Machine à broyer de Lanescot.

On a aussi sur la mine de cuivre de Lanescot, pour la préparation des minérais une machine à broyer. Cette machine n'a qu'une seule paire de cylindres : ceux-ci ont 2 pieds de longueur et 18 pouces de diamètre ; ils font dix révolutions par minute. Le minérai broyé tombe dans l'inté-rieur d'un cylindre creux incliné à l'horizon,

17

dont l'enveloppe est une toile métallique en fer. Cette toile est maintenue par des barres longitudinales et des cercles placés de distance en distance. La substance entre par une des bases du tamis cylindrique ; une partie traverse la toile et une autre partie, moins ténue, est rejetée par la base inférieure.

Le nombre de trous de la toile métallique varie suivant la nature de la substance à écraser.

Cette machine reçoit le mouvement d'une roue à eau qui a 24 pieds de diamètre et 3 pieds dans œuvre, et prend l'eau à son sommet.

La roue dépense environ 2,500 gallons d'eau par minute ; le gallon est de $9\frac{1}{2}$ livres : ainsi, la force calculée est $2,500 \times 9\frac{1}{2}$ livres, ou $23,750$ livres élevées à 24 pieds par minute, ou $570,000$ livres élevées à 1 pied ; ce qui fait environ $17\frac{1}{2}$ chevaux de vapeur.

On n'a pas pu nous dire quelle était la quantité de minérai écrasée pendant un certain temps. Il n'est pas probable, si l'on tient compte des frottemens de la machine à broyer, qu'il y ait plus de la moitié de la force calculée utilisée.

CONCLUSION.

On voit que le procédé de lavage de Pembroke pour les minérais de cuivre diffère de celui qu'ont décrit MM. Dufrénoy et de Beaumont, par l'emploi de la machine à broyer, bien supérieur à celui des battes.

A la mine de Poldice, on suit la même méthode; mais on se sert encore de battes.

Nous aurons occasion, en parlant dans un autre article de la préparation des minérais de plomb, de revenir sur la machine à broyer, qui commence à se répandre beaucoup en Angleterre; elle semble susceptible d'être également employée avec avantage en France et en Allemagne.

TRAITEMENT MÉTALLURGIQUE

DES

MINÉRAIS D'ÉTAIN.

Ce sujet ayant été déjà traité dans les *Annales* par MM. Dufrénoy et de Beaumont, nous n'avons pour but dans cette note que de faire connaître quelques perfectionnemens introduits depuis que ces messieurs ont visité l'Angleterre. Nous éviterons toute répétition qui ne serait pas absolument nécessaire pour l'intelligence de cet article.

Nous avons visité les usines d'étain de Saint-Austle, Carvedras près Truro et de Penzance.

USINE DE SAINT-AUSTLE.

A Saint-Austle, on réduit le minérai d'étain, soit dans le demi-haut-fourneau chauffé au charbon de bois, soit dans le fourneau à réverbère alimenté par la houille.

Traitement au charbon de bois.

Le traitement au charbon de bois n'a lieu que pendant certains mois de l'année, et pour le minérai d'alluvion (*stream-tin*). Ne l'ayant pas suivi, nous nous bornerons à donner une idée de la forme du fourneau, et quelques unes de ses dimensions, que nous avons prises nous-même.

La forme du vide intérieur est celle que présentent deux troncs de cône, ayant la grande base commune ; la hauteur est 15 pieds ($4^m,56$), et le diamètre au gueulard 1 pied 3 pouces ($o^m,38$).

L'avant-creuset a 1 pied ($o^m,3o$) de largeur, à partir de la tympe.

Un canal percé au dessus dans la maçonnerie sert à emmener les vapeurs dans des chambres de condensation.

Deux tuyères donnent le vent, et sont placées sur une des parois latérales, l'une à côté de l'autre ; elles reçoivent chacune une buse d'un pouce (0,03) de diamètre.

Traitement à la houille.

Dans le traitement à la houille, on distingue deux opérations, celle de la réduction du minérai et celle du raffinage de l'étain impur qui en provient. L'une et l'autre ont lieu à Saint-Austle dans le même fourneau.

La *fig.* 1, Pl. XIII, est une coupe ; la *fig.* 2 un plan de l'appareil.

Fourneau à réverbère servant à la

réduction des
minérais et
au raffinage
de l'étain im-
pur.
A, est une porte pour le chargement du combustible.

B, porte pour le chargement du produit que
l'on veut réduire.

C, porte pour le travail.

D, trou pour la coulée, fermé pendant l'opération avec un tampon d'argile.

E, trou que l'on ouvre seulement au moment
où l'on charge le minérai d'étain sur la sole, afin
d'empêcher le courant d'air d'emporter la poussière dans la cheminée.

e, petit canal qui donne passage à de l'air froid,
qui rafraîchit le pont et la sole, et les empêche
de se détruire aussi promptement.

T et T', bassins de réception.

Les dimensions du rampant sont 2 pieds ($0^m,61$)
sur 15 pouces ($0^m,38$). La section de la cheminée
a 20 pouces ($0^m,50$) de côté ; la hauteur est pour
l'un des fourneaux de l'usine 34 p^{ds}. ($10,^m37$), pour
un second 50 pieds ($15^m,23$); ils vont tous les
deux également bien.

Addition de
houille sèche
au minérai.
On mélange toujours le minérai avec de la
houille sèche (*stone-coal*) en poudre, que l'on
nomme *culm*, et qui agit comme réductif. On y
ajoute quelquefois de la chaux et du spath-fluor,
qui servent de fondans.

Charge et ri-
chesse du mé-
lange.
La charge est ordinairement de 15 quintaux
(761^k.) ; elle s'élève quelquefois à 20 et même à
24 quintaux (de 1015^k. à 1218^k.) Les renseigne-

mens que nous avons recueillis sur sa richesse ne
s'accordent pas. Un des directeurs la portait à 70
pour 100, un autre seulement à 65, ou même
quelquefois à 60 ; il paraît du reste qu'elle n'est
pas constante.

La quantité de *culm* dépend de la nature des Quantité de
minérais ; elle est ordinairement d'un cinquième culm ajoutée.
du poids.

On commence par donner un fort coup de feu ; Conduite de
au bout d'une heure, la matière est déjà en fusion. l'opération.
On retire par la porte C les scories qui surnagent,
jusqu'à quatre fois pendant l'opération.

L'ouvrier passe aussi de temps en temps son
râble par cette ouverture, afin de remuer et mélanger les substances. Peu de minutes avant la fin
du fondage, on jette quelques pelletées de culm
sur le bain, afin de rendre les scories moins
fluides.

On coule d'abord l'étain, et dès que l'on voit Coulée de l'é-
arriver des scories, on ferme le trou de coulée. tain et varié-
On recueille cependant, à la surface du métal con- tés de scories
tenu dans les bassins de réception, des scories vi- que l'on ob-
treuses, noires et compactes, qui, retenant beau- tient.
coup d'étain en grenaille ou en larmes, sont refondues à part et sans addition. Elles sont en si
petite quantité, qu'il faut environ soixante opérations pour en fournir de quoi charger le fourneau.

D'autres scories d'apparence tufeuse, restées

sur la sole, sont, ainsi que celles retirées pendant l'opération, triées et traitées de nouveau comme l'expliquent MM. Dufrénoy et de Beaumont.

Immédiatement après que l'étain a été coulé, on charge de nouveau du minérai. Le fourneau est alors rouge, blanc, et le charbon couvre la grille jusqu'à la partie supérieure du pont. On ferme et on lute les portes, puis on jette du combustible dans le foyer autant qu'il en peut contenir.

Durée de l'opération.
Perte en métal.
Raffinage.

La durée de l'opération est de six à sept heures. Nous n'avons aucune donnée qui nous paraisse exacte sur la perte en métal.

L'opération du raffinage se subdivise en deux autres, la liquation et le raffinage proprement dit.

Liquation.

La liquation, qui a lieu sur la sole du fourneau à réverbère, s'opère sur 6 tonnes $\frac{1}{2}$ à la fois dans un espace de temps d'environ vingt minutes. Elle n'exige qu'une très légère consommation en combustible; car deux pelletées de houille suffisent si le fourneau était chaud auparavant.

Raffinage proprement dit.

Le raffinage proprement dit se fait dans une chaudière, dure de cinq à six heures pour les 6 tonnes $\frac{1}{2}$, et brûle un demi-boisseau ou 42 livres ($18^k,90$) de charbon.

Consommation en combustible.

La consommation en combustible est, dans toutes les opérations réunies, de sept *weys* de houille pour cent blocks d'étain raffiné. Le *wey*

est de 64 boisseaux, le boisseau de 84 livres, et
le block d'étain pèse 3 quint. Cela fait donc 37,632
livres de charbon pour 33,600 livres d'étain ou
2609 livres pour une tonne de 2240 livres, ou
enfin environ 1120 kilog. par tonne de 1,000
kilogr. La quantité de houille sèche ou culm est
de 302 kilog. La quantité totale de houille consommée est donc en tout de 1120 kilog. + 302
kilog. = 1422 kilog. pour 1000 kilog. d'étain.

USINE DE CARVEDRAS.

Les fourneaux de Carvedras sont beaucoup
plus grands que ceux de Saint-Austle, et paraissent consommer moins de combustible, tout en
produisant davantage dans le même temps.

*Forme et di-
mensions des
fourneaux.*

La *fig.* 3, Pl. XIII, en est une coupe, et la *fig.* 4
un plan.

On remarque en *a, fig.* 3, une petite cheminée latérale à la grille, et communiquant avec le
foyer par un canal; elle n'a pas plus d'une ving-
taine de pieds de haut, et sert au même usage que
le trou supérieur au foyer dans les fours de Saint-
Austle. On modère le tirage au moyen d'un registre *r*.

La section de la grande cheminée a, pour tous
les fourneaux de l'usine, 20 pouces (0m,50) de
côté; la hauteur est de 52 pieds (15m,84) pour deux

d'entre eux, et de 45 ($13^m,71$) pour deux autres.

On charge 30 quintaux (1522^k) à la fois; le fondage ne dure cependant que six heures, et les ouvriers prétendent que l'on ne brûle pas au delà de 18 boisseaux (685^k.) de charbon par opération.

Le minérai est moins riche qu'à Saint-Austle; il ne rend ordinairement pas au delà de 60 à 65 pour 100, quelquefois même seulement 50 pour 100.

La quantité de culm ajoutée pour les 30 quintaux n'est que de 3 à 3 quintaux $\frac{1}{2}$; ce qui ne fait qu'un dixième à un huitième de la charge.

On donne, à Carvedras, un fort coup de feu au commencement de l'opération comme à Saint-Austle, et l'on entretient une chaleur très vive pendant toute la durée du fondage.

Il existe une autre usine à étain près de Truro, dont l'entrée nous a été interdite. Un des propriétaires, que nous avons rencontré plus tard à Penzance, nous a dit qu'elle était semblable à celle de Carvedras.

USINES DES ENVIRONS DE PENZANCE.

Il existe aux environs de Penzance deux usines à étain : l'une à M. Bothilo, située à Chyandover, à un quart de lieue de Penzance, l'autre à environ deux lieues de cette ville.

Marginalia:

Charge, durée de l'opération et consommation en combustible.

Richesse du minérai.

Quantité de culm ajoutée.

Conduite de l'opération.

Autre usine à étain dans le voisinage de Truro.

Les fourneaux de l'usine de Chyandover sont construits d'après l'ancienne méthode, et n'ont pas même de trou de tirage au dessus de la grille. Leurs dimensions paraissent être les mêmes que celles des fourneaux de Saint-Austle.

Fourneaux de l'usine de Chyandover.

La charge est de 15 quintaux, la richesse des minérais de 62 à 65 pour 100 ; on y mélange un cinquième de culm.

Charge, richesse des minérais et quantité de culm ajoutée.

La consommation en combustible est de sept weys pour cent blocks ou 1120 kilogr. pour une tonne de 1,000 kilogr. Cette donnée concorde parfaitement avec celle qui nous a été communiquée à Saint-Austle.

Consommation en combustible.

Dans l'autre usine, les fours sont construits comme à Carvedras. On y fond de 25 à 30 quintaux de schlich de même richesse qu'à Chyandover.

Fourneau d'une autre usine à étain des environs de Penzance.

On nous a assuré que les nouveaux fourneaux produisaient une économie de deux septièmes en combustible, en sorte que l'on ne brûlerait que cinq weys, au lieu de sept ; ce qui fait 800 kilogr. pour une tonne de 1,000 kilogr.

Economie de combustible produite par les fourneaux de construction nouvelle. Conduite de l'opération.

Nous n'avons pas suivi d'opération à Penzance ; mais l'on nous a dit que, comme à Saint-Austle et à Truro, l'on donnait un fort coup de feu en commençant l'opération.

CONCLUSION.

On voit, d'après ce qui précède sur les diverses fonderies d'étain du Cornouailles :

1°. Que les fourneaux actuels diffèrent beaucoup de ceux qu'ont décrits MM. Dufrénoy et de Beaumont; nous garantissons la parfaite exactitude de nos plans, que nous avons levés nous-même.

2°. Que, contradictoirement à ce qui a été dit dans presque tous les ouvrages de chimie et de métallurgie, il n'est pas exact qu'au commencement de l'opération du fondage des minérais on élève la chaleur graduellement; on donne au contraire un fort coup de feu. Nous avons vérifié ce fait en diverses occasions, et il nous a été confirmé par le témoignage d'un grand nombre d'ouvriers.

3°. Que la consommation en combustible est aujourd'hui moindre, même dans les fourneaux de St.-Austle, que celle indiquée par MM. Dufrénoy et de Beaumont; ce qui constaterait encore mieux la supériorité établie par ces ingénieurs du procédé anglais sur le procédé allemand. Les résultats, qui s'accordent assez bien pour les différentes usines, nous ont été confirmés par plusieurs personnes. Cependant, il est bon de remarquer que la houille payant en Cornouailles un très fort droit, dont les usines d'étain ne sont pas exemptes, les chefs d'établissemens ont peut-être quelque intérêt à tromper les observateurs.

TRAVAIL DU PLOMB.

GISEMENT, EXPLOITATION ET PRÉPARATION MÉCANIQUE DES MINÉRAIS DE PLOMB EN ANGLETERRE.

Mines de plomb du Derbyshire.

Gisement. Les minérais de plomb du Derbyshire font partie de la formation de calcaire de montagne (*mountain* ou *carboniferous limestone*). Nous n'avons rien à ajouter à l'excellente description qu'ont donnée de leur gisement MM. Dufrénoy et de Beaumont dans leur ouvrage sur la *Métallurgie de l'Angleterre*.

Exploitation. L'exploitation des mines du Derbyshire paraît très négligée, ce qui tient très probablement au peu d'étendue de chacune d'elles : en effet la propriété de la richesse minérale, étant encore, dans cette partie de l'Angleterre, soumise à l'ancienne législation saxonne, est attribuée au souverain, qui ensuite la concède contre redevance à qui bon lui semble, et les officiers de la couronne la divisent souvent plus qu'il ne conviendrait de le faire, pour en tirer le meilleur parti possible.

Préparation mécanique. Les procédés de préparation mécanique se bornaient, sur les mines que nous avons visitées, à de simples criblages et débourbages.

Mines du nord du pays de Galles.

Les minérais de plomb exploités dans le nord du pays de Galles sont des galènes disposées en filons dans le calcaire de montagne, et se trouvent particulièrement dans les parties de cette formation où les couches schisteuses alternent avec le grès. Un système de filons parallèles entre eux est coupé par un autre système de filons également parallèles. Le minérai abonde surtout dans le voisinage des points d'intersection des filons, comme à l'ordinaire. Gisement.

L'exploitation des mines du nord du pays de Galles est bien conduite, comme en général celle de toutes les mines que dirige M. John Taylor; mais elle n'offre rien de particulier. Le massif minéral est divisé en parallélipipèdes par des galeries d'allongement et des cheminées qui les coupent. Le minérai est abattu par gradins, et les vides sont remblayés. Exploitation.

L'épuisement des eaux, qui sont très abondantes, s'opère au moyen de galeries d'écoulement, de machines à vapeur, de machines à colonne d'eau ou de roues à augets. Épuisement des eaux.

Les machines à vapeur que l'on emploie dans Machines à vapeur.

le nord du pays de Galles sont semblables à
celles du Cornouailles, mais généralement moins
fortes. On publie chaque mois, comme dans cette
dernière province, des listes de leur consommation en combustible. On est étonné de trouver
que l'effet le plus grand produit par 1 boisseau de
houille est seulement de 30,000,000 liv. d'eau élevées à 1 pied, tandis que pour quelques machines
du Cornouailles il s'élève au delà de 70,000,000.
On pourrait croire d'abord que les machines sont
beaucoup moins bien construites dans le pays de
Galles ; mais le résultat que nous venons de men-
tionner tient plutôt à ce que les combustibles
employés dans ces deux parties de l'Angleterre
sont de qualité différente.

Nous ne répéterons pas ici les détails qu'ont
donnés MM. Dufrénoy et de Beaumont sur la
disposition de ces machines, nous nous bornerons à ajouter qu'on a, dans ces dernières années,
diminué considérablement leur consommation
en combustible, non par des perfectionnemens
dans le principe de leur construction, mais simplement en les préservant presque entièrement
de la déperdition de la chaleur.

A cet effet, on élève autour du cylindre à vapeur,
à environ 1 p^d. de distance, un mur en briques, qui le
dépasse dans sa partie supérieure, et on remplit le

vide entre deux avec de la sciure de bois ou toute autre substance peu conductrice. On renferme ainsi dans une épaisse couche de sciure de bois les moindres parties de la machine susceptibles de refroidissement, et cela se fait avec un si grand soin, qu'on entrant, en été, dans la chambre où est placé le cylindre à vapeur, on n'observe aucun changement de température. Il serait fort à désirer que, dans un grand nombre des départemens de la France où la houille est très chère on suivît cet exemple.

Dans ces machines, ainsi que dans celles de Cornouailles, la pression sur la soupape de sûreté varie entre 25 et 40 livres anglaises. On peut donc les appeler machines à haute pression.

Les machines à colonne d'eau sont d'une construction fort simple, analogue à celle des machines du même genre, que l'on emploie en Allemagne. Machines à colonne d'eau.

On a, dans une mine, combiné fort ingénieusement l'emploi de la machine à vapeur et de la machine à colonne d'eau. L'eau manquait pour le service de la machine à vapeur; celle-ci étant située au sommet d'un puits qui aboutissait à une galerie d'écoulement, on a élevé de la galerie la quantité d'eau nécessaire pour son alimentation, et cette eau, retombant ensuite de la même hauteur, a fait marcher une machine à

18

colonne d'eau (*water pressure engine*) dont on
s'est servi pour assécher les parties de la mine
inférieures à la galerie d'écoulement.

Roues à eau.   On remarque aussi sur les mines de Mold de
fort belles roues à eau. M. Taylor en a établi quatre en différens points, les unes au dessus des
autres. Elles ont chacune 44 pieds de diamètre ;
des rigoles conduisent l'eau de la partie inférieure d'une roue à la partie supérieure de l'autre.

Percement   Lorsqu'en perçant des puits on a des terrains
des puits.   tendres et liquides à traverser, on enfonce des
cylindres de *tôle*. On ne se sert ordinairement, sur
le continent, que de cadres de bois ou de cylindres en fonte. En Écosse, M. Dixon, propriétaire
de houillères, aussi habile que libéral, a aussi
tenté avec succès l'usage de ces cylindres de tôle.
A Mold, pour un puits de 7 pieds de diamètre,
la tôle avait $\frac{3}{8}$ pouce (0^m,010) d'épaisseur.
A Glasgow, pour un puits elliptique, dont le
grand axe était de 15 pieds (4^m,57) et le petit
axe de 10 pieds (3^m,05), le métal avait $\frac{6}{8}$ pouce
(0^m,020) d'épaisseur. Le cylindre était composé
de plaques rectangulaires jointes ensemble par
des clous rivés. On assemblait ces plaques sur
place à mesure que cela devenait nécessaire.
Des guides en bois l'empêchaient de se déformer
dans sa partie supérieure. Il avait une hauteur
totale de 44 pieds (13^m,41), et pesait de 58 à

40 tonnes. On espérait qu'il pourrait traverser une couche d'argile de cette épaisseur contenant beaucoup d'eau, par le seul effet de son propre poids ; mais on comptait, dans le cas où cela n'arriverait pas, le faire descendre au moyen de vis de pression.

La préparation mécanique des minérais de plomb, sur les mines du Flintshire, est à peu près semblable à celle des minérais du Cumberland, que nous allons décrire. On ne trouve, dans le nord du pays de Galles, ni bocards ni cuves du même genre que les *tossing-tubs* du Cornouailles, ni tables jumelles, ni tables à secousse. *Préparation mécanique.*

Le minérai lavé par ce procédé contient ordinairement au moins 70 pour 100 de plomb ; il en renferme quelquefois plus. On obtient aussi des galènes, qu'on livre au commerce comme alquifoux.

Mines de plomb du Cumberland.

MM. Dufrénoy et de Beaumont ont trop bien décrit le gisement des minérais de plomb dans le *mountain limestone* des environs d'Alston, pour que nous revenions sur ce sujet. *Gisement.*

Nous ne parlerons également point du mode d'exploitation, qui ne présente rien d'intéressant. Nous nous occuperons donc immédiatement des *Mode d'exploitation.*

18.

procédés de préparation mécanique, dont il suffira de donner une idée générale.

Les minérais, au sortir de la mine, sont placés sur une grille arrosée continuellement par un courant d'eau. On forme des tas de parties riches, parties à écraser, et parties à rejeter. Les morceaux les plus menus traversent la grille.

Les gros morceaux riches sont cassés à la batte, et le produit est passé dans le crible à mains (*hand-sieve*); ce qui donne deux nouveaux produits, l'un, qui est lavé sur le crible à secousse (*brake-sieve*), et l'autre dans une espèce particulière de caissons à débourber (*sledge-trunks*).

Les morceaux de richesse moyenne, après avoir été broyés par la machine à écraser (*crushing-machine*), sont également ou passés au crible à secousse ou débourbés, suivant leur grosseur.

Les menus morceaux qui traversent la grille, sur laquelle on a commencé la préparation mécanique du minérai, se subdivisent en deux classes : les plus gros, qui se déposent le plus près de la grille, et que l'on passe au crible à secousse, et les plus petits, que l'on recueille à une plus grande distance de la grille et qu'on lave dans les caisses à débourber.

L'opération sur le crible à secousse a lieu comme à l'ordinaire. On obtient sur le crible trois

couches : la couche supérieure, qui est ordinairement rejetée, la couche moyenne, qui est envoyée
à la machine à écraser, et la couche inférieure,
qui est le plus souvent susceptible d'être vendue
comme schlich.

Ce qui traverse est criblé de nouveau ; mais
alors on place au fond du crible à secousse des
morceaux riches un peu gros, pour empêcher la
matière de passer trop vite et en trop grande
quantité à la fois. La partie qui traverse de nouveau est lavée dans une espèce de caisson allemand.

Les machines à écraser ressemblent à celles
du Cornouailles. On remarque quelquefois trois
paires de cylindres placées les unes au dessus des
autres.

Comme on ne nous a pas permis d'examiner
ces machines de très près, nous ne pouvons pas
en donner de dessins exacts.

Nous renvoyons, pour plus de détails sur les
procédés de la préparation mécanique des minérais de plomb en Cumberland, à l'ouvrage de
MM. Dufrénoy et Beaumont. Ces ingénieurs par-
lent de tables jumelles et caisses à rincer (*dolly
tubs*). Nous n'en avons pas vu sur les mines que
nous avons visitées ; mais nous avons été témoin
de la construction des tables à secousse, les premières qui aient été établies dans ce pays.

Mines de plomb du Yorkshire.

Les minérais exploités dans le Yorkshire, aux environs de Grassington, sont ordinairement la galène, et quelquefois le plomb carbonaté. Ils sont disposés en veines ou filons dans la formation calcaire de *mountain limestone*. Le grès à pierre meulières (*millstone-grit*), qui alterne avec le calcaire ou lui est superposé, en renferme de grandes quantités. On nous a même assuré que la galène n'y était pas moins abondante que dans le calcaire; ce qui est contraire à l'opinion de quelques géologues.

Le minérai de plomb présente quelquefois une structure remarquable, anologue, sous quelques rapports, à celle du porphyre orbiculaire de Corse. La galène et le sulfate de baryte, disposés en couches concentriques, forment des espèces de noyaux qui se détachent du fond de la gangue.

L'exploitation des mines à Grassington ne présente rien de particulier.

Le mode de préparation mécanique des minérais dans le Yorkshire ressemble beaucoup à celui qui est adopté dans le Cumberland; comme il offre cependant quelques légères différences, nous allons le décrire en peu de mots.

Les minérais, au sortir de la mine, sont portés, comme à Alston-Moor, sur une grille dont les barreaux sont écartés d'environ $\frac{1}{2}$ pouce, et sur laquelle tombe un courant d'eau.

On obtient un produit A sur la grille, et un produit B au dessous.

Le produit A est séparé à la main sur une petite table en trois nouveaux produits : A$'$ le plus riche, A$''$ moyennement riche, A$'''$ nulle valeur.

A$'$ et A$''$ sont broyés séparément par la machine à écraser.

Le produit B sous la grille se subdivise en B$'$ et B$''$; B$'$ forme le tas le plus rapproché de la grille, et B$''$ se compose des parties plus fines, que le courant d'eau a entraînées à une plus grande distance : une petite planchette verticale les sépare. B$'$ est passé au crible à secousse, B$''$ est rejeté, ou, si le minérai est riche, débourbé.

Le minérai broyé est porté sur la tête d'une espèce de table à débourber, divisée en deux compartimens. Une partie, qui reste dans un bassin supérieur, est passée au crible à secousse ; une autre partie, qui se dépose dans un canal inférieur, est lavée dans des caissons allemands, appelés *nicking-buddles*, et semblables à ceux que l'on emploie dans le Cornouailles pour les minérais de cuivre. Le lavage dans ces *nicking-buddles* a aussi lieu de la même manière qu'en

Cornouailles. Quelquefois, lorsque le dépôt du canal inférieur est très impur, on commence par le débourber.

Lorsqu'on passe sur le crible à secousse des portions de minérais qui ne proviennent pas de la machine à écraser, on obtient sur le crible même trois produits : un produit supérieur, qui est rejeté ou relavé si le minérai est riche ; un produit moyen, qui est envoyé à la machine à écraser, et enfin un produit inférieur, également envoyé à la machine à écraser. La partie qui traverse est débourbée, et le produit qui se dépose au haut de la caisse à débourber est passé de nouveau au crible à secousse, tandis que la bourbe est rejetée.

Lorsqu'on passe au crible à secousse des minérais qui ont été broyés, la partie supérieure de la couche qui est restée sur le crible est ordinairement envoyée à un bocard, qui la réduit en poussière. Elle se subdivise ainsi en partie grenue, qu'on lave dans des caissons allemands et *slimes* que l'on débourbe ou rejette.

Lorsque les schlichs, après avoir été lavés dans des caissons allemands, ne paraissent pas assez riches, on achève de les purifier dans une espèce de cuve à rincer. Au centre de la cuve on place un axe en fer portant des ailes verticales. On fait tourner cet agitateur au moyen d'une manivelle; puis, au bout d'un certain temps, on le retire et laisse déposer le minérai.

On construisait, lors de notre séjour à Gras-sington, une machine à écraser, que nous avons pu examiner dans tous ses détails, et dont nous allons donner la description.

Le minérai est versé par une trémie sur une première paire de cylindres cannelés, de là il tombe sur une paire de cylindres unis, puis sur un crible mobile, qui le sépare en deux produits.

Ces cylindres ont tous 14 pouces ($0^m,35$) de diamètre et 14 pouces de longueur. Ils sont menés par une roue à augets de 25 pieds de diamètre et de 3 pieds de largeur dans œuvre, et, au moyen d'un système convenable d'engrenages, ils reçoivent tous la même vitesse.

. Les cylindres sont portés par des montans ou cadres verticaux en fonte.

La *fig.* 2, Pl. XIV, est la section suivant NN', *fig.* 1 du cadre A ; *mn* sont des pièces à rainure qui lui sont fixées au moyen de boulons traversant des rebords, comme l'indique la *fig.* 3, coupe suivant *rs*, *fig.* 2. Des pièces en fonte I et K entrent dans ces rainures, et supportent des crapaudines en laiton qui servent d'appui aux tourillons des cylindres écraseurs. Les pièces I sont maintenues de manière à ne pouvoir glisser dans la rainure; les pièces K, au contraire, sont libres.

Deux saillies P sont percées chacune d'un trou qui reçoit un axe, autour duquel peut tourner un levier L, *fig.* 4. L'extrémité B de ce levier est chargée d'un poids P, et l'autre extrémité C appuie contre une des pièces K, *fig.* 2. Ainsi, les cylindres F et E ou G et H pressent l'un contre l'autre avec une force dépendant de l'effet du contre-poids.

Les avantages qui résultent de cette disposition sont évidens. Tous les morceaux du minérai ne sont pas d'égale grosseur, ou bien ils peuvent se trouver mélangés avec des pierres d'une trop grande dureté, qui disloqueraient la machine si les cylindres étaient fixes; tandis qu'avec un appareil comme celui que nous venons de décrire, on conçoit que l'expérience doit en peu de temps montrer quel est le contre-poids le plus avantageux et pour lequel la machine donne le meilleur produit. En effet, en l'augmentant, on obtient du minérai plus menu; mais il faut une force plus grande et les cylindres s'usent plus vite.

Nous avons vu un appareil analogue à celui-ci aux environs d'Alston, et MM. Dufrénoy et de Beaumont donnent aussi la description d'une disposition semblable.

Tous les cadres de fonte sont portés par une charpente en bois.

On nous a assuré que cette machine pouvait

écraseru ne tonne en quatre ou cinq minutes.

La roue à eau qui la mettait en mouvement faisait aussi marcher des bocards à eau, dont on se servait pour broyer les minérais les plus durs.

Ces machines à écraser (*crushing-machines*) paraissent surtout propres à remplacer les bocards à sec. Elles ne semblent pas convenir à toute espèce de minérais. Les plus durs et les moins riches sont généralement bocardés à l'eau.

Mines de plomb du Cornouailles.

Les minérais de plomb du Cornouailles sont des galènes très argentifères; mais ils n'ont plus leur gisement, comme ceux du Cumberland, du Yorkshire, du Flintshire ou du Derbyshire, dans le calcaire des montagnes. On les trouve en amas ou filons dans le *killas* (1).

Gisement.

Le mode d'exploitation ne présente rien de particulier.

---

(1) La roche très métallifère, appelée killas en Cornouailles, a été décrite par MM. Dufrénoy et de Beaumont. Le *vrai killas des mineurs*, disent ces ingénieurs, est un schiste argileux, verdâtre, passant au schiste talqueux et au schiste amphibolique, et prenant quelquefois dans ses parties supérieures une texture arénacée qui en fait un véritable grauwacke. Il s'appuie sur le granit.

Les minérais sont brisés menu avec des battes, et ensuite enrichis, par des séparations à la main, des débourbages dans des canaux et des criblages dans un bassin rempli d'eau.

L'emploi des cribles à secousse et des machines à écraser serait un perfectionnement à ce mode de préparation.

Nous pensons aussi que généralement, en Angleterre, l'usage des tables à secousse pour le lavage des minérais de plomb est trop restreint. D'un autre côté, on pourrait, en Allemagne et en France, conseiller la substitution des machines à écraser aux bocards dans plusieurs circonstances.

TRAITEMENT MÉTALLURGIQUE.

Les minérais de plomb sont fondus, en Angleterre, dans le fourneau écossais ou dans le
fourneau à réverbère.

M. John Taylor publiera incessamment, sur le
traitement au fourneau écossais, une notice fort
intéressante, dont il a eu la bonté de nous communiquer le manuscrit; nous la traduirons dès
qu'elle aura paru, et nous nous bornerons à parler ici du traitement au four à réverbère.

TRAITEMENT AU FOUR A RÉVERBÈRE.

OBSERVATIONS PRÉLIMINAIRES.

Les fourneaux à réverbère qui sont employés
pour la réduction des minérais de plomb dans
les différentes parties de l'Angleterre que nous
avons visitées, le Derbyshire, le Yorkshire, le
nord du pays de Galles, le Cumberland et le Cornouailles, quoique semblables entre eux sous
plusieurs rapports, présentent cependant, sous
d'autres, des différences assez importantes. Les
opérations qui s'effectuent dans ces fourneaux

Fourneau à réverbère et réduction du minérai.

offrent également ce caractère de variété. Nous
allons décrire, avec autant de détails que cela
nous sera possible, les procédés tels que nous les
avons vu pratiquer dans les diverses provinces
que nous venons de citer. Nous ferons ensuite
ressortir les particularités qui les distinguent, et
enfin nous chercherons à en donner la théorie.

TRAITEMENT DES MINÉRAIS DE PLOMB A LEA.

Réduction des schlichs.

L'usine de Lea est située à une petite distance
de Matlock, dans le Derbyshire.

Fourneau.

Les *fig.* 5, 6 et 7, Pl. XIV, représentent le fourneau à réverbère employé à l'usine de Lea.

La grille a 4 pieds 2 pouces sur 2 pieds ($1^m,27$
sur $0^m,61$), la sole a environ 11 pieds ($3^m,55$)
dans les deux sens.

La hauteur du pont, au dessus de la grille, est
de 21 pouces ($0^m,53$) et la distance du pont à la
voûte de 14 pouces ($0^m,36$).

La courbe qui représente la section de la
voûte est, à partir de la partie située au dessus
du pont et en se rapprochant de la cheminée,
d'abord horizontale ou s'élève légèrement, puis
s'abaisse assez fortement, en sorte qu'auprès de
la cheminée elle n'est plus éloignée de la sole
que de $8\frac{1}{2}$ pouces.

La hauteur du pont au dessus de la sole est de
16 à 17 pouces ($0^m,41$ à $0^m,44$); celle-ci commence
au point a, à environ 2 pouces ($0^m,05$) au dessous
de la ligne horizontale AB, niveau des plaques qui
forment le seuil des portes de travail ; elle va en
s'abaissant jusqu'en un point b placé à peu près
au milieu de la longueur du fourneau, et à 21 ou
24 pouces ($0^m,53$ ou $0^m,61$), suivant la nature du
minérai, au dessous de A B ; elle monte ensuite
en allant du point b vers la cheminée, mais moins
rapidement que vers le pont.

La sole a aussi une inclinaison dans le sens de
la largeur du fourneau. Si l'on examine la *fig.* 7,
qui en est une section suivant un plan perpendiculaire à la longueur et passant par le point b de
la *fig.* 5, on voit qu'elle s'élève du point b vers
le point c, à peu près de la même manière que
du point b vers le point a. La sole monte ainsi de
toutes parts plus ou moins rapidement de b vers
toutes les autres parties du fourneau ; b est donc
le fond d'une espèce de bassin irrégulier.

Des deux longues faces du fourneau, l'une, du
côté de laquelle travaille toujours le maître-fondeur (*the foreman*), est dite *working side*, face
de travail, ou face de devant ; l'autre est dite *la
bourer's side,* face de l'aide, ou face de derrière.

Dans chacun des murs qui leur correspondent
sont percées, au dessus de la sole, trois portes à

égale distance l'une de l'autre. Une nouvelle porte, placée du côté de l'aide, sert à jeter du combustible sur la grille. Un trou *t* pratiqué dans le mur de devant, sous la porte du milieu, et qui est bouché pendant l'opération, permet de faire couler le plomb du bassin intérieur *b* dans un bassin extérieur B. Un autre trou *f*, situé du même côté, sous la porte, près de la cheminée, et également bouché pendant la fonte du minérai, a pour but de donner issue à une partie des scories.

Nous ignorons quelles sont la hauteur et la section de la cheminée, MM. Dufrénoy et de Beaumont indiquent 55 pieds (17 mètres) pour la hauteur.

La sole est faite d'un mélange de deux espèces de scories, que l'on obtient par ce procédé.

Minérais. Les minérais que l'on réduit à Lea sont des galènes mélangées de carbonate de plomb, de sulfate de baryte, de carbonate et de fluate de chaux, etc., et quelquefois aussi du carbonate de plomb plus ou moins pur.

Ils renferment trop peu d'argent pour que l'on cherche à en retirer ce métal.

Ils sont généralement assez mal lavés; on les assortit d'après leur richesse et le degré de fusibilité de leur gangue.

Combustible. Le combustible est une houille d'assez bonne qualité.

Nous avons suivi attentivement l'opération: le Opération. minérai traité étant de la galène, en voici la description.

La charge de minérai est de 16 quintaux (812 kilogrammes); on l'introduit par la trémie T, et on étend le minérai uniformément sur toute la partie inclinée de la sole, sans l'accumuler davantage vers le pont que vers la cheminée.

On remplit la chauffe de charbon, et on ferme toutes les portes. *On commence donc par donner un coup de feu.*

Deux heures après le commencement de l'opération, on ouvre toutes les portes pour *refroidir* le fourneau (*to cool the furnace*), et, comme disent les ouvriers, pour laisser abattre les vapeurs. Un instant après, on les referme et on donne un second coup de feu, puis on mêle et retourne le minérai avec la spadèle, en travaillant successivement aux différentes portes, d'un côté et de l'autre du fourneau. Le chef-fondeur travaille toujours du même côté. La matière est *pâteuse* et le plomb ruisselle de toutes parts vers le creuset *b*.

Trois heures et demie environ après le commencement de l'opération, la matière paraît disposée à se liquéfier, on ajoute alors du *spath fluor*. Le chef-fondeur en jette trois pelletées par chacune des portes de son côté, en commençant par celle qui est près de la cheminée, et finissant

19

par celle du milieu, cela fait en tout neuf pelletées. Il mêle le fondant et le minérai avec la spadèle, puis il referme toutes les portes et donne
un troisième coup de feu ; si le minérai ne fond
pas bien, il ajoute encore du spath fluor ; enfin
la matière ne tarde pas à entrer en complète fusion.

On ouvre alors le trou *t*, qui donne issue aux
scories, celles-ci coulent en abondance le long
d'un plan incliné construit sur le sol de l'usine,
et vont se rendre dans un creux placé au dehors.

Dès que les scories ont cessé de sortir du fourneau, l'ouvrier ferme le trou *t* au moyen d'une
petite digue en chaux et il jette, par la porte du
milieu, sur le bain de plomb une brouettée de
slack ou menue houille, pour sécher les scories
riches qui sont restées sur le bain. Il ouvre le
trou *t*, et le plomb coule dans le bassin B.

Lorsque le métal a cessé de couler dans le
bassin B, l'aide placé de l'autre côté du fourneau
retire, avec un râble, par la porte du milieu de
la paroi opposée à celle du fondeur, les scories
séchées et riches (*drawn slags*).

Cinq heures se sont alors écoulées depuis le
commencement de l'opération.

Des crasses forment une épaisse croûte à la
surface du bain de plomb contenu dans le bassin B. L'ouvrier les enlève avec une pelle percée

de petits trous ronds, ou espèce d'écumoir, il les presse entre la pelle et une barre de fer fixe *m m*, qui traverse le bassin B, afin d'en exprimer une partie du plomb, puis il les rejette dans le fourneau près du pont ; bientôt le plomb qu'elles contiennent se liquate et coule dans le creux de la sole, d'où on le fait passer dans le bassin B.

Le fondeur ou son aide verse le plomb avec des poches dans des lingotières ; il continue ensuite à recueillir les crasses qui se forment à la surface des nouvelles portions de métal réduit ou sur les saumons, dans les lingotières, et les traite comme les précédentes, jusqu'à ce qu'enfin la quantité en devienne très petite. Il ajoute de temps à autre du spath fluor.

La refonte des crasses dure d'une heure à une heure un quart, en sorte que l'opération est entièrement achevée au bout de six heures à six heures et un quart.

Il faut bien observer que l'on ne retire qu'une seule fois des scories riches séchées ; ce qui a lieu, comme nous l'avons déjà dit, immédiatement après la première coulée de plomb.

Le traitement du minérai dans le four à réverbère étant terminé, l'aide répare la sole avec la spadèle et l'aplanit aussi bien que possible ; ce qui n'empêche pas que l'inclinaison sur les bords du creux *b* ne soit assez irrégulière. Il bouche entièrement avec de la chaux les trous *t* et *t'*. Enfin on charge de nouveau.

Les scories (*white slags*) qui se sont écoulées hors du fourneau sont opaques et blanches, ou gris clair. On ne s'en sert que pour fabriquer la sole ou réparer les routes.

Les scories (*drawn slags*) que l'on a retirées avec le râble immédiatement après la coulée mériteraient plutôt le nom de crasses, car elles en ont tout l'aspect; elles sont noirâtres ou gris foncé et très pesantes, en masses agglomérées. On les refond dans une espèce particulière de fourneau à manche (*slag hearth*).

Fonte des scories riches dans le fourneau à cuve
(slag hearth).

Fourneau. Nous n'avons pas pu prendre les dimensions exactes du fourneau à manche, dans lequel on refond les scories riches à Lea; mais nous donnerons celles d'un fourneau d'Alston Moor (Cumberland), dont nous nous sommes procuré les dessins.

Ce fourneau (*fig.* 8, Pl. XIV) a, intérieurement, la forme d'un parallélipipède, dont la base a 26 pouces sur 22 (0^m,66 sur 0^m,56), et dont la hauteur est de 3 pieds (0^m,91). La sole est une plaque de fonte légèrement inclinée vers un bassin de réception B. Deux madriers en fonte m et m', placés sur les deux côtés longs de cette plaque, supportent les parois latérales, qui sont en grès, et la paroi antérieure, qui est en fonte : cette dernière se trouve ainsi séparée par un vide d'environ 7 pouces de hauteur ($0^m,18$) de la sole. Une tuyère horizontale est placée dans la paroi postérieure à des distances égales des parois latérales, et la partie de cette paroi qui est au dessous est en fonte, tandis que la partie supérieure est en grès; la tuyère a de $1\frac{1}{2}$ à 2 pouces de diamètre.

Quoique cette description ne diffère presque en aucun point de celle qu'ont donnée MM. Dufrenoy et de Beaumont du même fourneau, nous avons cru nécessaire, pour l'intelligence du sujet, de ne pas l'omettre.

Pendant l'opération, l'intérieur du fourneau est Opération. rempli, jusqu'à environ 1 ou 2 pouces au dessous de la tuyère, de *cinders* ou frasis de coke recueilli sous la grille du fourneau à réverbère. Le reste de sa capacité est occupé par du coke en morceaux, sur lequel on charge les scories. Nous n'avons pas observé qu'on mélangeât celles-ci avec d'autres produits pour les fondre; mais MM. Dufrenoy et de Beaumont disent qu'on y ajoute souvent, comme fondant, du minérai extrêmement pauvre, ayant

pour gangue de la chaux carbonatée et de la chaux
fluatée, qui a été mise à part pendant la préparation mécanique des mattes plombeuses, qui na-
gent à la surface du bain de plomb quand on le
raffine par le repos de masse, ainsi que les matières qui se déposent dans la cheminée du même
fourneau.

Quoi qu'il en soit, le plomb réduit et une nouvelle scorie, plus pauvre que celle que l'on a chargée se rendent dans le bassin B, *fig.*8 *bis;* les scories
surnageant se répandent, par dessus les bords,
dans un espace rectangulaire, qu'un canal T remplit constamment d'eau froide, et le plomb passe
par une ouverture N dans un vase en fer C, en-
touré de charbon. Les scories, par le refroidissement subit qu'elles éprouvent en tombant dans
l'eau, se divisent en morceaux, et le plomb qu'elles
renferment, mélangé mécaniquement, est amené
à l'état de globules. On bocarde ces globules et
on en sépare le métal par le lavage. Le plomb
contenu dans le vase C est puisé avec des poches
et versé dans des lingotières.

Richesse des minérais, consommation en combustible, etc.

D'après les renseignemens qui nous ont été
communiqués avec beaucoup de complaisance

par M. Alshop, propriétaire de l'usine de Lea, les minérais qu'on y a traités dans les dernières années auraient rendu moyennement de 65 à 66 pour 100 de plomb, y compris le plomb de scories (*slag lead*).

Les minérais carbonatés ne rendent ordinairement pas au delà de 60 pour 100.

N'ayant point de données sur la quantité de métal qu'auraient indiquée des essais, dans ces minérais, nous ne pouvons nous former aucune idée de la perte de plomb provenant de l'emploi de ce procédé.

La consommation en combustible dans le four à réverbère est de 8 quintaux de houille par opération, ce qui fait un demi-quintal de houille par quintal de minérai, ou environ 0,77 quintal par quintal de plomb, ou enfin 50 kilogrammes par 100 kilogrammes de minérai et 77 kilogrammes par 100 de plomb.

Nous ne savons pas exactement la quantité de coke brûlée dans le fourneau à manche ; mais elle est très faible.

TRAITEMENT DES MINÉRAIS DE PLOMB A L'USINE DE LORD GROSVENOR.

Réduction du schlich.

L'usine à plomb de lord Grosvenor est située dans le nord du pays de Galles, à deux milles de Holywell.

Fourneau.

Les *fig.* 9 et 10, Pl. XIV, représentent l'un des fourneaux à réverbère dont on se sert dans l'usine de lord Grosvenor pour la réduction des minérais de plomb. Nous garantissons la parfaite exactitude de ces plans.

La sole présente, comme celle des fourneaux de Lea, un creux au dessous de l'une des portes du milieu et a une inclinaison de toutes parts vers ce bassin intérieur. La distance du point le plus bas de ce bassin, au dessous du seuil de la porte, est ordinairement de 24 pouces ($0^m,61$) et quelquefois moins, suivant la nature du minérai que l'on traite.

Ce fourneau n'a pas de trou pour couler des scories; mais, à cette exception près, il possède le même nombre de portes ou ouvertures que le fourneau de Lea.

Une seule cheminée sert à tous les fourneaux de l'usine. Les produits de la combustion ou du grillage des minérais s'y rendent en passant par une suite de conduits dans lesquels se condensent une grande partie des vapeurs nuisibles.

La *fig.* 11 donne une idée de la disposition de ces conduits.

En F sont indiqués les fourneaux.

Les conduits *a* ont 18 pouces ($0^m,46$) de côté intérieurement, les conduits *b* ont 5 pieds sur 2 pieds 6 pouces ($1^m,52$ sur $0^m,76$), le conduit *g* 6 pieds sur 3 pieds ($0^m,83$ sur $0^m,91$). A est une espèce de chambre circulaire de 15 pieds ($4^m,57$) de diamètre. Le conduit *e* a 7 pieds sur 5 ($2^m,13$ sur $1^m,52$) et enfin le conduit *d,* qui communique avec le fourneau à manche (*slag hearth*), a 6 pieds sur 3 ($1^m,83$ sur $0^m,91$).

La cheminée est placée en C, elle a à sa partie inférieure 30 pieds ($9^m,10$) de diamètre, y compris l'épaisseur des murs, et 12 pieds ($3^m,66$) à sa partie supérieure. On voit que sa forme extérieure est celle d'un tronc de cône. Sa hauteur au dessus du sol paraît être d'environ 100 pieds ($30^m,47$); nous n'en avons cependant pas la mesure exacte, mais le directeur de l'usine nous a dit que l'on comptait 162 pieds ($55^m,36$) de son sommet au plan de la base des fourneaux, qui sont situés, à quelque distance, au pied de la colline sur laquelle elle s'élève.

Les appareils du genre de celui que nous ve-

nons de décrire ne sont pas principalement destinés à recueillir quelques produits, ils ont surtout pour but de détruire ou de diminuer les effets dangereux de certaines vapeurs sur la santé
des hommes et des animaux ou sur la végétation.

La loi force les propriétaires d'usines à les
établir.

Passons maintenant au traitement métallurgique proprement dit.

Minérais. Les minérais traités à Holywell sont des galènes assez réfractaires, mêlées de blende, calamine, pyrites, carbonate de chaux, etc., mais
ne renfermant pas de fluate de chaux. Ils se servent mutuellement de fondans.

Combustible. On emploie comme combustible une houille
de qualité inférieure.

Construction La sole est faite avec des scories que l'on a ob-
de la sole. tenues pendant l'opération, et qui ne sont que
d'une seule espèce.

Pour la construire, on commence par jeter sur
l'aire en briques 7 à 8 tonnes de ces scories. On
les met en fusion, au moyen d'un coup de feu, et
dès que, par le refroidissement, elles ont passé
à l'état pâteux, on donne à la sole la forme qu'elle
doit avoir. Quatre ouvriers, dont deux travaillent de chaque côté du fourneau, sont employés
à ce travail.

Nous avons étudié l'opération dans toutes ses

phases avec le plus grand soin, et M. Henri, directeur de l'usine, a bien voulu, à la recommandation de M. John Taylor, nous fournir, avec la plus rare complaisance, tous les renseignemens qui nous étaient nécessaires.

Voici la description de ce travail : Opération.

La charge de minérai est de 20 quintaux (1015 kil.). On l'introduit par la trémie T.

L'aide, avec un râble, par les portes de la face de derrière, la répartit uniformément sur toute l'étendue de la sole.

Le fourneau n'est alors chauffé que par le charbon restant de la précédente opération; on n'ajoute pas de combustible pendant les deux premières heures, mais on entretient seulement une douce chaleur, en jetant de temps en temps sur la grille deux ou trois pelletées de houille. On ferme toutes les portes, et on laisse le registre de la cheminée baissé.

Le bassin extérieur est alors rempli de plomb provenant de l'opération précédente; ce métal est recouvert de crasses. Une fente rectangulaire, située au dessus du trou de coulée, est ouverte, et elle reste ainsi pendant tout le temps de l'opération, à moins que le plomb ne s'élevant dans le bassin intérieur au dessus de la partie inférieure de cette ouverture, on ne craigne qu'il coule au dehors; ce qui force alors à construire une petite digue pour l'en empêcher.

Bientôt on ouvre les deux portes extrêmes de la face de devant, et le maître-fondeur rejette, par l'une et par l'autre, sur la sole du fourneau les crasses surnageant le bain, et quelques instans après, débouchant le trou de coulée, on recueille le plomb métallique qu'elles ont produit.

Dans le même temps, l'aide retourne le minérai avec la spadèle par les portes de derrière.

Les portes de derrière étant de nouveau fermées, et les deux portes extrêmes de la face de devant étant ouvertes, le maître fondeur jette une pelletée de menue houille ou de cendres de coke dans le bain de plomb, et brasse le tout ensemble. Il retourne le minérai dans le fourneau avec la spadèle, et environ trois quarts d'heure après le commencement de l'opération, il rejette sur la sole les nouvelles crasses qui surnagent le bain dans le bassin extérieur et qui sont mêlées de charbon. Il retourne crasses et minérai avec la spadèle et ferme ensuite toutes les portes.

Le maître-fondeur coule alors le plomb dans les lingotières, le métal paraît très pur; il se forme beaucoup moins de crasses à sa surface que lorsqu'on coule les saumons à Lea.

Au bout d'un certain temps, l'aide retourne encore le minérai par les portes de derrière.

Un peu plus d'une heure après le commencement de l'opération, on fait une coulée de plomb,
qui provient des dernières crasses refondues.
Cette coulée est abondante, elle remplit presque
la moitié de la capacité du bassin extérieur.

Le maître-fondeur et son aide, chacun de leur
côté, et successivement par les différentes portes
de ces deux faces du fourneau, retournent le minérai avec les spadèles.

L'intérieur du fourneau, dans ce moment, est
d'un rouge sombre; le grillage paraît se continuer
plutôt par la combustion des parties sulfureuses
que par l'action de la houille qui est sur la grille.

Le maître-fondeur, fermant les portes de devant,
à l'exception de celle située près du pont, enlève les nouvelles crasses déposées à la surface du
bain, et après les avoir égouttées les rejette dans
le fourneau par la porte qui est restée ouverte.

Une heure et demie environ après l'entreprise
de l'opération, le plomb commence à couler en
petite quantité du minérai; on cherche cependant à éviter, autant que possible, cette réduction de la galène, du moins pendant les deux
premières heures.

Bientôt les ouvriers, ouvrant toutes les portes,
retournent de nouveau le minérai avec les spadèles, chacun de leur côté.

Une heure trois quarts après le commencement

de l'opération, il n'y a que très peu de vapeurs dans le fourneau, dont la température paraît très basse.

On ne voit plus couler de plomb sur la sole. On ajoute alors un peu de houille sur la grille pour ne pas trop laisser refroidir le fourneau. Les ouvriers ensuite retournent encore le minérai, puis ferment toutes les portes.

Deux heures après le commencement de l'opération, *le premier feu* (*first fire*) ou grillage est terminé; on ferme toutes les portes, on lève un peu le registre, et on jette de la houille sur la grille, pour donner *le second feu* (*second fire*).

Vingt-cinq minutes se passent sans qu'on ouvre les portes de nouveau, et le *second feu* est alors terminé.

On ouvre toutes les portes; l'intérieur du fourneau est d'un rouge assez vif, et le plomb ruisselle de tous côtés vers le bassin intérieur.

Le maître-fondeur, avec la spadèle ou le râble, repousse vers la partie supérieure de la sole les scories qui surnagent le bain dans le bassin intérieur, et l'aide, avec les mêmes outils, par les portes de derrière, étend ces scories uniformément sur toute sa surface.

Le maître-fondeur jette alors par la porte du milieu de la face de devant quelques pelletées de chaux sur le bain de plomb.

Pendant environ un quart d'heure, l'aide, passant la spadèle successivement par les trois portes de derrière, retourne, mêle le minérai et les scories, et les étend, tandis que le maître repousse vers le haut les matières qui descendent vers le bassin intérieur.

Les portes du fourneau restent ensuite ouvertes pendant quelques instans sans que l'on travaille dans son intérieur. Le plomb métallique que l'on avait relevé avec les scories coule alors de nouveau vers le bassin intérieur.

Toutes les fois qu'on laisse ainsi les portes ouvertes, le fourneau se refroidit, et, en apparence, sans nécessité, lorsqu'on ne travaille pas; mais M. Henri dit que ce *rafraîchissement du fourneau* (*cooling of the furnace*) est nécessaire pour mieux opérer la séparation des produits entre eux et spécialement des scories du bain de plomb.

Le fourneau s'étant *reposé* pendant quelques instans, les ouvriers recommencent à travailler comme précédemment, ils relèvent les scories et les retournent avec le minérai.

Trois heures après le commencement de l'opération, on charge un peu de combustible, mais seulement pour entretenir la chaleur du fourneau, en continuant le même travail.

Trois heures dix minutes après le commencement de l'opération, on couvre la grille de char-

bon pour donner le *troisième feu* (*third fire*), et
on lève complétement le registre de la cheminée;
on ferme toutes les portes et on laisse ainsi le fourneau pendant trois quarts d'heure.

Quatre heures moins cinq minutes après le
commencement de l'opération, on ouvre toutes
les portes; l'aide égalise les surfaces avec le râble,
et facilite ainsi la descente des gouttelettes de
plomb; puis travaillant comme précédemment
en même temps que le maître-fondeur, il étend
les scories, que celui-ci relève.

Le maître-fondeur jette de nouveau de la chaux :
le but de cette addition n'est pas seulement de
couvrir le bain de plomb, afin de le préserver de
l'oxidation, mais aussi de rendre les scories moins
fluides.

Après un travail de dix minutes seulement,
comptées du moment que le troisième feu a été
terminé, l'ouvrier charge de nouveau du combustible sur la grille, et ferme les portes pour
donner le *quatrième feu* (*fourth fire*).

Quatre heures quarante minutes après le commencement de l'opération, le quatrième feu est
achevé.

On ouvre toutes les portes, et le maître-fondeur débouche le trou de coulée, par où le plomb
se rend du bassin intérieur dans le bassin extérieur. Il jette ensuite de la chaux sur le bain de
plomb renfermé dans le bassin extérieur.

Il pousse enfin les scories séchées vers la partie supérieure de la sole, et l'aide les retire par une des portes de derrière.

Ainsi la durée totale de l'opération est d'environ quatre heures et demie, on compte en moyenne cinq heures.

En résumé, on peut distinguer quatre périodes bien distinctes dans ce travail de réduction :

La première, dite *premier feu*, est la période du grillage des minérais. On maintient le fourneau à une basse température, la chaleur ne s'élève que très graduellement ; on renouvelle souvent les surfaces ; enfin on retire en même temps le plomb des crasses de la précédente opération, et le minérai même produit déjà un peu de métal. Cette période dure deux heures.

La seconde période est dite *second feu*, c'est un fondage proprement dit. On augmente la chaleur et on laisse le fourneau fermé. Les différens élémens des minérais réagissant les uns sur les autres, il se produit du plomb et des scories riches, qui se réunissent dans le bassin intérieur. Les ouvriers repoussent les scories sur la sole, les étendent et les mêlent avec le minérai non réduit ; c'est ce qu'on appelle *sécher (to dry up)* les scories. Ils rafraîchissent aussi le fourneau pour mieux opérer la séparation des produits.

Les deux dernières périodes, dites *troisième* et

quatrième feu, sont aussi deux fondages qui ne diffèrent du premier fondage qu'en ce qu'ils s'opèrent à une plus haute température. C'est dans le dernier surtout que la chaleur est considérable.

La forme et les dimensions du fourneau sont calculées pour que la chaleur soit uniformément distribuée sur toute l'étendue de la sole.

On a quelquefois fait bouillir du bois vert avec le plomb métallique réuni dans le bassin extérieur, afin de favoriser la séparation des crasses et d'obtenir du plomb plus pur; mais on n'y a pas trouvé d'avantage sous le rapport de l'économie.

Fonte des scories dans le fourneau à cuve (slag hearth).

Les scories séchées qui proviennent de la réduction des minérais dans le fourneau à réverbère sont blanchâtres et pesantes, on les refond toutes dans le fourneau à cuve.

Fourneau. Ce fourneau est à peu près semblable à celui que nous avons décrit précédemment, il est seulement plus étroit. La sole en est plus inclinée; la tuyère y est éloignée de 17 pouces du fond et de 18 pouces du gueulard. Le diamètre de la buse est de 1 $\frac{1}{2}$ pouce.

Les soufflets sont en cuir, on préférerait des soufflets à piston.

Une machine à vapeur de quatre chevaux souf-fle trois de ces fourneaux et fait aller en outre un petit moulin à écraser les scories. Quantité de vent.

On n'emploie ordinairement dans ces four-neaux que les menus cokes ou cinders tombés de la grille du fourneau à réverbère et de la consom-mation desquels on ne tient pas compte; quelque-fois, mais rarement, on se sert de coke en mor-ceaux.

Nous ne décrirons pas l'opération, qui est sem-blable à celle de Lea.

Les nouvelles scories qui en proviennent sont écrasées sous une meule, et ensuite lavées sur des tables et au moyen de cribles à secousse.

Richesse des minérais, consommation, etc.

La richesse des minérais descend rarement au dessous de 70 pour 100.

D'après le témoignage du directeur de l'usine, les derniers schlichs que l'on a traités donnaient, à l'essai,

Sur une tonne de 2o quint... . .... $15\,^8/_{20}$ qx. de plomb,

On a obtenu, dans le fourneau à réverbère,

Sur 2o qx. de schlichs... . ... $13\,^1/_2$ qx. de plomb,
. . . . $3\,^1/_2$ qx. de scories.

L'essai a indiqué dans ces scories,

Sur 2o qx... . . . . 5 qx. de plomb;

Ce qui fait,

Sur 3 $^1/_2$ qx.. . . . . $7/^8$ qal. de plomb.

Des $3\frac{1}{2}$ qx. provenant du fourneau à réverbère,

On a obtenu. . . . . $3/4$ qal. de plomb:

Ainsi, en résumé,

2o qx. de schlichs, donnant à l'essai $15\,^8/_{20}$ qx. de plomb:

Ont rendu,

Dans le four à réverbère. . . . . $13\,^1/_2$ qx. de plomb,
Dans le four à cuve. . . . . $3/4$ qal. de plomb.

En tout... $14\,^1/_4$.

La perte totale en plomb serait donc,

Sur 2o qx. de schlichs . . . . $1\,^3/20$ qal.

D'après ce qui précède, cette perte peut ainsi se répartir:

Dans le four à réverbère. . . . . . . $1\,^1/_{40}$ qal. de plomb,
Dans le fourneau à cuve. . . . . $5/_{40}$.

Si nous réduisons toutes ces données en cen-
tièmes, nous aurons,

Contenu du schlich, d'après l'essai..   77 (1) p. 100 de pl.
Contenu des scories. . . . .   25.

100 de schlich rendront :

Dans le fourneau à réverbère. . . . .   67,50 de plomb ,
Dans le fourneau à cuve.   3,75,
                                   _____

                En tout. . . . .   71,25.

La perte serait par conséquent de..   5,75 sur 100 de pl.,

Et elle se répartirait ainsi :

Dans le four à réverbère..   5,125,
Dans le four à cuve..   0,625,
                                  _____

                          5,750.

---

(1) Ce contenu du schlich, d'après l'essai , nous paraît
considérable ; car les galènes pures, quoiqu'elles contiennent 86,55 pour 100 de plomb, ne donnent pas, par les
meilleures méthodes docimastiques, plus de 80 pour 100.
Peut-être la tonne de schlichs, dont il s'agit ici, est-elle la
tonne *long weight,* composée de 20 quintaux de 120 livres;
tandis que le poids du métal aurait été calculé en quintaux
de 112 liv. On aurait alors :

Contenu du schlich, d'après l'essai..   71,75 pour 100,
Rendement.   66,50,
                              _____

            Déchet. . . . .   5,25.

La consommation en combustible dans le fourneau à réverbère est de 10 quintaux de houille
de qualité médiocre pour 20 quintaux de schlichs.

Les menus cokes brûlés dans le fourneau à
cuve n'ayant aucune valeur, on n'en tient pas
compte.

Quatre ouvriers sont attachés à un fourneau,
deux seulement travaillent à la fois. Ils reçoivent,
pour 18 tonnes de schlichs passés en quatre jours,
54 schillings (68$^{fr.}$,04) ; ce qui fait par ouvrier
et par jour $\dfrac{13 \ 1/4 \ \text{shell.}}{4}$ ou $3\frac{5}{16}$ schillings.

Manquant de données sur les frais généraux,
nous ne chercherons pas à établir le prix de revient du quintal de plomb à l'usine de Holywell.

On obtient quelquefois, dans le pays de Galles,
des plombs assez riches en argent pour qu'on
en retire ce métal; mais nous n'avons pas eu
d'occasions d'en suivre la coupellation.

TRAITEMENT DES MINÉRAIS A ALSTON-MOOR.

Les usines d'Alston-Moor sont groupées autour de la petite ville d'Alston, dans le Cumberland.

Le procédé suivi à Alston-Moor pour la réduction des minérais de plomb dans le four à réverbère paraît être à peu près le même que celui du Derbyshire; nous ne pourrions cependant l'affirmer, aucun propriétaire d'usine n'ayant voulu nous recevoir.

Voici quelques renseignemens sur la richesse des minérais du Cumberland, et la perte en plomb dans le traitement métallurgique. Ils nous ont été communiqués par l'essayeur des mines.

Le contenu des schlichs indiqué par l'essai varie entre 65 et 75 pour 100 de plomb, et de 1 à 21 onces d'argent par tonne.

Le contenu *moyen* est de:

68 à 70 pour 100 de plomb, et 10 à 12 onces d'argent par tonne.

On calcule généralement dans les usines, sur les schlichs, une perte de:

3 pour 100 d'humidité, et 5 pour 100 de plomb, d'après le résultat de ces essais.

La perte en plomb est souvent plus élevée.

TRAITEMENT DES MINÉRAIS DE PLOMB A GRASSINGTON,
RÉDUCTION DU SCHLICH.

L'usine de Grassington est située à environ 10 milles anglais au nord de Skipton, dans le Yorkshire.

Fourneaux. Les fourneaux à réverbère de Grassington, construits par M. Henry, fils du directeur de l'usine de Holywell, ne diffèrent que par quelques dimensions de ceux de Holywell.

Les *fig.* 12 et 13, Pl. XIV, en sont une représentation exacte.

La sole du fourneau de Grassington a une partie plate plus étendue que celle du fourneau de Holywell, en sorte que si la courbe $abcdc'b'a'$ est la section de l'une, la courbe $aopdp'o'a'$ sera la section de l'autre.

La distance du plan au niveau du seuil des portes au fond du bassin intérieur varie entre 18 pouces et 24 pouces (0,62 et 0,46), suivant les minérais.

La sole se compose de vieilles scories dont on a des provisions; elle se fait de la même manière qu'à Holywell.

Minérais. Les minérais que l'on traite dans cette usine sont de la galène pure, des mélanges de galène et de plomb carbonaté, accompagnés de carbonate de chaux, sulfate de baryte, etc., et peu ré-

fractaires. Quelquefois on réduit du plomb carbonaté pur.

Le combustible est une houille d'assez bonne
qualité, qui vient du Lancashire, et coûte 19 schillings (23$^{fr.}$,95), la tonne.

Le travail est à peu près le même qu'à Ho- Opération.
lywell.

La charge en minérais est de 18 quintaux de
123 livres chaque; ce qui fait 2214 livres, ou
près de 1 tonne de 2240 livres.

On commence par un grillage, ce qui dure
deux, trois et même quatre heures, suivant la
qualité du minérai.

Vient ensuite un premier fondage. On sèche
les scories avec de la chaux et de la menue
houille, et on les relève sur la sole. La houille est
la même que celle que l'on emploie sur la grille,
elle a seulement été cassée en morceaux et passée
au crible.

On répète cette opération du fondage et du séchage des scories aussi long-temps que les scories paraissent encore assez riches pour mériter
un nouveau coup de feu. Rarement a-t-elle lieu
plus de trois fois.

Les ouvriers travaillent le minérai plus dans le
voisinage du pont où ils l'amoncellent, que dans
les autres parties du fourneau; ce qui n'a pas
lieu à Holywell.

On ajoute souvent du fluate de chaux comme fondant; mais cela n'est pas toujours nécessaire.

On a soin de maintenir le plomb qui se rassemble dans le bassin intérieur du fourneau, constamment recouvert de chaux, et on ne le coule que lorsque l'opération est terminée.

Il faut ordinairement sept heures ou huit heures pour passer la charge de 18 quintaux.

On n'obtient, comme à Holywell, qu'une espèce de scories ou crasses, que l'on retire du fourneau à réverbère avec des râbles, et que l'on refond dans le fourneau à cuve.

On n'a pas encore établi dans cette usine, construite depuis très peu de temps, de fourneaux à cuve; mais on s'occupait, lors de notre passage à Grassington, d'en élever un.

Lorsque l'on traite du carbonate de plomb, la charge pèse moins, et l'opération ne dure pas au delà de quatre à cinq heures.

Richesse du minérai, consommation en combustible, main-d'œuvre.

Les schlichs de plomb traités à Grassington donnent en moyenne, à l'essai, 70 pour 100 de plomb, et seulement 3 onces d'argent par tonne. Ils sont évidemment trop pauvres en argent pour être coupellés.

Le mélange de minérais que l'on fondait, lors de notre séjour dans le Yorkshire, rendait dans le fourneau à réverbère 12 ½ quintaux de plomb sur 18 quintaux de schlichs ou environ 69,4 pour 100.

D'autres mélanges ont donné jusqu'à 13 et 14 quintaux de plomb sur 18 de schlichs (72,2 à 77 pour 100)(1), ou seulement de 10 à 11 quintaux de 55,5 à 61,1 pour 100.

Des scories séchées que l'on refond dans le fourneau à cuve donnent, à l'essai, 3 quintaux de métal par tonne de 20 quintaux; ce qui fait 15 pour 100 de plomb.

Nos données ne sont pas assez complètes pour estimer exactement la perte en plomb, comme nous l'avons fait pour l'usine de Holywell.

La consommation en combustible n'est que de 7 ½ quintaux de 112 livres pour 18 quintaux de 123 livres de schlichs, ou environ 7 ½ quintaux pour 1 tonne de schlichs.

---

(1) Nous devons répéter ici la même observation que nous avons faite en parlant du rendement des schlichs à Holywell. Il est possible que les quintaux de métal soient de 112 livres, tandis que ceux de schlich seraient de 123 liv. On aurait alors :

Rendement actuel des schlichs... 63,23 pour 100.
Rendement *maximum*........... 66 à 71.
Rendement *minimum*.......... .... 50 à 55.

Les ouvriers ne sont pas payés, à Grassington comme à Holywell, d'après leur temps de travail. Ils reçoivent 8 schillings (10^{fr}.,08) par tonne de plomb, tandis qu'à Holywell la même quantité de métal ne coûte pas plus de 4 à 5 schillings de main-d'œuvre; mais comme ils en obtiennent beaucoup moins dans le même temps, il arrive qu'en définitive leur salaire n'est pas beaucoup plus élevé.

Dans le Yorkshire, et en général dans la plupart des comtés industriels de l'Angleterre, le prix de la main-d'œuvre du journalier varie de 2 schillings 3 pence à 2 schillings 6 pence.

Cette donnée facilitera les comparaisons avec le prix du travail des fondeurs sur le continent.

TRAITEMENT DES MINÉRAIS DE PLOMB EN CORNOUAILLES.

Il n'existe actuellement d'usine à plomb en Cornouailles que celle dont nous allons parler, et qui est située à 11 milles au nord-est de la ville de Redruth, près des bords de la mer.

Il ne nous a pas été possible d'étudier en détail le procédé que l'on y suit, et qui est très différent des autres procédés anglais. Nous avons pu cependant en saisir quelques particularités, dont nous croyons à propos de faire mention dans cet article.

Le fourneau de réduction est semblable, pour Fourneau de réduction.
la forme, à celui de Grassington, mais les dimen-
sions en sont différentes. Les voici telles que
nous les avons nous-même mesurées.

Longueur de la sole. . . . . 12 pieds.
Largeur. 7
Longueur de la grille. 6
Largeur. 2 1/2
Haut. du pont au dessus de la grille. . . 3
Distance du pont à la voûte. . . . . » 10 p°.
Haut. du pont au dessus de la sole, en-
viron. 2

La voûte va en s'abaissant vers la cheminée.

La sole a un bassin intérieur comme celle de
tous les autres fourneaux que nous avons décrits
précédemment.

Les minérais sont des galènes très riches en Minérais.
argent, et contenant ordinairement de 70 à 72
pour 100 de plomb.

On brûle comme combustible de la houille de
bonne qualité venant du sud du pays de Galles.

Le minérai n'est pas immédiatement traité dans
le fourneau de réduction. On lui fait d'abord subir
un grillage dans un autre fourneau à réverbère.

La sole de ces fours de grillage a 9 $\frac{1}{2}$ pieds Fourneau de grillage.
(2^m,89) de long sur environ 7 pieds (2^m,13)
de large. Le pont a 2 pieds 6 pouces (0^m,76)
au dessus de la sole, et n'est éloigné que de 6

pouces ($0^m,15$) de la voûte. Nous ne connaissons pas les autres dimensions. La voûte est presque entièrement plate.

Grillage.   La charge est de 12 quintaux (609 kil.).

La durée du grillage est de 12 heures.

La consommation en combustible est d'environ 3 boisseaux de houille par 24 heures ; ce qui fait environ 252 liv. pour 24 quint., ou un peu moins de 2 quint. par tonne.

Réduction.   On achève le grillage du minérai dans le fourneau de réduction, en élevant, pendant les trois premières heures de l'opération, la chaleur graduellement. On donne ensuite un coup de feu, et l'on obtient un bain de plomb et des scories. On sèche les scories avec de la houille sèche menue ou *culm*. On les relève sur la partie haute de la sole, on les refond de nouveau, etc. On ajoute un fondant, qui paraît être du carbonate de chaux et qui renferme peut-être aussi du fluate ; mais nous ne savons pas à quelle époque de l'opération ; enfin, on coule des scories de nulle valeur. Nous ne croyons pas qu'on en sèche ou refonde aucune.

6 heures ou $6\frac{1}{2}$ heures environ après le commencement de l'opération, on fait une coulée de 6 pains de plomb, on ajoute le *culm*, et l'on fait, immédiatement après l'addition du *culm*, une nouvelle coulée de 8 pains. Enfin, après avoir bien mêlé le *culm* avec la masse, et donné le

dernier coup de feu, qui dure près de 4 heures, on coule de nouveau environ 9 pains.

Ainsi on obtient en tout 23 pains, et l'opération de la réduction dure environ dix heures.

Nous n'avons pu recueillir des renseignemens exacts sur la perte en plomb, etc.

La consommation en combustible dans le fourneau de réduction est d'environ 2 tonnes de houille par opération ; ce qui fait 1 tonne par tonne de schlich grillé, ou 1015 kilogrammes.

DIFFÉRENCES ENTRE LES PROCÉDÉS DÉCRITS PRÉCÉDEMMENT.

Les procédés que nous venons de décrire présentent entre eux des différences qu'il importe de faire ressortir.

Le travail à Lea diffère essentiellement de celui des usines de Holywell et Grassington, en ce qu'on ne sèche pas les scories pour les relever sur la partie haute de la sole, et les refondre de nouveau ; que l'on donne un coup de feu en commençant, et enfin en ce que l'on fait écouler une partie des scories.

Parallèle entre le procédé de Lea et ceux de Holywell et Grassington.

Il diffère en outre de celui de Holywell en ce que l'on ajoute du fluate de chaux, et que l'on donne moins de chaleur. Le fourneau est du reste construit, comme à Holywell, dans le but d'en chauffer toutes les parties aussi également que possible.

Il diffère encore de celui de Grassington en ce que l'on travaille le minérai sur toute l'étendue de la sole et que l'on donne plus de chaleur. Comme à Lea, on cherche à distribuer la flamme uniformément ; le pont est plus élevé qu'à Grassington et la voûte s'abaisse davantage dans le voisinage de la cheminée.

A Lea, la durée de l'opération et la consommation en combustible sont les mêmes qu'à Holywell; mais, à Lea, on use une partie du combustible et du temps en pure perte pour la refonte des crasses après la coulée du plomb ; tandis qu'à Holywell cette refonte s'opère dans la période du grillage.

Parallèle entre le procédé de Holywell et celui de Grassington.

Si l'on compare le procédé de Holywell à celui de Grassington, on trouve qu'à Grassington les minérais étant mêlés de substances moins réfractaires qu'à Holywell, il n'est pas nécessaire de chauffer le fourneau aussi fortement; que l'on ajoute à Grassington du fluate de chaux dans quelques cas, ce qui ne paraît pas avoir lieu à Holywell; et qu'à Grassington on appauvrit les scories plus qu'à Holywell, en travaillant sur une sole moins inclinée. Enfin on observera aussi qu'à Holywell, l'opération, conduite plus *chaudement*, ne dure que cinq heures pour la réduction d'une tonne de minérai et exige 10 quintaux de houille ; tandis qu'à Grassington, l'opération dure de sept à sept heures et demie, et qu'on ne consomme que 7 ½ quintaux de houille pour passer une charge à peu près égale à la précédente.

La chaleur nécessaire pour traiter les minérais de Grassington est si faible qu'on espère pouvoir substituer, dans cette usine, la tourbe à la houille.

Quant à l'appauvrissement des scories, M. Henri nous a dit qu'il avait essayé de le pousser aussi loin à Holywell qu'à Grassington, mais qu'il n'y avait trouvé aucun avantage.

Le procédé de Cornouailles diffère de tous les autres en ce que l'on commence le grillage du minérai dans un fourneau particulier. Il offre, comme point d'analogie avec les procédés de Holywell, l'appauvrissement des scories par la chaux et le charbon. Parallèle entre le procédé de Cornouailles et ceux de Lea, Holywell et Grassington.

La chaleur paraît du reste, dans les fourneaux de Cornouailles, devoir être distribuée uniformément, et il est probable qu'elle est plus élevée que dans les fourneaux du Derbyshire, du pays de Galles ou du Yorkshire.

La consommation en combustible est, proportion gardée, plus grande dans l'usine de Cornouailles que dans les autres que nous avons décrites.

On a essayé à Grassington le traitement de Cornouailles. La perte en plomb et la consommation en combustible ont été plus grands que dans le traitement ordinaire; mais les expériences n'ont pas été bien faites, puisqu'on n'a grillé le minérai que dans le fourneau de réduction. D'ailleurs pour établir une juste comparaison entre les deux procédés, il eût fallu opérer sur les mêmes minérais.

THÉORIE.

La théorie de ces divers procédés est fort simple.

Grillage ou calcination du minérai.

A Holywell, à Grassington et en Cornouailles, on commence par griller le minérai en élevant graduellement la chaleur : on le convertit en un mélange composé principalement de sulfure de plomb non décomposé, sulfate et oxide de plomb dont les proportions relatives dépendent du plus ou moins de soin avec lequel les ouvriers ont conduit le travail.

A Lea, on commence par donner un coup de feu, cela est peut-être nécessaire pour échauffer la capacité intérieure du fourneau, considérablement refroidie pendant la refonte des crasses de l'opération précédente : au surplus, il se forme également un mélange de sulfure, sulfate et oxide de plomb ; il est à demi fondu.

Réduction du schlich.

Après le grillage ou la calcination, on élève dans chacune des usines dont nous avons parlé la température du fourneau, de manière à transformer le schlich en une *masse pâteuse :* l'oxide et le sulfate réagissent alors sur le sulfure de manière à produire un sous-sulfure dont le métal se sépare par liquation. M. Puvis a très bien expliqué ce phénomène chimique dans un mémoire inséré dans les *Annales des mines* en 1817.

Les *rafraîchissemens* du fourneau (*cooling of the furnace*) facilitent la liquation toutes les fois que le sous-sulfure s'étant formé, le minérai a passé, par l'élévation de température, de l'état pâteux à l'état liquide : ils ramènent le schlich à l'état pâteux, et sont ainsi nécessaires pour produire, comme le disait M. Henri, la séparation des différens corps.

Rafraîchissemens du fourneau.

La proportion des gangues augmentant à mesure que l'on obtient une plus grande quantité de plomb, le fondant (*fluate et carbonate de chaux*), que l'on ajoute à Lea, a pour but d'en entraîner une partie à l'état de scories liquides; mais il est probable que le sulfate de plomb devenant prédominant en même temps que les gangues, ces scories liquides doivent en retenir une assez forte dose. Les scories séchées en contiennent encore davantage; mais l'on se rappelle qu'elles sont refondues au fourneau à manche.

Addition du fluate de chaux.

Le séchage des scories liquides par la chaux, à Holywell, a pour but de déplacer, par cette base terreuse, l'oxide de plomb qu'elles renferment, afin qu'à l'état de liberté il puisse réagir

Séchage des scories par la chaux.

21.

sur le sulfure échappé à la décomposition ou au grillage.

Peut-être aussi la chaux n'agit-elle que mécaniquement en diminuant la fluidité des produits : répandue sur le bain de plomb, elle le préserve de l'oxidation.

Le fer des outils, qui s'usent très promptement, est aussi un agent réductif du sulfure de plomb.

L'addition du menu charbon, qui se fait en même temps que celle de la chaux, comme à Grassington, a pour effet de réduire directement de l'oxide de plomb, ou de ramener du sulfate à l'état de sulfure : elle a aussi lieu à Holywell, dans quelques cas particuliers.

L'appauvrissement des scories peut être poussé très loin, en prolongeant l'opération et multipliant les additions de chaux et de charbon : ce sont des considérations économiques qui doivent fixer la limite de richesse à laquelle il convient de retirer ces crasses du fourneau à réverbère pour les passer dans le fourneau à manche.

S'il est vrai qu'en Cornouailles on coule toutes les scories, il arriverait que l'opération, qui ailleurs a lieu dans le fourneau à manche, s'y effectuerait dans le fourneau à réverbère.

Nous avons dit qu'on donnait moins de chaleur à Grassington qu'à Holywell ou à Lea, et peut-être moins à Holywell qu'en Cornouailles,

il est clair que moins on est obligé d'élever la
température, moins on a à craindre la perte par
volatilisation , et que par conséquent cette perte
doit être très faible à Grassington.

On ne voit pas de suite ce qui a pu décider à
adopter en Cornouailles un procédé différant autant sous plusieurs rapports de ceux qui sont
suivis dans les autres parties de l'Angleterre ;
peut-être parvient-on , par cette méthode, en con-
duisant le grillage avec plus de soin et ajoutant
à diverses reprises de la chaux et du charbon, à
retirer plus de plomb des minérais que par tout
autre : on concevrait alors qu'en Cornouailles ,
où les plombs sont extrêmement riches en argent , il importe de perdre aussi peu de métal que
possible ; dans le Derbyshire, au contraire , le
pays de Galles ou le Yorkshire , une perte de métal doit être compensée par une moindre consommation de temps, de combustible et de main-
d'œuvre.

Conjecture sur les avantages du procédé de Cornouailles.

RAPPROCHEMENS ENTRE LES PROCÉDÉS ANGLAIS ET LES PROCÉDÉS DU CONTINENT.

Nous désirions terminer ce mémoire par une
comparaison exacte des procédés anglais avec
ceux que l'on suit sur le continent, nous nous
sommes bientôt convaincu que ce travail pré-

sentait des difficultés insurmontables. Il fallait établir des parallèles entre la richesse des minérais, la nature et la fusibilité de leurs gangues, les pertes en métal et les consommations en combustible.

Peu de minérais ont été analysés ou même essayés par voie humide, la richesse des autres ne nous est connue que par des résultats d'essais par voie sèche : nous n'avons donc aucune notion exacte de la teneur en métal de ceux-ci, puisque ce dernier mode d'essai entraîne toujours avec lui une erreur, qui varie suivant le flux dont on s'est servi et selon le plus ou moins de soin avec lequel on a conduit l'opération.

Si nous connaissons mal la richesse des minérais, nous avons encore une moins juste idée de la nature de leurs gangues et de leur degré plus ou moins élevé de fusibilité; ces deux derniers élémens ont cependant une grande influence sur les consommations.

Dès que la richesse des minérais n'est pas exactement déterminée, il est impossible d'évaluer la perte en plomb qui a lieu pendant le travail métallurgique.

Enfin, les consommations en combustible de différentes usines ne peuvent être comparées que d'une manière tout à fait conjecturale, puisque, pour apprécier la valeur calorifique des dif-

férens combustibles, il faudrait en connaître parfaitement la nature.

D'après ce qui précède, nous |devrons nous
borner à établir quelques rapprochemens entre
les procédés suivis pour la réduction des minérais de plomb. Ces rapprochemens, quoique in-
complets, nous conduiront à des conclusions intéressantes.

La production annuelle du plomb en Europe *Production annuelle de plomb en Europe.*
est dans ce moment d'environ 725,000 quintaux
métriques : trois septièmes sont produits par
l'Angleterre, une quantité à peu près égale par
l'Espagne, le reste par l'Allemagne et la Russie.
la France n'en produit guère que la cinq cen-
tième partie, elle suffit à peine à la cinquantième
partie de sa consommation.

On peut diviser les procédés de réduction des
minérais de plomb en trois grandes classes, suivant l'espèce de fourneau qu'ils réclament :

Le procédé au four à réverbère ;
Le procédé au demi-haut-fourneau ;
Le procédé au fourneau écossais.

Nous nous occuperons d'abord du procédé au
four à réverbère.

Procédés au four à réverbère.

Les principales usines où l'on emploie le fourneau à réverbère et où l'on réduit des galènes
sont : l'usine de Pesey en Savoie, celle de Poullaouen en Bretagne, les usines de Bleyberg en
Carinthie, les usines d'Angleterre, dont nous
avons parlé, et quelques usines d'Espagne.

Dans la plus grande usine de l'Espagne, située
à Adra sur la Méditerranée, on suit le procédé
du nord du pays de Galles : ainsi, nous n'aurons
aucune mention particulière à faire du procédé
espagnol (1).

Nous éviterons aussi de revenir sur le procédé
de Cornouailles, parce que nous ne le connaissons que trop imparfaitement.

Opérations. Voici une description sommaire des différentes
opérations métallurgiques.

A Pesey (2), le schlich est d'abord grillé à une

---

(1) Il paraîtrait, d'après quelques échantillons de minérais espagnols qui ont été apportés à l'École des mines,
qu'ils ont aussi leur gisement dans le calcaire comme la
plupart des minérais anglais, avec lesquels ils ont une
grande analogie.

(2) Voyez le mémoire de M. Puvis, *Annales des
Mines*, 1817.

température graduée ; on l'amène ensuite à l'état pâteux, et on produit beaucoup de plomb pár la réaction du sulfate et de l'oxide sur le sulfure. Dès que le métal cesse de couler, le *ressuage* a lieu ; on augmente le feu , on jette sur la sole du bois ou du charbon , qui agit en même temps comme combustible et comme réductif, et on obtient une dernière quantité de plomb.

La charge est de 1250 kilog. L'opération dure seize heures.

. Il reste sur la sole du four à réverbère des crasses que l'on repasse au four à manche , et qui donnent du plomb et des scories sans valeur.

A Poullaouen (1) , on suit des procédés diffé-rens dans le four à réverbère.

Premier procédé. On charge le schlich sans addition. On commence par donner un coup de feu : dès que la température , qui s'était d'abord fortement élevée, est descendue au rouge brun , on grille le schlich , en renouvelant les surfaces avec la spadelle ; le schlich étant grillé , on l'a-mène à l'état pâteux , et il se produit du plomb. On maintient la chaleur au degré convenable sur

(1) Tous les renseignemens que nous donnons sur l'usine de Poullaouen sont extraits d'un mémoire inédit de M. Baillo , ancien Élève des mines.

la sole , en y jetant de petites bûches. Bientôt
arrive l'époque du ressuage : on élève la température, et on jette sur la sole beaucoup de bois.
Il reste des crasses, qui sont refondues au fourneau à manche.

La charge est de 1300 kilogr. La durée de
l'opération varie de seize à vingt-quatre heures,
suivant les minérais que l'on réduit et la nature
du combustible que l'on brûle.

Deuxième procédé. On ajoute au minérai de
la ferraille. Pendant la première demi-heure, on
élève graduellement la chaleur, et on la maintient ensuite constante jusqu'à la fin de l'opération. Il reste des mattes qui ne contiennent pas
au delà de 1 à $1\frac{1}{2}$ pour 100 de plomb.

La charge est d'environ 700 kilogrammes, la
durée de l'opération de trois heures.

A Raibel(1), en Carinthie, on grille d'abord le
minérai pendant six à sept heures, puis on fait
réagir le sulfate et l'oxide sur le sulfure ; enfin,
on ajoute du charbon sur la sole : il reste des
crasses, qui ne contiennent que 5 pour 100 de
plomb, et qui sont par conséquent trop pauvres
pour être repassées au fourneau à manche.

La charge est de 3 quintaux de Vienne (168
kilog.); l'opération dure de dix à douze heures.

---

(1) Voyez *la Richesse minérale*, 3e. volume , page 259.

Les schlichs de Pesey donnent, à l'analyse, 83 pour 100 et 76, à l'essai, avec le flux noir. Ce sont donc des galènes à peu près pures. La partie de gangue qui reste après le lavage se compose de baryte sulfatée et de pyrite de fer. Le mélange, traité à Poullaouen (8 de schlich de Poullaouen à 64 pour 100 et 5 de schlich de Huelgoat à 50 pour 100), ne donne à l'essai que 58,60 pour 100, quelquefois même il est plus pauvre. Les galènes de Poullaouen sont accompagnées de beaucoup de blende, de quarz et d'un peu de pyrite de fer. Les schlichs de Carinthie donnent, terme moyen, 72 pour 100. Le minérai est accompagné de chaux carbonatée, quarz, zinc sulfuré et zinc oxidé. Nous rappellerons que les schlichs de Holywell produisent ordinairement de 70 à 72, et quelquefois 77 pour 100 ; ils proviennent d'un minérai qui a pour gangues la blende, la calamine, des pyrites de fer, le carbonate de chaux, etc. Les schlichs d'Alston-Moor donnent de 65 à 75 pour 100. Les minérais du Derbyshire sont des galènes mélangées de carbonate de plomb, de sulfate de baryte, de carbonate et de fluate de chaux. Nous n'avons pas de renseignemens sur leur contenu en plomb d'après l'essai ; mais s'ils rendent 66 pour 100 en moyenne, comme on nous l'a dit, on doit considérer tous les minérais anglais comme étant d'une richesse moyenne assez grande.

100 kilogrammes de schlich de Pesey produisent, dans le four à réverbère, 65^k,41 (1) de plomb d'œuvre et 16,37 kilog. de crasses, contenant de 28 à 29 pour 100 de plomb. Ces 16,37 kilog. de crasses rendent, dans le fourneau à manche, 4,59 kilog. de plomb d'œuvre. Ainsi, 100 de schlich rendent en totalité à Pesey 70 pour 100. La perte réelle serait donc de 13 de plomb pour 100 de schlich, ou 15,66 pour 100 du plomb contenu.

A Poullaouen, par le premier procédé, on obtient de 100 kilogrammes de schlich 35,55 kilogrammes de crasses contenant 40 pour 100 de plomb. On les refond dans le fourneau à manche, et on perd en tout, *d'après l'essai*, 4,47 pour 100 de schlich, ou 7,62 pour 100 de l'œuvre contenu. Par le second procédé, on ne perd que 1,18 pour 100 de l'œuvre : ainsi, en supposant que l'essai ait été fait avec la même exactitude et par les mêmes méthodes pour tous les schlichs traités par l'un quelconque de ces procédés, la perte sur l'essai, et conséquemment la perte réelle, serait beaucoup moindre par le procédé viennois.

On ne saurait décider si, dans l'un ou dans l'autre procédé de Poullaouen, la perte réelle est plus

---

(1) Voyez un Mémoire de M. Berthier, *Annales des Mines,* 1820.

grande qu'à Pesey. En admettant que les essais
aient lieu à Pesey avec le même flux et avec le
même soin qu'à Poullaouen, on serait tenté de
croire que la perte réelle par le premier procédé
est à peu près la même qu'à Pesey, et que par
conséquent la perte par le second est moindre.

En Carinthie, la perte fictive est de 8,33 pour
100 de plomb sur des schlichs, rendant, dans le
fourneau à réverbère, 66 pour 100 de métal.

A Holywell, on obtient de 100 de schlichs une
quantité de crasses à peu près égale à celle que
produit le même poids de minérai à Pesey, et ces
crasses sont à peu près de même richesse. S'il est
vrai que, dans cette usine, des schlichs riches
rendent quelquefois 70 pour 100 de métal, comme
on nous l'a assuré, il s'ensuivrait que la perte
différerait peu de celle de Pesey.

A Lea, les minérais, étant beaucoup moins bien
lavés qu'en Savoie, ne doivent jamais être aussi
riches que ceux de Pesey. S'ils produisent en
moyenne 66 pour 100, il est probable que quelques uns rendent au moins 68. Il faudrait donc
encore conclure que la perte, dans ce traitement,
ne saurait être plus forte que dans les précédens.

Il paraîtrait d'après ce que nous venons de dire
que, quoique l'on ne puisse guère évaluer la perte
réelle en plomb dans les différens traitemens au

four à réverbère, dans aucun, elle ne s'élève au delà de 15 à 16 pour 100 du plomb contenu dans le schlich, et qu'elle est plus faible dans le procédé viennois.

A Pesey, on ne brûle que du bois dans le fourneau à réverbère.

Pour 100 kilog. de schlichs, rendant en tout 70 pour 100 de plomb, on consomme 0,333 stères de bois de sapin, et on jette sur la sole 2,75 kilog. de charbon. En admettant, avec M. Berthier (1), que le stère de sapin de Savoie, séché à l'air et tel qu'on l'emploie dans les usines, pèse 325 kilog., et en supposant, d'après les expériences de MM. Clément et Desormes (2), qu'un kilog. de bois quelconque, séché à l'air, produise en brûlant 2945 unités de chaleur ou calories, on trouve que 0,333 du stère de sapin donnent 317108 calories.

Le kilogramme de charbon de bois, produisant 7050 calories, 2,75 kilog. (3) représenteront une valeur calorifique de 19387 calories.

---

(1) Voyez *Chimie appliquée aux arts,* de M. Dumas.

(2) Voyez *Dictionnaire technologique,* article *Combustible.*

(3) Le charbon de bois est destiné surtout à agir comme réductif ; cependant, comme il se consomme, il faut aussi tenir compte de la chaleur qu'il développe.

Ainsi, le combustible total employé dans le four à réverbère de Pesey, pour 100 de schlichs, représentera une valeur calorifique de 336495 calories.

Les crasses qui proviennent de 100 kilog. de schlichs consomment, pour leur réduction dans le fourneau à manche 5,90 kilog. de charbon ou 41595 calories.

La valeur calorifique employée pour extraire le plomb de 100 kilog. de minérai à Pesey est donc de 378090 unités de chaleur, cela fait 540128 calories pour 100 kilog. de plomb.

+ A Poullaouen, lorsqu'on suit le premier procédé, on brûle dans un fourneau du bois de corde et des fagots, et dans l'autre de la houille.

Ne connaissant pas le poids des fagots, nous ne pouvons en évaluer la valeur calorifique; nous serons donc obligé de nous borner à estimer la consommation de chaleur par le fourneau qui brûle de la houille.

On traite dans ce fourneau un mélange de schlichs de Poullaouen et de Huelgoat (23 parties schlich de Poullaouen, à 64 pour 100, et 27 parties schlich de Huelgoat, à 50 pour 100), qui ne renferment en moyenne que 54,44 pour 100 de plomb.

On brûle sur la grille, pour 100 kil. de schlichs, 0,36 hect. de houille d'assez médiocre qualité.

Supposant que l'hectolitre pèse 90 kilogrammes, 0,36 hect. pèseront 32,40 kilogrammes.

Le kilog. de houille, de qualité très inférieure, ne donne, d'après M. Clément, que 5932 calories. Nous supposerons que le kilog. de la houille médiocre dont on se sert à Poullaouen en donne 6000 : 32,40 kilog. donneront 194400 calories.

On consomme, en outre, 0,2 de stère de bois de chêne et hêtre.

Soit le poids d'un stère de bois dur 370 kilog.; 0,2 stère pèseront 74 kilog., et représenteront 217930 unités de chaleur.

Ainsi, à Poullaouen, le fourneau à réverbère emploiera une valeur calorifique de 412330 calories.

Les 100 kilog. du schlich mentionné ci-dessus laissent 27,03 kilog. de crasses blanches, qui, pour leur refonte, brûlent 11,4 kilog. de charbon, et consomment ainsi 80370 unités de chaleur.

Ainsi, le nombre total d'unités de chaleur consommées pour le traitement au four à réverbère, par le premier procédé de Poullaouen, de 100 kilog. d'un mélange de schlichs, rendant en tout 52 pour 100 de plomb, est de 492700; ce qui fait 947500 calories pour 100 de plomb d'œuvre.

Dans le second procédé de Poullaouen, 100 kilog. d'un mélange de schlichs , rendant 52,86 de plomb, consomment 0,48 hectolitres de houille, représentant 43,20 kilog., ou 259200 calories : cela fait 490352 calories pour 100 de plomb.

A Raibel, en Carinthie , on consomme, pour 100 quintaux (5145 kilog.) de plomb, 2777 pieds cubes (69,425 mètres cubes) de bois résineux : cela fait 440 kilog. de bois, ou 1295800 calories pour 100 kilog. de plomb.

Dans d'autres usines de Carinthie , où l'on traite des schlichs moins réfractaires qu'à Raibel, la consommation en combustible est, selon M. de Villefosse, un tiers moins considérable : elle serait donc de 863866 calories pour 100 de plomb.

A Holywell, on consomme 50 kilog. de houille de qualité médiocre, ou 300000 calories pour 100 kilog. de schlich. Ce schlich rend 70 pour 100 de plomb , cela fait 428571 calories pour 100 kilog. de plomb.

Nous rappelons que les menus cokes, brûlés dans le fourneau à cuve, n'ayant aucune valeur, on n'en tient pas compte (1).

A Lea, la consommation est peu différente ; elle est de 77 kilog. de houille , ou 462000 calo-

----

(1) Il est difficile de croire que la réduction des crasses n'exige pas aussi l'emploi de cokes en morceaux.

22

ries pour 100 kilog. de plomb; mais à ce nombre il faudrait ajouter la consommation du fourneau à manche, sur laquelle nos données sont incertaines, et qui ne peut pas être négligée, puisqu'à Lea on brûle bien positivement du gros coke dans le fourneau à manche. Il conviendra aussi de remarquer que quoique nous ayons assigné à la houille de Lea la même valeur calorifique qu'à celle de Holywell, la première est certainement supérieure.

A Grassington, la consommation en combustible est moindre qu'à Holywell et à Lea.

Résumé.   En résumé, on voit que, pour extraire le plomb de 100 kilogrammes de schlich, on consomme:

	Calories.	Calories.
A Pesey. Dans le four à réverbère. . .	336495	378090
Dans le four à manche. . . .	41595	
A Poullaouen. 1er. procédé. Dans le four à réverbère.	412330	492700
Dans le four à manche . . .	80370	
2e. procédé. Dans le four à réverbère.		259200
En Carinthie. Dans le four à réverbère, à Raibel		868866
Dans d'autres usines.		575910
A Holywell. Dans le four à réverbère.	300000	300000
Dans le four à manche. . . . . . . ?		
A Lea. Dans le four à réverbère. . . .	300000	?
Dans le four à manche. . . . . . . ?		

Pour 100 de plomb, on consomme :

	Calories.	Calories.
A Pesey. Dans le four à réverbère. . .	480707	540128
Dans le four à manche.	59421	
A Poullaouen. 1er. procédé. Dans le four		
à réverbère	792942	947500
Dans le four à manche. . . .	154558	
2e. procédé. Dans le four à		
réverbère	490352	
En Carinthie. Dans le four à réverbère,		
à Raibel.	1295800	
Dans d'autres usines.	863866	
A Holywell. Dans le four à réverbère.	428571	?
Dans le four à manche.	?	
A Lea. Dans le four à réverbère. . .	454545	?
Dans le four à manche.	?	

On voit, d'après ces tableaux, que les quantités de chaleur employées dans les fourneaux à réverbère d'Angleterre et dans celui de Pesey, pour les galènes riches, sont à peu près les mêmes, ou que, s'il y avait avantage d'un côté, ce serait en faveur du traitement anglais. A Poullaouen, la consommation de chaleur dans le four à réverbère est d'environ 76000 calories supérieure à celle de Pesey, pour la réduction d'un quintal métrique de schlich. Cette différence provient sans doute de ce que la proportion des gangues est, dans le schlich de Poullaouen, plus consi-

dérable que dans celui de Pesey. En Carinthie,
la dépense en combustible est énorme : cela peut
tenir à la nature des minérais ou à l'imperfection
du travail, peut-être cela tient-il à ces deux causes
à la fois. Enfin, le procédé viennois est celui qui
exige le moins de chaleur ; mais il ne faut pas
oublier qu'il consomme de la fonte ou du fer
comme réductifs (1).

Il eût été intéressant aussi de comparer les
dépenses de chaleur du fourneau à manche ordinaire et du fourneau à manche anglais ou *slag-
hearth* ; mais nos données sur la consommation
du *slag hearth* sont insuffisantes. Un ouvrier nous

---

(1) La comparaison des combustibles par le nombre de
calories qu'ils peuvent donner nous a paru plus exacte et
devant mener plus facilement à une conclusion que toute
autre ; mais on n'a point encore fait les expériences
nécessaires pour que cette comparaison pût être complète : la chaleur dégagée par un corps en combustion se
dissipe par le courant d'air qui se produit naturellement
et par le rayonnement, le rapport des quantités de chaleur dissipées de l'une et de l'autre manière varie pour
chaque combustible. Il faudrait donc, dans le procédé au
fourneau à réverbère, tenir compte de cette différence
pour le rayonnement qui a lieu sous la grille ; car, dans
ces rapprochemens, nous voulons montrer les quantités
de chaleur employées à produire 100 kilog. de plomb,
abstraction faite de ce qu'elles coûtent.

a assuré à Alston-Moor que pour réduire des
crasses à peu près de même richesse qu'à Pesey,
on ne brûlait que 22 à 24 boisseaux de coke, ce
qui fait environ 19 quintaux pour une tonne ou
20 quintaux de plomb ; disons 1 quintal de coke
par quintal de plomb. Ce résultat serait bien
faible, puisqu'à Pesey on brûle 5^k,90 de charbon, équivalant à peu près à 6^k,73 de coke pour
4,80 kilog. de plomb ; ce qui fait environ 1,50
de coke pour 1 de plomb ; il est possible cependant que les crasses d'Alston-Moor soient plus
fusibles que celles de Pesey.

100 kilog. de schlich sont passés, dans le four
à réverbère à Pesey, en une heure 17 minutes ;

Temps néces-
saire pour
passer 100 ki-
log. de
schlich.

A Poullaouen, lorsque le mélange de schlich
donne 58,60 pour 100 à l'essai et que l'on brûle
du bois sur la grille, en une heure 13 minutes ;
à Poullaouen, par le procédé viennois, en 32
minutes ; à Holywell, en 30 minutes ; à Grassington, en 48 minutes ; à Lea, en 44 minutes.

Nous voyons donc que le travail dans les fourneaux à réverbère du nord de l'Angleterre se fait
bien plus rapidement qu'à Pesey et à Poullaouen.
Le procédé viennois le dispute seul au procédé
de Holywell.

Les schlichs fondus dans ces différentes usines
n'étant pas d'égale richesse, il est évident que la
quantité de plomb produite n'est pas propor-

tionnelle à la quantité de schlich ; mais il sera aisé de la calculer d'après les indications que nous avons données du rendement en métal.

Main-d'œu-vre. En Angleterre, quatre ouvriers seulement sont attachés à un fourneau ; deux travaillent à la fois : ainsi, chaque ouvrier travaille 12 heures par jour. A Poullaouen, huit ouvriers sont attachés à chaque fourneau ; quatre travaillent ensemble par poste de 12 heures. Mais, en Angleterre, les deux ouvriers travaillant 12 heures reçoivent $6\frac{5}{8}$ shellings ou 8 fr. 25, et à Poullaouen, les quatre ouvriers ne reçoivent, par poste de 12 heures, que 4 fr. 35.

Ainsi, dans le travail du plomb comme dans celui du fer, les ouvriers anglais font plus d'ouvrage dans le même temps que les ouvriers français : du reste, le prix de la main-d'œuvre est beaucoup plus élevé en Angleterre qu'en France.

Les ouvriers attachés, à Poullaouen, au fourneau viennois, sont en même nombre que les ouvriers attachés aux autres fourneaux, et ils sont payés de même.

La production de plomb, dans un certain temps, étant plus grande en Angleterre qu'à Poullaouen, par l'un ou l'autre procédé, il est clair que les frais de main-d'œuvre, répartis par tonne de plomb, y sont proportionnellement moindres; mais la différence est bien moins considérable

avec le procédé viennois qu'avec l'autre procédé.

A Pesey, les ouvriers se paient plus cher qu'à
Poullaouen : douze ouvriers y sont attachés à un
four à réverbère (1); mais quatre seulement travaill-
lent ensemble par poste de 16 heures. Ces quatre
ouvriers reçoivent 156 francs par mois ou pour
quinze postes de 16 heures : cela fait 10 fr. 40
par poste de 16 heures, ou 7 fr. 53 pour 12 heures de travail.

Procédé au four à manche ou au demi-haut-fourneau.

Les principales usines où l'on emploie ce procédé sont celles de Vialas et Villefort en France,
Tarnowitz en Silésie, Vedrin en Belgique, du Bleyberg sur les bords du Rhin, et de Clausthal dans
le Hartz. Nous ne parlerons pas du travail du
plomb à Freyberg, parce que les minérais y sont
trop compliqués.

Voici la description sommaire des opérations :
A Vialas et Villefort (2), on grille les schlichs

Description
des opéra-
tions.

---

(1) Ces renseignemens sont extraits d'un mémoire inédit de M. de Villeneuve, ingénieur des mines.

(2) Toutes nos données sur l'usine de Vialas et Villefort

dans un four à réverbère, et on réduit le schlich grillé dans un four à manche, en le mêlant avec différens produits, tels que crasses et litharges.

A Tarnowitz (1), on passe le schlich avec de la fonte de fer, dans un demi-haut-fourneau. On obtient immédiatement du plomb d'œuvre et des mattes, qui ne contiennent pas au delà de $1\frac{1}{2}$ à 2 pour 100 de métal.

A Vedrin (2), les minérais mêlés déjà avec de l'oxide rouge de fer sont passés, avec addition de scories de forges, dans un bas-fourneau, quelques variétés sont auparavant grillées. On obtient immédiatement du plomb et des scories pauvres.

Au Bleyberg (3), près d'Aix-la-Chapelle, le minérai est passé dans un fourneau à manche avec de la chaux éteinte et des scories d'affinerie de fer. Ce mélange produit du plomb et des scories pauvres.

---

sont extraites d'un mémoire publié en 1824 dans les *Annales des Mines* par M. Levallois.

(1) Nous avons consulté, pour le procédé de Tarnowitz, le mémoire qu'a publié sur cette usine M. Manès dans les *Annales des Mines,* 1re. livraison 1826.

(2) Voyez le mémoire de M. Bouesnel sur l'usine de Vedrin, *Journal des Mines,* XXVII, 169.

(3) Voyez *Richesse minérale,* tome III, page 266.

A Clausthal (1), le minérai est d'abord réduit, dans un demi-haut-fourneau, par la fonte de fer. On obtient du plomb et des mattes riches, celles-ci sont grillées et refondues ; on obtient de nouveau plomb d'œuvre et de nouvelles mattes. L'opération se répète ainsi un certain nombre de fois, jusqu'à ce qu'enfin les mattes soient devenues pauvres.

Les minérais de Vialas et Villefort sont des galènes qui, avant d'être grillées, ne donnent, par la voie humide, que 60 pour 100 de plomb. Elles ont pour gangues la chaux carbonatée, la baryte sulfatée, le quarz, la magnésie carbonatée, l'oxide de fer, le fer, le zinc et l'antimoine sulfurés. *Nature et richesse des minérais.*

On traite à Tarnowitz des galènes très riches, qui ne paraissent pas retenir plus de 3 à 4 pour 100 de gangue et des schlichs qui ne produisent que 40 pour 100 : nous ne nous occuperons que du traitement des galènes riches, ce qui nous suffira pour établir nos comparaisons. La gangue de ces minérais est la chaux carbonatée, le fer et le zinc oxidés.

A Vedrin, les minérais sont des mélanges de beaucoup de plomb carbonaté et de plomb sul-

---

(1) Voyez *Richesse minérale,* tome III, page 214.

furé, accompagnés d'ocre rouge, de pyrite de fer et de zinc sulfuré.

Ils ne rendent pas dans le fourneau plus de 32 pour 100, terme moyen.

Les minérais du Bleyberg, disséminés dans un grès récent, ne rendent pas au delà de 32,5 pour 100 à l'essai.

Les minérais traités à Clausthal sont des galènes dont le mélange ne donne en moyenne que de 40 à 42 pour 100 de plomb à l'essai; elles ont pour gangue la chaux carbonatée, la baryte sulfatée, le quarz et le fer spathique.

Perte en plomb.

D'après les relations que nous avons sous les yeux des procédés de Vialas et Villefort et de Vedrin, nous ne voyons aucun moyen d'estimer d'une manière un peu précise la perte fictive en plomb. M. Levallois suppose néanmoins qu'à Vialas et Villefort elle est moindre qu'à Pesey.

Tout porte à croire, dit M. Manès, qu'à Tarnowitz la perte en plomb dépasse de très peu celle qui a lieu dans les meilleures méthodes usitées. La perte réelle ne semble être, dans la fonte riche, que de 13,5 pour 100 du minérai contenant 82, ou de 16 pour 100 du plomb contenu.

Au Bleyberg, les minérais donnent 25 pour 100 dans le fourneau. La perte fictive est donc de 7,5 sur 100 de schlich, ou de 23 pour 100 de plomb contenu.

A Clausthal, d'après M. de Villefosse, la perte sur l'essai ne serait que de 12 pour 100 du plomb contenu après sa conversion en litharges et la revivification de celles·ci. En ne supposant que 5 pour 100 de perte à la coupellation et à la revivification, il resterait 7 pour 100 pour la perte fictive en œuvre; ce qui serait très faible. Ce résultat paraît extraordinaire lorsqu'on songe à la pauvreté du minérai et aux opérations multipliées qu'on lui fait subir ainsi qu'aux produits, avant d'en avoir extrait tout le métal. Les essais, peut-être, auront été très inexacts.

Il serait difficile, d'après ce qui précède, de tirer une conclusion positive sur la perte en plomb dans le traitement des galènes au fourneau à manche. Il n'est pas certain, comme l'ont avancé quelques personnes, qu'elle soit toujours plus grande que dans le four à réverbère.

Comme on fond à Vialas et Villefort les schlichs grillés avec un assez grand nombre d'autres produits, nous n'avons pu estimer la consommation en combustible que d'une manière très approximative. Voici les résultats auxquels nous sommes parvenu. Pour le grillage de 100 kilog., on consomme 40 kilog. de houille (1), représentant

Consommation en combustible.

_____

(1) Quoiqu'il se trouve de très bonnes qualités de houille

240000 calories et 161 kilog. de bois représentant 474100 calories : ainsi, la valeur calorifique du combustible employé dans le grillage serait de 714100 calories.

100 kilog. de schlich en donnent environ 89 de schlich grillé, qui brûlent environ 45 kilog. de charbon de bois dans le fourneau à manche pour leur réduction. Ces 45 kilog. de charbon de bois représentent 317250 calories : d'où la consommation totale en unités de chaleur pour le grillage et la réduction de 100 kilog. de schlich est de 1031350 calories.

En supposant que 100 kilog. de schlich produisent 50 kilog. de plomb marchand, nombre auquel nous sommes parvenu par une série de probabilités, il faudrait 2062700 calories pour 100 kilog. de plomb marchand.

A Tarnowitz, on brûle environ 50 pieds cubes de coke pour réduire 100 quintaux de schlich, qui rend 67 pour 100.

Une tonne (mesure de Silésie) de coke pèse 2 quintaux. Sa capacité est de 7,11 pieds cubes, d'où 1 pied cube pèse 0,28 quintaux et 50 pieds

---

aux environs de Vialas et Villefort, nous devons supposer que l'on n'emploie que les plus médiocres pour le grillage des minérais de plomb : c'est pourquoi nous ne portons leur valeur calorifique qu'à 6000 calories par kilog.

cubes 14 quintaux. Ainsi, on ne brûle, pour traiter 100 kil. de schlich, que 14 kilog. de coke (1), correspondant à 88830 calories : cela fait 132582 calories pour 100 de plomb obtenu.

A Vedrin, on brûle environ 34 kilog. de charbon de bois pour 100 kilog. de minérais mélangés, dont on obtient 32 kilog. de plomb : cela fait 239700 calories pour 100 kilog. de minérais et 749063 calories pour 100 kilog. de plomb. Il faudrait ajouter la quantité de combustible brûlée pour le grillage d'une petite partie des minérais qui exige cette opération. Mais cette quantité de combustible est très faible, et nous ne pouvons en apprécier la valeur calorifique, parce qu'elle consiste en copeaux dont le poids nous est inconnu.

Au Bleyberg, 100 kilog. de schlich dépensent 26,6 kil. de coke (2), dont la valeur calorifique est de 168777 calories, et 3,3 kilog. de charbon de bois, dont la valeur calorifique est de 23265. La consommation totale en unités de chaleur est donc de 192042 pour 100 kilog. de schlich, ou 768168 calories pour 100 de plomb.

---

(1) Nous prenons pour la valeur calorifique du coke de Tarnowitz 6345 calories, qui est celle d'un coke contenant 10 pour 100 de matières terreuses.

(2) *Richesse minérale*, tome III, page 267.

Quelquefois on ne brûle que du charbon de bois résineux, et on en consomme alors 41,50 (1)

---

(1) Il peut paraître alors extraordinaire que pour produire le même effet, on ne brûle que de 26,6 kil. de coke plus 3,3 kilog. de charbon de bois, tandis que la valeur calorifique du charbon de bois est plus grande que celle du coke. Cependant, nous trouvons aussi dans l'ouvrage de M. de Villefosse, lorsqu'il s'agit du traitement des minérais de cuivre, que pour une même quantité de lit de fusion, on brûle, dans un demi-haut-fourneau, 1451 liv. de charbon de bois résineux, ou 1677 liv. de charbon de bois dur, ou, enfin, 1165 liv. de coke. 100 kilog. de mattes provenant de ce traitement sont réduits, soit avec 42 kilog. de charbon de bois, soit avec 26 kilog. de coke ; enfin, nous lisons dans la seconde édition de la *Métallurgie du fer*, de Karsten, que si le coke employé dans un haut-fourneau pour la réduction des minérais de fer produit moins d'effet que le charbon de bois, c'est le contraire lorsqu'on s'en sert dans un fourneau à manche ou dans un fourneau à la Wilkinson, peu élevé, pour refondre de la fonte. M. Karsten a constaté ces résultats par des expériences directes. Dans un fourneau à la Wilkinson, d'une grande hauteur, le rapport devient favorable pour le charbon de bois, dont la consommation est réduite de presque moitié. Cela nous expliquerait aussi pourquoi la consommation en unités de chaleur est moindre en Angleterre dans le *slag-hearth*, où l'on brûle du coke, qu'à Pesey dans le fourneau à manche, où l'on consomme du charbon de bois. Il faudrait enfin en conclure que lorsque le combustible est du charbon de bois, et que les matières que l'on réduit sont réfractaires, les fourneaux à cuve élevés valent mieux que les bas-fourneaux.

A Freyberg, où l'on réduit des minérais d'argent, plomb

kilog., représentant 292575 calories pour 100 kilogrammes de schlich, ou 166 kilog., représentant 1170300 calories pour 100 kilog de plomb.

Quant à la consommation en combustible
dans le traitement du Hartz, nous ne pouvons
l'apprécièr, parce qu'à Clausthal on brûle pour
le grillage de la matte des fagots dont nous ignorons le poids.

Ainsi, en résumé :   Résumé.

Pour 100 kilog. de schlich, on consomme :

	Calories.	Calories.
A Vialas et		
Villefort.. Dans le four à rév. de grill..	714100	} 1031350
Dans le four à manche	317250	
A Tarnowitz.	88830	
A Vedrin.	239700	
Au Bleyberg (Roer)	192042,	
	ou 292575	

---

et cuivre dans des demi-hauts-fourneaux, l'effet d'un certain poids de coke est moindre que celui du même poids de
charbon de bois (V. Mémoire de M. Perdonnet, *Ann. des
Mines,* 5e. liv. de 1827); mais l'avantage du charbon de bois
sur le coke varie suivant la nature des opérations. Ainsi,
il est plus faible dans la fonte de concentration ou fonte
crue (*roh arbeit*) des minérais pauvres, que dans la fonte
des mattes cuivreuses obtenues vers la fin de ce traitement.

Pour 100 kilog. de plomb produit, on consomme :

	Calories.	Calories.
A Vialas et Villefort.. Dans le four de grillage...	1428200	2062700
Dans le four à manche....	634500	
A Tarnowitz.....................	132582	
A Vedrin......................	749063	
Au Bleyberg.	768168,	
	ou 1170300	

A Vialas et Villefort, on consomme considérablement de chaleur, cela tient peut-être au peu de fusibilité des minérais. On a essayé dans cette usine le procédé de Pesey, on n'a pas réussi; mais les expériences paraissent avoir été mal faites. Il serait à désirer qu'on fît de nouvelles tentatives; car il est probable qu'en adoptant le procédé de Pesey on économiserait beaucoup de combustible.

Les consommations à Vedrin et au Bleyberg, pour des minérais pauvres, ne diffèrent pas considérablement. La quantité de chaleur employée dans ces fours à manche est bien moindre que dans les fours à réverbère : c'est un résultat auquel on devait s'attendre, puisque, dans le four à manche, le combustible étant en contact avec la substance à échauffer, il est bien plus facile d'en tirer tout le parti possible; mais il ne faudrait pas croire pour cela que le fourneau à manche procure une grande économie d'argent sur le combustible. Il est très important d'observer que celui-ci ne se vend pas proportionnellement à sa valeur calorifique : ainsi, par exemple, le bois donnant généralement environ de 18 à 20 pour 100 de son poids de charbon, 41,5 kilog. de charbon brûlé au Bleyberg pour 100 de schlich correspondent à 210 kilog. de bois, dont la valeur calorifique est de 618456 calories. Ces 41,5 kilog. de charbon se vendront donc le même prix que 210 kilog. de bois, augmenté des frais de carbonisation.

A Tarnowitz, comme on emploie du fer pour la réduction de la galène, la consommation en combustible est très faible. Remarquons cependant que les 14 kilog. de coke, à 10 pour 100 de cendres, brûlés pour 100 kilog. de schlich, correspondent à 28 kil. de houille à 5 pour 100 de cendres, et de meilleure qualité par conséquent que celle que nous avons supposée servir à Poullaouen : ainsi, en ajoutant à sa valeur celle des frais de carbonisation, on arrivera bien près du prix coûtant des 43,20 kilog. de houille employés à Poullaouen dans le fourneau viennois. Il faut, d'ailleurs, se rappeler que les schlichs de Poullaouen sont bien moins riches que ceux de Tarnowitz.

23

On emploie pour le traitement de 100 kilog. de schlich, à Vialas et Villefort, 3 heures dans le grillage et une heure dans la fonte ; à Vedrin, une heure dans la fonte ; à Tarnowitz, 20 minutes. Nous n'avons pas de données sur la durée du travail au Bleyberg. En supposant qu'à Vialas et Villefort le grillage s'opère en même temps que la fonte, au moyen du nombre de fourneaux nécessaire, il suivrait de ce qui précède que l'on passerait le schlich un peu plus rapidement au four à manche, à Vialas et à Vedrin, qu'au four à réverbère à Pesey et à Poullaouen. Le travail marcherait à Tarnowitz plus vite encore que par aucun des procédés au four à réverbère, y compris même le procédé viennois.

Le nombre d'ouvriers attachés au fourneau à manche à Tarnowitz, et en général à toute espèce de fourneau à manche ou de demi-haut-fourneau, est de trois : ainsi, dans des pays où le prix de la main-d'œuvre sera le même, les frais répartis par tonne de plomb seront proportionnels à la rapidité du travail et à la richesse du minérai ; ils seront par conséquent très faibles à Tarnowitz.

Les ouvriers attachés à un fourneau à manche ont un travail bien moins pénible que les ouvriers qui conduisent un fourneau à réverbère, on peut donc les payer moins : ainsi, à égalité de charge passée dans le même temps, le prix de la main-d'œuvre sera plus élevé dans le procédé au four à réverbère.

Procédés au fourneau écossais.

Le procédé au fourneau écossais n'est aujourd'hui employé que dans le nord de l'Angleterre ; il l'a été à Pesey.

En Angleterre, on grille d'abord le minérai au four à réverbère ; on en sépare une grande partie du plomb, dans un fourneau particulier, par une espèce de liquation, qui s'opère à une basse température, et on refond les crasses dans le slag-hearth. MM. Beaumont et Dufrénoy ont décrit ces opérations avec beaucoup de soin.

Procédé anglais.

On passe au fourneau de grillage trois charges de 8 quint. en 24 heures, et on brûle 3 quintaux de houille pour ces 24 quintaux de schlich ; ce qui fait environ 12 kilog. pour 100 kilog. de schlich.

Le minérai grillé donne, dans le fourneau écossais, 66 pour 100 de plomb, et ne brûle qu'une quantité extrèmement faible de combustible. Lorsque l'opération est en bon train, on obtient 1 quintal anglais de plomb toutes les demi-heures : on passe donc 1 quintal de schlich en 20 minutes ou 100 kilog. en 40 minutes.

23.

Nous n'avons aucune notion exacte de la perte en plomb.

Ce traitement paraît présenter quelques avantages, surtout sous le rapport de la consommation en combustible. Le traitement écossais, aujourd'hui abandonné à Pesey, en diffère essentiellement.

Procédé de Pesey.

La perte en plomb par le traitement de Pesey était de 5 pour 100 de schlichs plus grande que par le procédé au four à réverbère.

La consommation en combustible pour 114 kilog. de schlich grillé, provenant de 100 kilog. de schlich brut, était de 42,5 kilog. de charbon de bois et 8,12 kilog. de bois dans le fourneau écossais, et on brûlait encore 15,5 kilog. de charbon de bois pour refondre, dans le fourneau à manche, 18 kilog. de crasses qui en résultaient. La consommation totale en combustible pour la réduction de 100 kilog. de schlich, non compris le combustible du grillage, était donc de 58 kilog. de charbon de bois et 8,12 kilog. de bois; ce qui est déjà plus qu'au Bleyberg et à Vedrin, où l'on fond au fourneau à manche des minérais beaucoup plus pauvres qu'à Pesey.

Enfin, il fallait environ 4 heures pour obtenir 100 de plomb dans le fourneau écossais.

On trouvera plus de détails sur cette comparaison du fourneau écossais de Pesey et du fourneau à réverbère dans le Mémoire de M. Puvis, inséré dans les *Annales des Mines* de 1817.

CONCLUSION.

De tous les procédés suivis pour la réduction de la galène, celui dans lequel on se sert de fer ou de fonte, soit qu'on emploie le four à réverbère ou le four à manche, est le plus économique sous le double rapport de la consommation en combustible et des frais de main-d'œuvre. La perte en plomb par ce procédé ne paraît pas dépasser celle qui a lieu par les meilleures méthodes usitées, peut-être même est-elle moindre dans le procédé viennois; mais l'addition de fer entraîne dans une dépense qui peut compenser entièrement les économies que l'on a faites d'autre part.

Les minérais de Tarnowitz étant plus riches que ceux de Poullaouen et de nature différente, il est difficile d'établir un parallèle entre le procédé viennois et celui de Tarnowitz. Il paraîtrait toutefois que la dépense en combustible est un peu moins considérable à Tarnowitz et la rapidité avec laquelle passent les charges un peu plus grande; mais, à Tarnowitz, il y a en plus la dépense de la soufflerie.

La perte en plomb et la dépense en combus-

tible dans les mines du nord de l'Angleterre ne
paraissent pas dépasser celles qui ont lieu dans
les usines les mieux conduites du continent,
peut-être même la dépense en combustible est-
elle moindre dans les usines d'Angleterre.

Les procédés anglais se distinguent surtout
par l'extrême rapidité du travail; ce qui diminue
les frais de main-d'œuvre.

Le procédé au four à manche ou au demi-haut-
fourneau ne paraît pas en général beaucoup plus
économique que le procédé au four à réverbère,
si ce n'est peut-être dans quelques circonstances
très particulières. La dépense en argent pour le
combustible, par cette méthode, paraît plus considérable, et l'on a des frais de soufflerie que
l'on évite avec le four à réverbère ; il est possible
cependant que le fourneau à manche convienne
mieux aux minérais très pauvres.

Quant au procédé au four écossais, il paraîtrait que, tel qu'il est pratiqué en Angleterre, il
peut lutter, pour le traitement de certains minérais, avec le travail au four à réverbère.

ANALYSE

DE QUELQUES PRODUITS DES USINES A PLOMB D'ANGLE-
TERRE; PRÉPARATION DE DIVERSES COMBINAISONS
SALINES ET FUSIBLES;

Par M. P. BERTHIER.

MM. Coste et Perdonnet ayant déposé à l'École
des mines une très belle collection métallurgique
relative au traitement des minérais de plomb
qu'ils ont recueillie dans le voyage qu'ils viennent de faire en Angleterre, je me suis empressé
d'examiner cette collection pour la comparer
à celles qui proviennent des usines du continent. Je vais faire connaître la composition des
produits qui m'ont présenté quelque chose de
particulier. Comme parmi ces produits il y en a
quelques uns qui sont très fusibles, et qui renferment des élémens qu'on n'avait pas encore
rencontrés combinés entre eux, j'ai été conduit,
pour me rendre compte de leur fusibilité, à faire
un assez grand nombre d'expériences synthéti-
ques sur les combinaisons des fluorures, chlorures et sulfures avec différens sels : je décrirai som-
mairement ces expériences, qui, indépendamment de l'intérêt scientifique qu'elles me sem-

blent offrir, pourront contribuer à perfectionner
la métallurgie et la docimasie.

Le minérai d'Alston - Moor est de la galène
mêlée d'un peu de blende et de carbonate de
plomb. Après qu'on l'a grillé, on le fond au fourneau écossais, et l'on repasse au fourneau à
manche les crasses qui proviennent de ce premier
travail. Les scories qui s'écoulent de ce fourneau sont compactes, d'un noir métalloïde comme
les scories de forges, homogènes, grenues, à
grains fins cristallins et brillans, très fortement
magnétiques. L'acide muriatique les attaque très
facilement. Elles sont composées de :

Silice 0,285
Protoxide de fer . . 0,250
Chaux 0,240
Oxide de zinc. . . . 0,106
Alumine. 0,070
Oxide de plomb. . . 0,030
Magnésie. . . . . . trace.

0,981.

Elles fondent très bien au creuset brasqué avec
addition de 0,16 de quarz, et produisent un verre
transparent, de couleur un peu enfumée, recouvert de grosses grenailles de fonte.

A Alston-Moor, on fait passer les fumées de
tous les fourneaux dans une longue cheminée,

sur les parois de laquelle les poussières et toutes les matières condensables se déposent. On recueille ces matières de temps à autre ; à l'entrée de la cheminée, près des fourneaux, elles sont fortement agglomérées, et forment des masses criblées de cavités arrondies, très pesantes, à cassure unie, mate, d'un gris clair nuancé de jaunâtre et de rougeâtre. Elles sont composées de :

Sulfate de plomb.	0,656
Oxide de plomb.	0,102
Oxide de zinc.	0,138
Oxide de fer	0,034
Silice et alumine.	0,056
Sulfure de plomb.	0,014

1,000.

Elles ont dû être dans un état de mollesse voisin de la liquidité.

Il se forme un composé analogue à l'entrée des cheminées des fourneaux à reverbère de Conflans en Savoie, dans lesquels on traite de la galène à peu près pure. Un échantillon, recueilli il y a deux ans, et qui était compacte, jaunâtre, opaque et à cassure unie un peu luisante, a donné, à l'analyse :

Sulfate de plomb.	0,390
Oxide de plomb.	0,426 } 0,990.
Silice, alumine, chaux, oxide de fer.	0,174

Le sulfate de plomb provient du sulfure volatilisé, qui se brûle dans l'air. Ce sulfate ne se
fondrait pas dans les cheminées s'il était pur, car
la chaleur blanche est à peine suffisante pour le
ramollir; mais sa fusion est, sans aucun doute,
déterminée dans cette circonstance par son mélange avec l'oxide de plomb. En effet, j'ai trouvé,
par expérience, qu'il ne faut qu'une très petite
quantité de cet oxide pour donner une très grande
fusibilité au sulfate de plomb. J'ai essayé les mélanges suivans :

Sulf. de plomb.	37g,91—2at.	37g,98—4at.	37g,91—8at.
Litharge. . . .	13 ,95—1	6 ,91—1	3 ,49—1
	51 ,86	44 ,89	41 ,40

Ils sont devenus tous les trois aussi liquides que
de l'eau au blanc naissant, et ils ont produit
des émaux blancs, translucides, à cassure plus
ou moins cristalline ; l'émail du premier mélange avait une structure décidément fibreuse,
et l'on voyait même dans les cavités quelques
petits cristaux transparens. Lorsqu'on emploie
la litharge dans la proportion de 1 at. 27,89 pour
1 at. de sulfate de plomb 37,91, il se forme un
sous-sulfate extrêmement fusible, incolore, et qui
a une grande tendance à cristalliser; de telle sorte
que quand on le fait refroidir avec les précau-

tions convenables, il offre de grands cristaux prismatiques incolores et transparens. Pour peu que
l'on augmente la proportion de litharge, la matière se colore en jaune serin ou en jaune paille.

Le minérai de Redruth est une galène riche Redruth en Cornouailles.
en argent, qui rend, à l'essai sur les usines, 0,70 à
0,72 de plomb. On grille ce minérai pendant
douze heures dans un four à réverbère, par
charges de 12 quintaux; puis on le transporte
dans un autre four à réverbère, où l'on achève
de le griller pour en extraire le plomb, en y
ajoutant quelques fondans. Les scories sont reje-
tées. Un échantillon de ces scories, provenant
d'une opération dans laquelle on n'avait probablement pas ajouté de fluate de chaux, a été trouvé composé de :

Silice 0,350
Protoxide de fer . . 0,225
Chaux 0,190
Oxide de plomb . . 0,120
Oxide de zinc . . . 0,060
Alumine 0,035
Soufre et charbon. trace.
—————
0,980.

Cette scorie était compacte, d'un noir légèrement
métalloïde, à cassure grenue un peu écailleuse
ou lamelleuse, et magnétique : elle ressemblait à

un basalte. Essayée avec quatre parties de flux noir, qui sont nécessaires pour obtenir une bonne fusion, elle a produit 0,08 de plomb métallique.

On recueille à l'entrée des cheminées des fours à réverbère de fusion une matière compacte, mamelonnée, vitreuse, opaque et d'un jaune brun de résine, qui est composée de :

$$
\begin{array}{ll}
\text{Silice.} \dots \dots & 0,206 \\
\text{Oxide de plomb..} & 0,712 \\
\text{Alumine.} \dots \dots & 0,074 \\
\text{Chaux.} \dots \dots & 0,002 \\
\text{Oxide de fer.} \dots & \text{trace.} \\
\hline
& 0,994.
\end{array}
$$

Cette matière est évidemment produite par l'action qu'exercent sur les briques les fumées de plomb qui tapissent la cheminée, et qui se fondent et coulent le long des parois dans les instans où l'on donne de forts coups de feu.

Grassington, près Skipton, en Yorkshire. A Grassington, les minérais que l'on traite sont des mélanges de galène et de carbonate de plomb, qui ont pour gangues ordinaires du carbonate de chaux et du sulfate de baryte. On en fond 18 quintaux à la fois dans un four à réverbère, tantôt avec addition, tantôt sans addition de spath-fluor; on procède par grillages et coups de feu alternatifs : après chaque grillage, on brasse le minérai avec de la houille menue ou du frasil de coke. On repousse les scories vers l'autel et on dessèche le bain de plomb avec de la chaux. Quand on ajoute du spath-fluor, les scories entrent en pleine fusion ; quand on n'en ajoute pas ou qu'on n'en ajoute que très peu, elles s'agglomèrent, mais ne fondent pas : alors elles sont d'un blond pâle, un peu poreuses, tellement tendres qu'elles tachent les doigts, et elles contiennent beaucoup de petites grenailles de plomb. On les repasse au fourneau à manche. Un échantillon de ces dernières scories a été trouvé composé de :

Fluorure de calcium.	0,015	ou fluorure de calcium.	0,015
Baryte	0,335	sulfate de baryte...	0,510
Chaux	0,045	sulfate de chaux . .	0,106
Plomb en partie oxi-		plomb en partie oxi-	
dé..	0,340	dé.	0,340
Oxide de fer	0,030	oxide de fer.	0,030
Acide sulfurique....	0,235		
	1,000		1,001

Fondues avec deux parties de flux noir, elles deviennent extrêmement fluides, et elles rendent 0,24 à 0,25 de plomb métallique.

On distingue à Lea deux sortes de minérais, savoir : de la galène pure et de la galène mêlée de Lea, près Matloc en Derbyshire.

carbonate de plomb et de sulfate de baryte. On
a trouvé dans un échantillon de ce dernier minérai :

$$
\begin{array}{ll}
\text{Galène.. . ...} & \text{0,55} \\
\text{Carbonate de plomb. .} & \text{0,23} \\
\text{Sulfate de baryte. . . .} & \text{0,19} \\
\text{Argile.. . .. .} & \text{0,03} \\
\hline
& \text{1,00}
\end{array}
$$

Il est probable qu'on ne cherche pas à en séparer le sulfate de baryte par le lavage, de peur
de perdre du carbonate de plomb.

On mélange ces deux minérais ensemble à peu
près à parties égales, et on en traite 16 quint. à la
fois au four à réverbère. On grille d'abord pendant deux ou trois heures : cette opération produit beaucoup de plomb, qui résulte de la réaction du carbonate de plomb sur la galène; on
ajoute au minérai grillé neuf pelletées d'un fondant composé de spath-fluor et de spath calcaire
dans la proportion d'environ

$$
\left.
\begin{array}{ll}
\text{Spath—fluor lamellaire. . .} & \text{0,75} \\
\text{Spath calcaire lamellaire..} & \text{0,25}
\end{array}
\right\} \ \text{1,00.}
$$

On donne un coup de feu, et l'on fait écouler
le plomb métallique et les scories fusibles ; il
reste sur la sole d'autres scories molles, mais qui

ne se liquéfient pas tout à fait ; on les sèche avec
de la chaux, puis on les retire du fourneau et on
les fond au fourneau à manche avec du minérai
pauvre, etc. Quant aux scories fusibles, on les
rejette comme trop pauvres pour qu'elles méri-
tent d'être passées au fourneau à manche. Deux
échantillons de scories fusibles, rapportés l'un
par M. Dufrénoy et l'autre par MM. Coste et
Perdonnet, ont été trouvés composés de :

Fluorure de calcium......	0,160 —	0,136
Baryte.................	0,164 —	0,197
Chaux.................	0,178 —	0,225
Oxide de plomb.........	0,159 —	0,066
Oxide de fer......... ⎰	⎱ —	0,020
Oxide de zinc........ ⎰ 0,045 ⎱	—	0,020
Acide sulfurique........	0,278 —	0,320
Acide carbonique et perte ..	0,016 —	0,016
	1,000 —	1,000

ou Fluorure de calcium......	0,160 —	0,136
Sulfate de baryte........	0,250 —	0,300
Sulfate de chaux.........	0,225 —	0,330
Sulfate de plomb........	0,220 —	0,090
Oxide de fer......... ⎰	⎱ —	0,020
Oxide de zinc.......... ⎰ 0,045 ⎱	—	0,020
Chaux...............	0,080 —	0,088
Acide carbonique et perte....	0,020 —	0,016
	1,000 —	1,000

Ces scories sont compactes, d'un gris très clair, un peu jaunâtre, luisantes dans l'intérieur des bulles, à cassure grenue et mate : elles sont quelquefois mélangées de très petites parcelles de mattes. Lorsqu'on les traite par l'acide nitrique, il se dissout du sulfate de chaux, du fluate de chaux, du fer, du zinc et un peu de plomb, et le résidu se compose de sulfate de baryte, de sulfate de plomb et de fluate de chaux.

Pour en faire l'analyse, on les a chauffées au creuset d'argent avec deux parties de carbonate de soude et une demi-partie de nitre ; le mélange s'est fondu avec une grande facilité, et il est devenu parfaitement liquide ; on a délayé la matière dans l'eau et filtré ; on a précipité l'acide fluorique et l'acide sulfurique contenus dans la liqueur, le premier par un sel de chaux et le second par un sel de baryte, on n'y a jamais trouvé que très peu d'acide fluorique ; la presque totalité du fluate de chaux résiste à l'action décomposée du carbonate alcalin, et se retrouve dans la partie insoluble. On a traité celle-ci par l'acide acétique, en ayant soin de chasser l'excès d'acide par une évaporation ménagée, et il est resté du fluate de chaux pur, ou légèrement coloré en rouge par un peu de fer. Quant à la dissolution acétique, qui contenait la baryte, le plomb, le fer, le zinc et de la chaux, on a suivi deux procédés pour l'analyser:

1°. on en a précipité toute la baryte et tout le plomb par l'acide sulfurique, on a dosé les deux sulfates ensemble, et on en a séparé ensuite le sulfate de plomb au moyen de la potasse caustique liquide, puis on a précipité le fer par l'ammoniaque en excès, le zinc par un hydrosulfate et la chaux par un oxalate ; 2°. on a précipité le plomb, le fer et le zinc par un hydrosulfate, la baryte par l'acide sulfurique, et la chaux par un oxalate, en ayant soin de saturer la liqueur d'ammoniaque; on a repris le précipité métallique par l'acide nitrique faible, précipité le plomb par l'acide sulfurique, etc.

Si l'on supposait que l'oxide de plomb fût libre dans ces scories, elles renfermeraient, la première, 0,315 de sulfate de chaux et 0,038 de chaux libre, et la seconde 0,370 de sulfate de chaux et 0,072 de chaux libre.

Les scories non fondues, qui restent sur la sole du four à réverbère, ne sont pas homogènes. La substance dominante est d'un gris clair et mate comme la scorie fusible; mais elle est sensiblement poreuse et mélangée de parties blanches terreuses mates, qui paraissent être de la chaux, et de beaucoup de parties lamelleuses brillantes, qui ont tous les caractères de la galène. Elles sont sensiblement magnétiques : quand on les traite par l'acide acétique, il y a une très

légère effervescence, due au dégagement d'un peu
d'acide carbonique, et il se dissout de la chaux
et un peu de sulfate de chaux à froid ; si l'on fait
bouillir, il se dissout de la chaux, du zinc, et du
fer qui se trouve dans la liqueur à l'état de protoxide, du moins pour la plus grande partie : le
résidu est noir ; en le traitant par l'acide nitrique
à une douce chaleur, il se dissout beaucoup de
plomb, du fer, du zinc, de la chaux, et il reste
un mélange de sulfate de baryte, de sulfate de
plomb, et de fluate de chaux, qui contient en
outre un peu de soufre. On a fait l'analyse de ces
scories, en les fondant au creuset d'argent avec
deux parties de carbonate de soude et une partie de nitre, etc.

Deux échantillons, l'un contenant beaucoup
de galène et l'autre pur, ont donné les résultats
suivans :

Fluorure de calcium	0,072 —	0,085
Baryte.	0,144 —	0,160
Chaux.	0,147 —	0,170
Oxide de plomb.	0,088 —	0,220
Plomb métallique.	0,152 —	0,017
Oxide de fer.	0,154 —	0,055
Oxide de zinc.	0,072 —	0,080
Oxide de cadmium.	trace. —	trace.
Acide sulfurique.	0,117 —	0,199
Soufre.	0,024 —	0,003
Acide carbonique et perte.	0,030 —	0,011
	1,000 —	1,000

Fluorure de calcium.....	0,072 —	0,085
Sulfate de baryte.	0,220 —	0,244
Sulfate de chaux	0,016 —	0,056
Sulfate de plomb.	0,120 —	0,300
Oxide de fer.	0,154 —	0,056
Oxide de zinc.	0,072 —	0,080
Oxide de cadmium.	trace. —	trace.
Chaux.	0,140 —	0,147
Galène.	0,176 —	0,020
Acide carbonique et perte.	0,030 —	0,012
	1,000 —	1,000

Ces scories fondent très bien avec deux parties de flux noir, et produisent 0,20 à 0,21 de plomb ductile.

Si l'on admettait que l'acide sulfurique s'y trouve combiné avec la chaux, elles renfermeraient, la première, 0,106 de sulfate de chaux et 0,103 de chaux, et la seconde 0,186 de sulfate de chaux et 0,093 de chaux libre.

Les scories non fondues diffèrent des scories fondues, principalement en ce qu'elles renferment moins de fluorure de calcium et plus de chaux libre que celles-ci : il paraît évident, d'après cela, que c'est le fluorure de calcium qui fait l'office de fondant, tandis qu'au contraire la chaux caustique s'oppose à la fusion. L'addition du fluorure de calcium a pour effet essentiel de séparer la plus grande partie du sulfate de ba-

24.

ryte ; l'addition de la chaux en certaine dose a pour effet de décomposer le sulfate de plomb, qui, sans cette addition, entrerait en combinaison dans la scorie, et serait par là en grande partie soustrait à l'action réduisante de la galène ou du charbon ; et comme pour atteindre ce but il paraît nécessaire d'employer un excès de chaux, il en résulte que les scories qui se forment dans le four à réverbère se partagent en deux parties : l'une, fusible, qui se sépare par liquation, en entraînant une certaine quantité de sulfate de plomb, et l'autre, pâteuse, mais non coulante, qu'on peut considérer comme un mélange d'oxide de plomb, de chaux, de matte et d'oxides de fer et de zinc, imbibés de scorie fusible.

Spath-fluor et sels. Pour apprécier la capacité fondante du fluorure de calcium, après m'être assuré que les sulfates de baryte, de chaux et de plomb ne forment point entre eux de combinaisons fusibles, et que même les deux premiers sulfates ne se fondent pas avec le sous-sulfate de plomb, j'ai fait les expériences suivantes.

J'ai chauffé graduellement jusqu'à 50° pyrométriques environ :

Spath-fluor.	9g,87—1at.	19g,74—2at.
Sulfate de baryte. . .	29 ,16—1	29 ,16—1
	39 ,03	48 ,90

Le premier mélange s'est fondu, mais sans devenir parfaitement liquide. La matière, refroidie, était boursouflée dans quelques parties, à cassure grenue cristalline; les parois des cavités étaient polyédriques, et l'on apercevait çà et là quelques petits cristaux prismatiques.

Le second mélange s'est complétement liquéfié et a produit une matière compacte, à cassure légèrement cristalline, un peu translucide; mais elle ne présentait aucun indice de cristaux.

J'ai chauffé comme ci-dessus.

Spath-fluor...	19g,74—2at.	9g,87—1at.	4g,93—1at.	2g,47—1at.
Sulf. de chaux calciné.....	17 ,14—1	17 ,14—1	17 ,14—2	17 ,14—4
	36 ,88	27 ,01	22 ,07	19 ,61

Les trois premiers mélanges se sont complétement fondus, mais le second beaucoup plus facilement que les deux autres. La matière provenant du premier mélange était compacte, à cassure inégale, et ne présentant que de faibles indices de cristallisation. La matière provenant du second mélange était d'un blanc un peu nacré, translucide, cristalline, composée de grandes lames entrecroisées en divers sens, et il y avait dans les cavités quelques cristaux dont on aurait pu mesurer les angles. La matière provenant du troisième mélange était compacte, sans bulles, blanche, légèrement translucide, à cassure grenue lamellaire, à lames très éclatantes.

Le quatrième mélange n'est pas entré en pleine fusion, mais il s'est fortement ramolli. La matière était très bulleuse, blanche, opaque, à cassure grenue, à grains très fins ; la surface intérieure des bulles était polyédrique.

On a soumis à la même chaleur que les essais précédens trois mélanges de spath-fluor et de sulfate de plomb, savoir :

Spath-fluor. . .   9g,87—1at.   4g,98— 1at.   4g,98—1at.
Sulf. de plomb. 37 ,91—1   37 ,91—2   75 ,82—4

          47 ,78   42 ,89   80 ,80

Le premier mélange, composé de

    Spath-fluor 0,210
    Sulfate de plomb. . . 0,790,

s'est fondu avec la plus grande facilité, et est devenu liquide comme de l'eau. La matière était compacte, à cassure pierreuse, inégale, un peu luisante, opaque, ne présentant aucun indice de cristallisation.

Le second mélange, composé de

    Spath-fluor 0,116
    Sulfate de plomb. . . 0,884,

s'est fondu aussi facilement que le précédent et a acquis la même liquidité : la matière était compacte, pierreuse, d'un blanc un peu jaunâtre.

Le troisième mélange s'est fondu, mais sans prendre une liquidité complète. La matière était remplie de petites bulles, ce qui lui donnait l'apparence d'une pierre-ponce grenue et s'égrenant sous l'ongle, un peu jaunâtre et n'offrant aucun indice de cristallisation.

Lorsqu'on ajoute de la chaux ou du carbonate de chaux à un mélange de spath-fluor et de sulfate de plomb, ce sulfate est décomposé, du moins en partie, et il se forme un composé fusible de spath-fluor et de sulfate de chaux mêlé de litharge. En effet

$$
\begin{array}{llll}
1 \text{ at. de spath-fluor.} & \ldots & 9^g,87 & - & 0,181 \\
1 \text{ at. de sulfate de plomb..} & 37,91 & - & 0,690 \\
1 \text{ at. de chaux.} & \ldots & 7,12 & - & 0,129 \\
\hline
& 54,90 & & 1,000 \\
\end{array}
$$

sont promptement devenus très fluides, et la matière était d'un gris pâle, lamelleuse, cristalline dans la plus grande partie de sa masse ; mais le fond du culot était jaune, ce qui annonce qu'il s'y était accumulé de la litharge.

On vient de voir que les sulfates de baryte, de chaux et de plomb se fondent très bien, chacun séparément, avec le spath-fluor : lorsque ces trois sulfates sont réunis, ils forment avec cette substance des composés, qui se fondent encore plus facilement. Un mélange formé de

Spath-fluor.	0,20
Sulfate de baryte. .	0,25
Sulf. de chaux cal- ciné.	0,30
Sulfate de plomb. .	0,25
	1,00

a pris une liquidité parfaite à la chaleur blanche naissante. La matière, refroidie, était compacte, à cassure inégale, presque unie, mate, blanche et opaque : elle ressemblait parfaitement aux scories fusibles de Lea ; aussi s'en rapproche-t-elle beaucoup par sa composition. Cette matière, fondue avec deux parties de flux noir, ne produit que 0,035 de métal ; mais en y ajoutant en même temps 0,10 de limaille de fer, on peut en extraire 0,14 à 0,15 de plomb, et la scorie, qui se fond aisément, est compacte, à cassure grenue et mêlée, et coloriée en brun noir par du sulfure de fer.

Le spath-fluor, formant avec les sels infusibles beaucoup de combinaisons fusibles, il était aisé de prévoir qu'il se fondrait très-facilement avec les sels fusibles par eux-mêmes ; c'est effective-

ment ce que l'on a vérifié par les expériences suivantes : les essais au chalumeau apprennent d'ailleurs qu'il produit des verres avec le borax et
avec le phosphate de soude.

Spath-fluor. . . . . 198,74—1at.   198,74—2at.
Sulfate de soude anhydre... 35 ,48—1   17 ,84—1
                            ‾‾‾‾‾‾‾‾   ‾‾‾‾‾‾‾‾
                            55 ,22   37 ,58

se sont complétement fondus à la chaleur blanche. Le premier mélange est devenu entièrement
fluide ; la matière a pris un très grand retrait en
se refroidissant; elle était compacte, à cassure
grenue, cristalline et fortement translucide. Le
second mélange n'est pas devenu aussi liquide
que le premier. La matière, refroidie, ressemblait à la précédente, mais elle était plus tenace
et plus dure.

        3at. de spath-fluor. . . 298,61
        1   de borax fondu... 25 ,25
                                ‾‾‾‾‾‾‾
                                54 ,86

se sont fondus sans bouillonnement ni boursou-
flement à la chaleur blanche, et sont devenus
bien liquides, quoiqu'un peu pâteux. La matière,
refroidie, était compacte, à cassure écailleuse,
luisante, présentant beaucoup de petites lamelles

fortement translucides ; elle ressemblait à un grès lustré.

Chlorures et sels. La propriété fondante du spath-fluor, et l'action bien connue du chlorure de calcium sur les sulfates de baryte et de strontiane m'ont donné l'idée d'examiner la manière dont se comportent différens chlorures avec les sulfates.

1 at. de chlorure de sodium. . . 14^g,67
1 at. de sulfate de baryte. . ... 29 ,16

_____

43 ,83

ou 1 at. de chlorure de barium.... 25^g,99
1 at. de sulfate de soude. . ... 17 ,84

_____

43 ,83

deviennent promptement extrêmement liquides, et produisent une matière compacte, homogène, un peu translucide, à cassure inégale et cristalline, et présentant même dans les cavités quelques indices de cristaux réguliers.

1 at. de chlorure de sodium.. . . 14^g,67
1 at. de sulfate de plomb. . . . . 37 ,91

_____

52 ,58

ou 1 at. de chlorure de plomb.... 34^g,74
1 at. de sulfate de soude.. . . . . 18 ,17

_____

52, 91

se fondent complétement au rouge sombre. Le mélange bouillonne continuellement, et répand ɡdans l'air une fumée blanche très épaisse de chlorure de plomb. La matière, refroidie, est compacte, grise, faiblement translucide et à cassure écailleuse.

Deux mélanges de chlorure de barium et de sulfate de baryte, faits comme il suit, sont devenus liquides comme de l'eau au blanc naissant.

Chlorure de barium.	25g,99 — 1 at.	25g,99 — 1at.
Sulfate de baryte...	29 ,16 — 1	58 ,32 — 2
	————	————
	55 ,15	84 ,31

La matière provenant du premier mélange était compacte, blanche, fortement translucide, à cassure lamelleuse, cristalline. La matière provenant du second mélange ressemblait parfaitement à un marbre blanc salin.

1 at. de chlorure de calcium............	13g,97
1 at. de sulfate de chaux anhydre.......	34 ,28
	————
	48 ,25

se sont fondus en pâte bien liquide à chaleur blanche. La matière, refroidie, était compacte, translucide, et même transparente dans quelques parties, à cassure très cristalline, et elle renfermait de petits cristaux prismatiques dans les cavités. Elle tombait promptement en déliquescence à l'air.

J'ai essayé deux mélanges de chlorure de barium et de sulfate de plomb, savoir :

Chlorure de barium.. 25g,99—1at.   12g,99—1at.
Sulfate de plomb. . . 37 ,91—1   37 ,91—2

           63 ,90   50 ,90

ou Chlorure de plomb.. 34g,74—1at. 17g,37—1at.
Sulfate de baryte..,.. 29 ,16—1   14 ,58—1
Sulfate de plomb.... .. .. 18 ,95—1

           63 ,90   50 ,90.

Les deux mélanges se sont fortement ramollis sans se fondre complétement, et ont produit un émail blanc, très bulleux, translucide et à cassure grenue. Il y a eu pendant tout le temps qu'a duré l'opération une volatilisation très considérable de chlorure de plomb.

Les trois essais qui suivent font voir qu'il ne faut qu'une très petite quantité de chlorure de plomb pour faire fondre le sulfate du même métal. On a chauffé graduellement

Sulf. de plomb.. 37g,91—1at. 37g,91—2at. 37g,91—1at.
Chlor. de plomb. 34 ,74—1   17 ,37—1   8 ,69

      77 ,65   55 ,28   46 ,60.

Les trois mélanges se sont fondus avec la plus grande facilité et ont pris une liquidité parfaite : pendant l'opération, il s'est volatilisé beaucoup de chlorure de plomb, qui donnait à la flamme du foyer une couleur blanche livide. La matière provenant du premier mélange formait un émail blanc, un peu bulleux, à structure cristalline, et contenait des cristaux aciculaires, transparens dans les cavités. La matière provenant des deux derniers mélanges avait une structure peu cristalline et sa cassure était presque unie.

On a vu qu'à Lea les crasses infusibles qui restent dans le four à réverbère après la dernière coulée sont riches en plomb, et qu'elles sont traitées, au fourneau à manche, avec des minérais pauvres, etc. Il résulte de ce traitement des scories coulantes, et qui sont compactes, d'un noir brun, à cassure grenue et mate. Ces scories fondent très bien avec deux parties de flux noir, mais sans donner la plus petite trace de plomb : elles sont attaquables, mais incomplétement, par l'acide acétique, avec dégagement d'hydrogène sulfuré ; l'acide dissout beaucoup de baryte et de chaux et un peu de fer et de zinc. L'acide muriatique concentré les attaque complétement et laisse un résidu gélatineux, qui se compose de silice et de fluate de chaux, substances qu'on peut séparer l'une de l'autre au

Scories de Lea.

moyen de la potasse caustique liquide. Pour faire l'analyse complète de ces scories, on a employé d'une part l'action de l'acide muriatique, et d'un autre côté, pour vérification, l'action du carbonate de soude et du nitre par voie sèche, comme pour les scories du four à réverbère. Le résultat a été

Fluorure de calcium...	0,154
Silice.	0,130
Baryte	0,300
Chaux.	0,185
Protoxide de fer.	0,145
Oxide de zinc.	0,025
Plomb.	0,010
Alumine.	0,020
Oxide de manganèse.	trace.
Soufre.	0,070

$$1,019.$$

Ces produits immédiats ne sont pas ceux qui existent dans la scorie, une partie de chaque terre et de chaque métal doit s'y trouver non à l'état d'oxide, mais à l'état de sulfure; en sorte que la combinaison doit être formée de sulfures, de fluorures et de silicates. N'ayant aucune donnée qui puisse guider dans le partage qu'il y aurait à faire de l'oxigène et du soufre entre les divers métaux, je me bornerai à indiquer que les 0,300 de baryte équivalent à 0,331 de sulfure de barium, qui contiennent 0,063 de soufre, et que les 0,145 de protoxide de fer équivalent à 0,183 de protosulfure, qui contiennent 0,068 de soufre : d'où il suit que le barium ou le fer est à peu près suffisant pour saturer tout le soufre qui entre dans la composition de la scorie.

On obtient un composé fort analogue à la scorie des fourneaux à manche de Lea, en chauffant ensemble :

> 15 de spath-fluor,
> 15 de sable quarzeux,
> 34 de sulfure de barium,
> 15 de chaux,
> 15 de battitures de fer,
> 6 d'oxide de zinc.
> ——————
> 100

Le mélange fond en pâte molle, à la chaleur de 50 à 60 degrés pyrométriques, et produit une masse homogène, compacte, d'un noir foncé non métalloïde, un peu bulleuse, à bulles luisantes, et renfermant quelques petits cristaux, à cassure unie et un peu luisante.

Les sulfures alcalins peuvent donc se combiner par la voie sèche avec les fluosilicates.

Il résulte de tout ce qui précède et de ce que j'ai déjà fait connaître dans un autre mémoire (*Annales des Mines,* tome V, page 95), que les

fluorures, les chlorures et même les sulfures forment avec plusieurs sels des combinaisons très
fusibles. Ces combinaisons sont en général très
faibles, puisque l'eau les décompose complète-
ment quand l'un des principes élémentaires est
soluble. On trouve dans la nature des composés
analogues, la topaze, la picnite, certains micas,
l'apatite, le chlorophosphate et le chloro-arsé-
niate de plomb; mais quelques uns sont infusibles.

Sulfures et sels. — Je citerai encore l'exemple suivant de combinaison d'un sulfure avec un sel :

$$
\begin{array}{lr}
\text{1 at. de sulfure de barium.} & 21\text{g,}16 \\
\text{1 at. de sulfate de soude anhydre.} & 17 ,84 \\
\hline
 & 39 ,00 \quad \text{équivalant} \\
\end{array}
$$

$$
\begin{array}{lr}
\text{à 1 at. de sulfure de . . . sodium..} & 9\text{g,}84 \\
\text{1 at. de sulfate de baryte... . . . .} & 29 ,16 \\
\hline
 & 37 ,00 \\
\end{array}
$$

se fondent, à la chaleur blanche, en v J pâte
bien liquide. La matière, refroidie, est compacte,
d'un vert olivâtre, opaque, à cassure grenue et
mate; l'eau la décompose et dissout du sulfure
de sodium.

Le sulfure de barium et le sulfate de baryte
ne se décomposent pas réciproquement; mais ils

ne forment pas entre eux de combinaisons fusibles.

Les fluorures, les chlorures et les sulfures peuvent aussi donner naissance à des composés très fusibles, en se combinant deux à deux.

$$1 \text{ at. de fluorure de calcium.... } 9^g,87$$
$$\text{et } 1 \text{ at. de chlorure de sodium.... } 14,65$$
$$\overline{\qquad\qquad 24,52} \text{ équivalant à}$$
$$1 \text{ at. de fluorure de sodium.... } 10^g,55$$
$$1 \text{ at. de chlorure de calcium.... } 13,97$$
$$\overline{\qquad\qquad 24,52}$$

Chauffés dans un creuset de platine, prennent une liquidité parfaite au blanc naissant. Il s'exhale de la masse en fusion une vapeur épaisse qui est sensiblement acide. La matière, refroidie, est homogène, compacte, à cassure cristalline, lamelleuse et translucide.

Les mélanges suivans de fluorure de calcium et de chlorure de barium ont été chauffés dans des creusets de platine.

Fluorure de calcium..	$9^g,87 - 1$ at.	$19^g,74 - 2$ at.
Chlorure de barium...	$25,99 - 1$	$25,99 - 1$
	$\overline{35,86}$	$\overline{45,73.}$
ou Fluorure de barium..	$21^g,89 - 1$ at.	$21,89 - 1$ at.
Chlorure de calcium..	$13,97 - 1$	$13,97 - 1$
Fluorure de calcium..		$9,87 - 1$
	$\overline{35,86}$	$\overline{45,73}$

25

Les deux mélanges se sont fondus avec une égale facilité, et répandaient une lumière blanche et éblouissante : il s'exhalait de la masse fluide des vapeurs sensiblement acides. Les matières, refroidies, étaient compactes, d'un blanc d'émail, opaques, à cassure inégale ou écailleuse, presque unie, ne présentant aucun indice de cristallisation. Traitées par l'eau , elles ont donné du chlorure de barium et du fluorure de calcium ; ayant été mises en digestion pendant un certain temps dans l'alcool après avoir été porphyrisées, il s'est dissous une quantité très notable de chlorure de calcium : d'où il suit que le résidu contenait du fluorure de barium.

Fluorures et sulfures.

1 at. de fluorure de calcium...... 9g,87
et 1 at. de sulfure de barium. . . . . 21 ,16

31 ,03 équivalant

à 1 at. de fluorure de barium. 2g,89
1 at. de sulfure de calcium. . . . . . 9 ,14

31 ,03

se fondent en pâte très molle, mais non parfaitement liquide à la chaleur blanche, et n'attaquent pas les creusets de terre. La matière, froide, est compacte, couleur café, opaque, à cassure grenue ou lamelleuse.

Un mélange de

    1 at. de fluorure de calcium ...... $9^g,87$

et   1 at. de sulfate de baryte . . . . . . 29 ,16

                                39 ,03

chauffé dans un creuset brasqué, à la température de 150 degrés pyrométriques, donne un
composé identique avec le précédent, et qui produit un culot bien fondu, d'un rouge de chair
pâle, opaque, à cassure un peu luisante, et rempli de petites lamelles cristallines.

    1 at. de fluorure de calcium . . . . . $9^g,87$

et 1 at. de sulfate de chaux . . . . 17 ,14

                                27 ,01

chauffés dans un creuset brasqué, à 150 degrés,
donnent un culot bien fondu, blanc, légèrement
translucide, bulleux, à cassure grenue très cristalline, ou plutôt composé de grains cristallins
microscopiques très brillans : ce culot doit être
composé de

    1 at. de fluorure de calcium... . . . . $9^g,87$

et 1 at. de sulfure de calcium......... 9 ,14

                                19,03

Le fluorure de calcium ne paraît pas pouvoir

25.

former de combinaisons avec les sulfures des métaux proprement dits. Lorsqu'on chauffe les deux substances mélangées à une température élevée, elles se fondent toutes les deux et elles se séparent complétement l'une de l'autre.

Chlorures et sulfures.

Les deux mélanges suivans :

Chlorure de barium. 25g,99—1at.   12g,99—1at.
Sulfure de barium... 21 ,16—1   21 ,16—2
                     ———————   ———————
                     47 ,15   34 ,05

ont été chauffés dans des creusets de terre, à une forte chaleur blanche. Le premier s'est fondu en pâte molle, assez liquide pour qu'on puisse la couler. La matière, refroidie, était compacte, d'un rouge de kermès, opaque, à cassure un peu écailleuse et luisante.

Le second mélange s'est fondu aussi, mais seulement en pâte visqueuse. La matière, refroidie, était compacte dans quelques parties, bulleuse dans d'autres parties, couleur de tartre brute, opaque, à cassure unie et mate.

Plusieurs des composés fusibles dont il a été question dans cet article pourraient être employés pour couler des statues, vases, bas-reliefs, médailles et autres objets d'ornemens, qui imiteraient ainsi parfaitement les sculptures en pierre, mais qui coûteraient beaucoup moins cher, et qui auraient sur les moulures en plâtre le grand avantage de pouvoir rester exposés à l'air, comme le marbre, sans se détériorer. L'expérience apprendrait bientôt à connaître les meilleures compositions; celles qu'il me semblerait pouvoir être essayées sont les suivantes:

80 de plâtre cuit et 20 de spath-fluor,

70 de sulfate de baryte et 30 de spath-fluor,

90 de sulfate de plomb et 10 de sulfate-fluor,

25 de plâtre cuit, 20 de sulfate de baryte, 40 de sulfate de plomb et 15 de spath-fluor.

Les scories fusibles du four à réverbère de Lea, étant refondues, serviraient très bien à cet usage.

On pourrait encore employer un mélange de 88 de sulfate de plomb et de 12 de chlorure de plomb, où de 92 de sulfate de plomb et 8 de litharge.

Les mélanges dans lesquels il entrerait beaucoup de sulfate de plomb auraient l'avantage d'être très fusibles et d'avoir une grande stabilité, à cause de leur forte densité; mais peut-être seraient-ils un peu trop tendres. Une grande proportion de spath-fluor donnerait, au contraire, aux mélanges de la dureté; mais ces mélanges coûteraient plus cher que ceux dans lesquels dominerait le sulfate de plomb, qui est maintenant à vil

prix. Il serait facile de colorer ces divers composés au moyen de l'addition de quelques substances métalliques, telles que le chromate de
plomb, etc.

OBSERVATION

Relative à l'article sur l'affinage de la fonte au
bois.

Une erreur grave s'est glissée dans l'article sur
le puddlage au bois. Nous avons supposé que le
poids du stère de *charbonnette* était de 600 kil.,
tandis que, d'après des expériences de MM. Berthier en France, Marcus Bull en Amérique, etc.,
il ne serait que d'environ 300 kil. Les rapprochemens que nous avons faits entre le puddlage à la
houille et les expériences de M. Roche ne sont
donc pas exacts, mais ils sont toujours la preuve
qu'on peut espérer fabriquer 1000 kilog. de fer
puddlé avec 4 ou 5 mètres cubes de bois. Si avec
ces données on compare le nombre d'unités de
chaleur consommées dans les puddlages à la
houille et au bois, on trouve une différence de
presque moitié en faveur de ce dernier combustible : ce résultat semble difficile à expliquer. Il
faut cependant observer que lorsqu'un corps est
en combustion, la chaleur se dissipe de deux ma-

nières différentes : 1°. par le courant d'air, qui se forme naturellement; 2°. par le rayonnement. Nous ne connaissons pas d'expériences sur le rayonnement de la houille et du bois qui puissent donner un moyen de comparer complétement l'effet que ces deux combustibles doivent produire. Mais il résulte des travaux de M. Peclet que la déperdition par le rayonnement est beaucoup plus considérable qu'on ne l'avait cru jusqu'à présent; elle serait, pour le bois de hêtre, égale au quart de la chaleur totale dégagée, aux $\frac{2}{5}$ pour le charbon de bois, et supérieure à ce nombre pour la houille : or, dans un fourneau à réverbère une assez grande quantité de chaleur doit se perdre par le rayonnement au dessous de la grille, cette perte doit donc être proportionnellement plus grande pour la houille que pour le bois.

FIN.

TABLE DES MATIÈRES.

PREMIÈRE PARTIE.

TRAVAIL DU FER.

INTRODUCTION

NOTE STATISTIQUE.

FABRICATION DU COKE; FABRICATION DU COKE A L'AIR LIBRE.

FABRICATION DU COKE DANS LES FOURS.

GRILLAGE DES MINÉRAIS.

RÉDUCTION DES MINÉRAIS; FABRICATION DE LA FONTE DANS LE STAFFORDSHIRE.

Fourneaux, machines et matières premières.

Travail des hauts-fourneaux du Staffordshire.

Consommations. — Dépenses.

FABRICATION DE LA FONTE DANS LE SUD DU PAYS
DE GALLES.

Fourneaux, machines et matières premières.

Travail des hauts-fourneaux du pays de Galles.

Consommations, dépenses.

Opérations, consommations, dépenses.

CONSÉQUENCES.

DISPOSITION GÉNÉRALE DES USINES ET DEVIS.

DISPOSITION DES USINES.

DEVIS ESTIMATIFS.

AFFINAGE DE LA FONTE AU BOIS DANS LE FOUR A RÉVERBÈRE.

AFFINAGE CHAMPENOIS A LA HOUILLE.

AFFINAGE DE LA FONTE A L'ANTHRACITE.

MACHINES EMPLOYÉES DANS LES FONDERIES.

Machines à forer et alléser. — *Machines à allésoirs horizontaux.*

Machines à allésoirs verticaux.

DEUXIÈME PARTIE.

TRAVAIL DE L'ÉTAIN DT DU PLOMB.

TRAVAIL DE L'ÉTAIN.

PRÉPARATION MÉCANIQUE DES MINÉRAIS D'ÉTAIN ET DE CUIVRE EN CORNOUAILLES.

Préparation mécanique des minérais d'étain.

Préparation des minérais à Polgooth.

Bocardage.

Usine des environs de Penzance.

Conclusion.

TRAVAIL DU PLOMB.

GISEMENT, EXPLOITATION ET PRÉPARATION MÉCANIQUE DES MINÉRAIS DE PLOMB.

Mines de plomb du Derbyshire.

Mines du nord du pays de Galles.

Mines de plomb du Cumberland.

Mines de plomb du Yorkshire.

Mines de plomb du Cornouailles.

TRAITEMENT MÉTALLURGIQUE DES MINÉRAIS DE PLOMB.

TRAITEMENT AU FOURNEAU A RÉVERBÈRE.

Observations préliminaires.

Traitement des minérais de plomb à Lea.
Réduction des schlichs.

Rapprochemens entre les procédés anglais et les procédés du continent.

Procédés au four à réverbère.

Procédé au four à manche ou au demi-haut-fourneau.

FIN DE LA TABLE DES MATIÈRES.

ERRATA.

Page 33, ligne 15, 8 pieds carrés, *lisez* 8 pieds de côté.
Page 51, ligne 23, 15 pieds, *lisez* 13 pieds.
   Ib.,   ligne 25, 13 pieds, *lisez* 18 pieds.
Page 53, ligne 28, 1 ½ pouce, *lisez* ½ pouce.
Page 56, ligne 1, ge à la plaque, *lisez* à la plaque *ggee*.
Page 61, lig. 1 et 2 (Voy. pag. 485), *lisez* (Voy. pag. 64).
Page 65, ligne 7, 2,80 de coke, *lisez* 2,80 de houille.
Page 81, ligne 3, Pl. XII, *lisez* Pl. IV.
Page 121, ligne 15, ce, *lisez* les fourneaux de
                                          chaufferie.

Page 148, ligne 8, se fondent, *lisez* se prennent.
Page 172, ligne 26, jour, *lisez* four.
Page 297, ligne 10, 0^m, 83, *lisez* 1^m, 83.
Page 334, ligne 26, se consomme, *lisez* se consume.

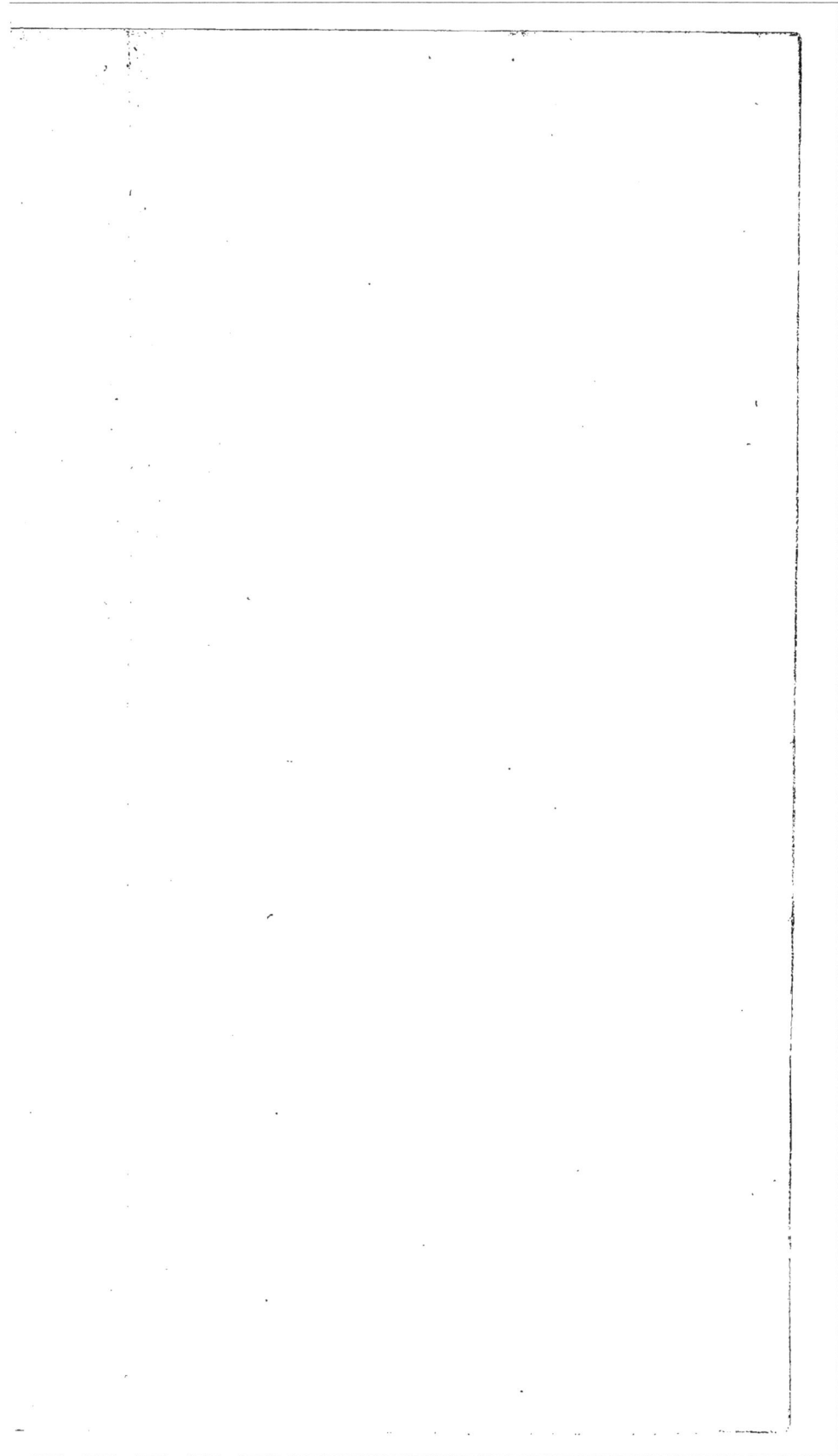

ÉGYPTE ANTIQU

A et B. Canaux dérivés du Nil, servant à l'irrigatio

C. Canal de Joseph. D. Canal d'Illaon. E. Canal

H. Canal des Rois. I. Canal d'Omar. K. Canal du

L. Pyramides de Saqqârah. M. Pyramides de G

N.ta Quelques noms Modernes ont pour objet de faciliter par leur
des anciens lieux célèbres.

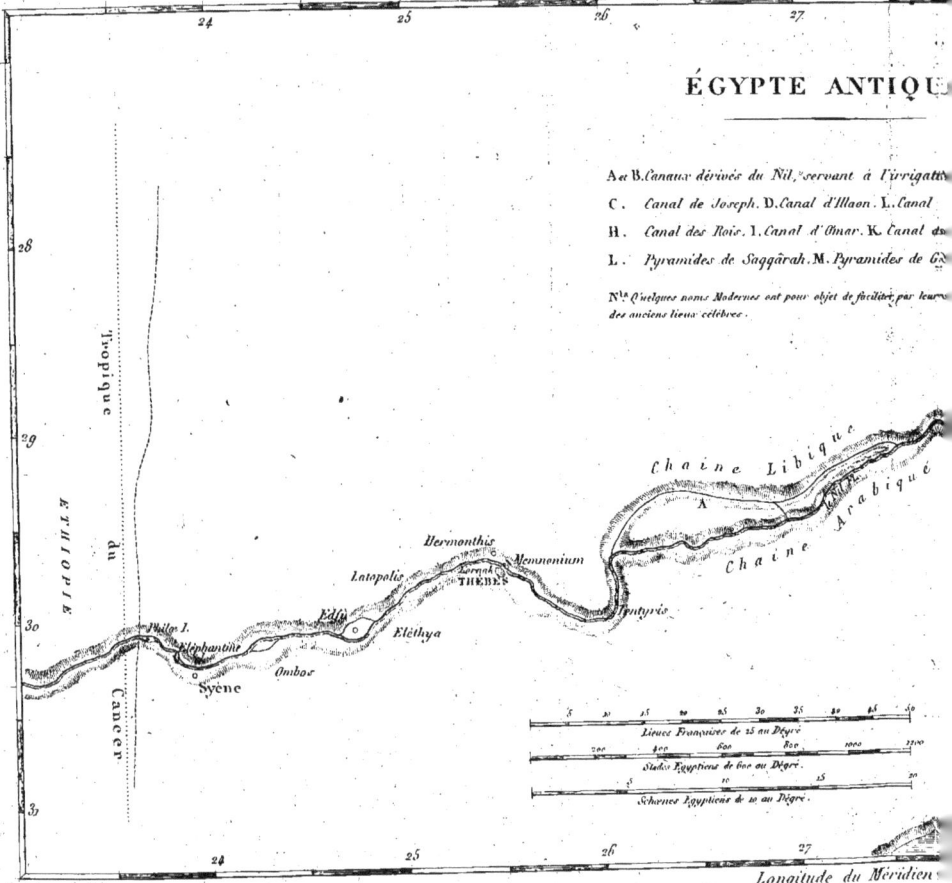

Chaine Libique

Chaine Arabique

Tropique du Cancer

ÉTHIOPIE

Hermonthis
Memnonium
Latopolis
Louqui
THÈBES
Edfu
Eléthya
Tentyris
Philæ I.
Elephantine
Ombos
Syene

Lieues Françoises de 25 au Dégré.
Stades Égyptiens de 600 au Dégré.
Schœnes Égyptiens de 10 au Dégré.

Longitude du Méridien

Pl. I.

28   29   3o   31

la vallée.

arah.

idrie.

la recherche

ALEXANDRIE

Lac
Maréotis

Lac
de
Natron

Rosette

Lac
Maris

Rahmanich

D

Arsinoe

Saïs

B

Labyrinthe M

C   L

Herniòpolis
magna

MEMPHIS

Babylone

LE KAIRE

Mansouràm

Heliopolis

Belbéis   Bubaste

Damiette

Tânis

M E D I T E R R A N É E

Sérapeum

Lacs Amers

Soueys

Péluse

M E R   R O U G E

28   29   3o   31

ris.

31

3o

29

3o

31

:uve

ÉCI-
cons
s des
e des
50 c.
È,

eur,
c.
atre-
con-
9 fr.

1 fr.
2 fr.
1 fr.
n de
2 fr.
1 fr.
ive,
5 fr.
3 fr.
lier,
ème
1 fr.
nne
1 fr.
tes,
9 fr.
vol.
fr.
ne
élé-
tra-
no-
urs
tif-
de
que
hé-
ges

ans
8.,
fr.
9 c.

LÉGENDE

A. *Mausolée d'Auguste*. B. *Naumachie de Domitien*.

C. *Thermes de Dioclétien*. D. *Colonne Antonine*.

E. *Panthéon d'Agrippa*. H. *Cirque Agonal*.

I. *Théâtre de Pompée*. K. *Thermes de Constantin*.

L. *Colonne Trajane*. M. *Cirque Flaminius*.

N. *Théâtre de Marcellus*. O. *Colysée, ou Amphithéâtre Flavien*.

P. *Grand Cirque*. Q. *Thermes Antoniens, ou de Caracalla*.

R. *Pyramide de C. Cestius*. S. *Naumachie d'Auguste*.

T. *Mausolée d'Hadrien*. U.V.U. *Voie Triomphale*.

V. *Via Recta*. X. O. *Voie Sacrée*.

a. *Pont Ælius, (actuellement S! Ange)* b. *Pont Triomphal. (ruiné)*.

c. *Ponts du Janicule. (actuellement Pont Sixte)*.

d.f. *Ponts Cestius et Fabricius. (actuellement Ponts S! Barthélemy) et Quattro-Capi*.

g. *Pont Palatin. (actuellement Ponte Rotto)*.

i. *Pont Sublicius, ou d'Horatius-Coclès. (ruiné)*

N!º *Afin d'éviter la confusion, on s'est borné à marquer la position d'une partie des Monuments cités, pour servir de Repères indicateurs*.

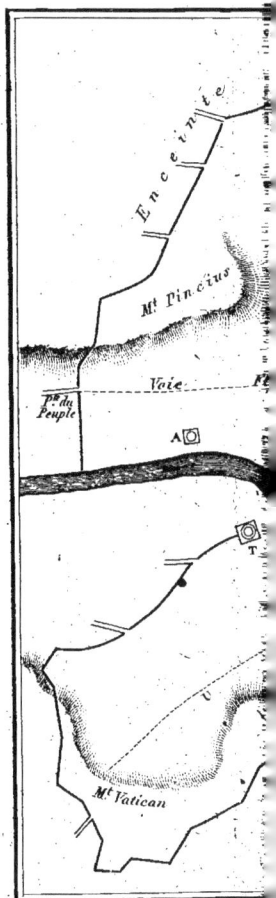

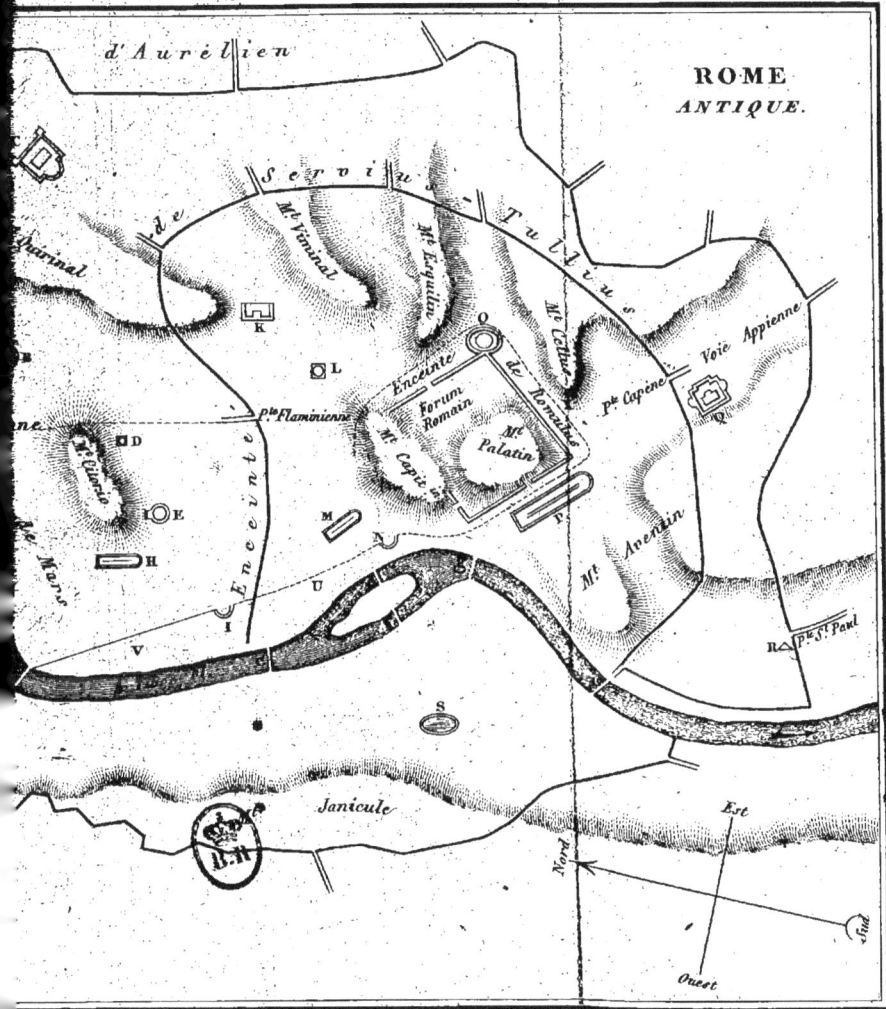

Pl. II.

ROME
ANTIQUE.

d'Aurélien

Servius Tullius

de

Mt Viminal

Mt Esquilin

Mt Cælius

Voie Appienne

Quirinal

K

Q

Enceinte de Romulus

Pte Capène

Q

L

Pte Flaminienne

Forum Romain

Mt Palatin

Mt Capit.

D

Mt Citorio

E

M

Mt Aventin

Enceinte

H

N

U

F

R Pte St Paul

I

A

V

S

Janicule

B.N

Est

Nord

Sud

Ouest

LIBRAIRIE
POUR LES MATHÉMATIQUES, LA MARINE ET LES SCIENCES EN GÉNÉRAL.

EXTRAIT DU CATALOGUE

Des Livres qui se trouvent chez BACHELIER (Succ* de feu M*** veuve COURCIER), *libraire, quai des Augustins, n° 55,* A PARIS.

TABLES DE LOGARITHMES, de LALANDE, étendues à **SEPT DÉCIMALES,** par MARIE, précédées d'une Instruction, dans laquelle on fait connaître les limites des erreurs qui peuvent résulter de l'emploi des Logarithmes des nombres et des lignes trigonométriques; par le Baron REYNAUD, examinateur des candidats pour l'École Polytechnique, etc. 1829, 1 vol. in-12,   3 fr. 50 c.

OUVRAGES ADOPTÉS PAR L'UNIVERSITÉ DE FRANCE,
POUR L'ENSEIGNEMENT DANS LES COLLÉGES, etc., etc.

Ouvrages de M. LACROIX, *Membre de l'Institut et de la Légion-d'Honneur, Doyen des Sciences à l'Université, Professeur au Collége de France, etc.*

COURS DE MATHÉMATIQUES à l'usage de l'École centrale des Quatre-Nations, Ouvrage adopté par le Gouvernement pour les Lycées, Écoles secondaires, Colléges, etc., 10 vol. in-8.,   49 fr.

Chaque volume du Cours de M. LACROIX *se vend séparément, savoir:*

Traité élémentaire d'Arithmétique, 18e édition, 1830,   2 fr.
Élémens d'Algèbre, 14e édition, 1825,   4 fr.
Élémens de Géométrie, 14e édition, 1830,   4 fr.
Traité élémentaire de Trigonométrie rectiligne et sphérique, et d'Application de l'Algèbre à la Géométrie, 8e édition, 1827,   4 fr.
Complément des Élémens d'Algèbre, 5e édition, 1825,   4 fr.
Complément des Élémens de Géométrie, ou Élémens de Géométrie descriptive, 6e édition, 1829,   3 fr.
Traité élémentaire de Calcul différentiel et de Calcul intégral, 4e édit., 1827,   8 fr.
Essais sur l'enseignement en général, et sur celui des Mathématiques en particulier, ou Manière d'étudier et d'enseigner les Mathématiques, 1 volume in-8.; troisième édition, revue et augmentée, 1828,   5 fr.
Traité élémentaire du Calcul des Probabilités, in-8., 2e édition, 1822, avec une planche,   5 fr.
Introduction à la Géographie mathématique et physique. 2e édit., in-8., avec cartes, 1811,   10 fr.
TRAITÉ COMPLET DE CALCUL DIFFÉRENTIEL ET INTÉGRAL, 3 vol. in-4,   66 fr.

Le *Traité élémentaire d'Arithmétique;* les *Élémens d'Algèbre,* qui ne contiennent que les principes et les méthodes d'une application usuelle; les *Élémens de Géométrie,* où l'Auteur a tâché de concilier les rigueurs des démonstrations avec l'ordre naturel des propositions; et le *Traité élémentaire de Trigonométrie et d'Application de l'Algèbre à la Géométrie,* composent un Cours élémentaire après lequel on peut passer immédiatement au *Traité de Calcul différentiel et de Calcul intégral.* L'Auteur a évité l'emploi des formules de l'Algèbre supérieure, afin de ne pas retarder l'entrée des Élèves dans la Mécanique et ses applications, qui sont ordinairement le but principal de l'étude des Mathématiques. Il n'a cessé, à chaque édition, de perfectionner les détails de ses ouvrages et de veiller à leur correction.

BOURDON, *Inspecteur de l'Université de Paris, Examinateur des Aspirans à l'École polytechnique.* ÉLÉMENS D'ARITHMÉTIQUE, 1 vol. in-8., 7e édition, 1830,   5 fr.
—— ÉLÉMENS D'ALGÈBRE, 5e édition, 1 fort vol. in-8., 1828, 7 fr. 50 c.

BOURDON. APPLICATION DE L'ALGÈBRE A LA GÉOMÉTRIE,
2ᵉ édition, un fort vol. in-8. avec 15 planches, 1828,   7 fr. 50 c.
BIOT, Membre de l'Institut, professeur au Collège de France, etc. TRAITÉ
ÉLÉMENTAIRE D'ASTRONOMIE PHYSIQUE, destiné à l'enseignement
dans les Collèges, etc.; 3 forts vol. in-8., 1810.   30 fr.
— PHYSIQUE MÉCANIQUE, traduite de l'allemand de Fischer, avec notes,
4ᵉ édition, considérablement augmentée, in-8, 1830.   7 fr. 50c.
—— ESSAI DE GÉOMÉTRIE ANALYTIQUE appliquée aux courbes et aux sur-
faces du second ordre; in-8., avec 10 pl., 1826, 7ᵉ éd., *rev. corr. et augm.* 6 f. 50 c.
— NOTIONS ÉLÉMENTAIRES DE STATIQUE destinées aux jeunes gens
qui se préparent pour l'École Polytechnique et qui suivent les Cours de l'École
de Saint-Cyr; 1 vol. in-8., 1828,   3 fr. 75 c.
LEFEBVRE DE FOURCY, Examinateur des Aspirans à l'École royale Polytechnique, docteur ès-sciences, etc. LEÇONS DE GÉOMÉTRIE ANALYTIQUE,
données au Collège royal de Saint-Louis, dans lesquelles on traite des Problèmes
déterminés, de la ligne droite et des lignes du second ordre; 1 vol. in-8., 5 f. 50 c.
— THÉORIE DU PLUS GRAND COMMUN DIVISEUR ALGÉBRIQUE
et de l'élimination entre deux équations à deux inconnues. In-8. br., 1827, 1 f. 50 c.
BEZOUT. TRAITÉ D'ARITHMÉTIQUE à l'usage de la Marine et de l'Artil-
lerie, avec des Notes fort étendues et des Tables de Logarithmes, pour les Élèves
qui se destinent à l'École Polytechnique; par A.-A.-L. REYNAUD, Examinateur
des Candidats de l'École Polytech., etc., in-8., 13ᵉ édit. stéréot., 1828, 3 fr. 50 c.
Le *texte pur* se vend séparément,   2 fr.
Les Notes se vendent aussi séparément,   2 fr. 50 c.
—— ALGÈBRE et Application de cette science à l'Arithmétique et à la Géométrie,
nouvelle édition, revue et augmentée de Notes fort étendues; par A.-A.-L. REY-
NAUD, Examinateur des Candidats à l'École Polytechnique, etc., in-8., 1829, 6 f.
Le *texte pur* se vend séparément,   4 fr.
Les Notes se vendent aussi séparément,   4 fr.
—— GÉOMÉTRIE contenant la Trigonométrie rectiligne et la Trigonométrie
sphérique; Notes sur la Géométrie, Élémens de Géométrie descriptive et Pro-
blèmes; par REYNAUD, 7ᵉ édit. avec 21 planches, 1829,   6 fr.
Le *texte pur* se vend séparément,   4 fr.
Les Notes se vendent aussi séparément,   4 fr.
DEMONFERRAND, Professeur de Mathématiques et de Physique au Collège de
Versailles. MANUEL D'ÉLECTRICITÉ DYNAMIQUE, ou Traité sur
l'Action mutuelle des conducteurs électriques et des aimans, et sur la nouvelle
Théorie du Magnétisme, *pour faire suite à tous les Traités de Physique
élémentaire*, in-8., 1823, avec 5 planches,   4 fr.
HAUY. TRAITÉ ÉLÉMENTAIRE DE PHYSIQUE, adopté par le Conseil
royal de l'Instruction publique pour l'enseignement dans les Collèges, troisième
édition, considérablement augmentée, 2 vol. in-8., avec 19 pl.,   15 fr.
MONGE. TRAITÉ ÉLÉMENTAIRE DE STATIQUE, à l'usage des Écoles de
la Marine; 6ᵉ édition, in-8., revue par M. Hachette, ex-Instituteur à l'École
Polytechnique, Professeur de Mathématiques, etc., 1826,   3 fr. 50 c.
LEROY (Professeur à l'École Polytechnique). COURS DE L'ÉCOLE POLY-
TECHNIQUE. ANALYSE APPLIQUÉE A LA GÉOMÉTRIE DES TROIS
DIMENSIONS, contenant les surfaces du 2ᵉ ordre, avec la théorie générale des
surfaces courbes et des lignes à double courbure; in-8., 1829,   5 fr.

OUVRAGES DESTINÉS AUX CANDIDATS DE L'ÉCOLE POLYTECHNIQUE ET DES ÉCOLES MILITAIRES.

Ouvrages de M. le baron REYNAUD, *Examinateur des Candidats de l'École
Polytechnique et de l'École spéciale militaire.*

1°. ARITHMÉTIQUE, à l'usage des Élèves qui se destinent à l'École Polytechnique et à l'École militaire; 15ᵉ édition, augmentée d'une Table des Logarithmes
des nombres entiers, depuis un jusqu'à dix mille, 1 vol. in-8., 1829,   4 fr. 50 c.
2°. ELEMENS D'ALGÈBRE, à l'usage des Élèves qui se destinent à l'École royale
Polytechnique et à l'École spéciale militaire, 1 vol. in-8., 7ᵉ édit., 1828, 7 f. 50.
3°. ALGÈBRE, anc. édit., 2ᵉ section, 1 vol. in-8., 1810,   5 fr.

4°. TRIGONOMÉTRIE RECTILIGNE ET SPHÉRIQUE; 3e édition, suivie
des TABLES DES LOGARITHMES des nombres et des lignes trigonométriques de LALANDE, in-18, avec figures, 1818,   3 fr.
Les Tables de Logarithmes de LALANDE seules, sans la Trigonométrie, se
vendent séparément,   2 fr.
5°. TRAITÉ D'APPLICATION DE L'ALGÈBRE A LA GÉOMÉTRIE
ET DE TRIGONOMÉTRIE, à l'usage des Elèves qui se destinent à l'École
Polytechnique, etc.; 1 vol. in-8., avec 10 planches, 1819,   6 fr.
6°. COURS ÉLÉMENTAIRE DE MATHÉMATIQUES, DE PHYSIQUE
ET DE CHIMIE, suivi de quelques notions d'Astronomie, à l'usage des élèves
qui se destinent à subir les examens pour le Baccalauréat ès-lettres, 1 vol. in-8
avec 14 planches, 2e édition, sous presse.
Ce Cours est entièrement conforme au programme qui a été publié par ordre de
l'Université, dans le Manuel pour le Baccalauréat ès-lettres.
7°. REYNAUD et DUHAMEL. Problèmes et Développemens sur diverses parties
des Mathématiques, in-8., 1823, avec 11 planches,   6 fr.
8°. ARITHMÉTIQUE à l'usage des Ingénieurs du Cadastre, in-8.,   5 fr.
9°. MANUEL de l'Ingénieur du Cadastre; par MM. Pommiés et Reynaud, in-4.,
                                                                            12 fr.
10°. TRAITÉ DE TRIGONOMÉTRIE de Lagrive, avec les Notes de Reynaud,
in-8.,   7 fr.
——— et NICOLLET, COURS DE MATHÉMATIQUES, à l'usage des Écoles
de Marine et des Aspirans à ces Écoles; 3 vol. in-8
1er vol. Arithmétique et Algèbre, par M. Reynaud.   5 fr.
2e vol. Géométrie et Trigonométrie, par M. Nicollet.   7 fr.
3e vol. Statique et Équilibre des Machines, sous presse.

Notes sur Bezout, par M. le baron Reynaud.

11°. NOTES SUR L'ARITHMÉTIQUE, 13e édit. in-8., 1826,   2 fr. 50 c.
12°. ——— SUR LA GÉOMÉTRIE, in-8., 7e édit., 1828,   4 fr.
13°. ——— SUR L'ALGÈBRE et Application de l'Algèbre à la Géométrie, in-8.,
1822,   4 fr.

*Ouvrages de M. GARNIER, ex-Professeur à l'École Polytechnique, Docteur
de la Faculté des Sciences de l'Université, Professeur de Mathématiques à
l'École royale militaire.*

TRAITÉ D'ARITHMÉTIQUE, 2e édit., in-8., 1808,   2 fr. 50 c.
——— ÉLÉMENS D'ALGÈBRE, à l'usage des Aspirans à l'École Polytechnique;
3e édit., in-8., 1811, revue, corrigée et augmentée,   6 fr.
——— Suite de ces Élémens, 2e partie, ANALYSE ALGÉBRIQUE, nouv. édit.,
considérablement augmentée, in-8., 1814,   7 fr.
——— GÉOMÉTRIE ANALYTIQUE, ou Application de l'Algèbre à la Géométrie;
seconde édition, revue et augmentée, 1 vol. in-8., avec 14 planches, 1813, 6 fr.
——— LES RÉCIPROQUES de la Géométrie, suivies d'un Recueil de Problèmes et
de Théorèmes, et de la construction des Tables trigonométriques, in-8., 2e édit.,
considérablement augmentée, 1810.
——— ÉLÉMENS DE GÉOMÉTRIE, contenant les deux Trigonométries, les Élémens de la Polygonométrie et du levé des Plans, et l'Introduction à la Géométrie
descriptive; 1 vol. in-8., avec planches, 1812,   5 fr.
——— LEÇONS DE STATIQUE, à l'usage des Aspirans à l'École Polytechnique;
1 vol. in-8, avec 12 planches, 1811,   5 fr.
——— LEÇONS DE CALCUL DIFFÉRENTIEL ET INTÉGRAL, 2 vol. in-8.,
avec 4 planches, 1811 et 1812,   14 fr.
——— TRISECTION DE L'ANGLE, suivie de Recherches analytiques sur le même
sujet, in-8, 1809,   2 fr. 50 c.
——— DISCUSSION DES RACINES des Équations déterminées du premier degré
à plusieurs inconnues, et élimination entre deux équations de degrés quelconques à
deux inconnues; 2e édit., 1 vol. in-8.,   1 fr. 80 c.
FRANCŒUR, Professeur de la Faculté des Sciences de Paris, ex-Examinateur des
Candidats de l'École Polytechnique, etc. COURS COMPLET DE MATHÉ-
MATIQUES PURES, dédié à S. M. Alexandre Ier, Empereur de Russie; Ou-
vrage destiné aux Élèves des Écoles Normale et Polytechnique, et aux Can-

didats qui se préparent à y être admis, etc.; 3e édition, revue et augmentée, 2 vol. in-8., avec figures, 1828,   15 fr.

—— URANOGRAPHIE ou TRAITÉ ÉLÉMENTAIRE D'ASTRONOMIE, à l'usage des personnes peu versées dans les Mathématiques, accompagné de planisphères, etc.; 4e édit.; considérab. augm., 1 vol. in-8., avec pl., 1828, 9 f. 50 c.

FRANCŒUR. TRAITÉ DE MÉCANIQUE ÉLÉMENTAIRE, 5e édit., 1825,   7 fr. 50 c.

SUZANNE, Docteur ès-Sciences, Professeur de Mathématiques au Lycée Charlemagne, à Paris. DE LA MANIÈRE D'ÉTUDIER LES MATHÉMATIQUES ; Ouvrage destiné à servir de guide aux jeunes gens, à ceux surtout qui veulent approfondir cette Science, ou qui aspirent à être admis à l'École Normale ou à l'École Polytechnique, 3 gros vol. in-8., avec figures. Chaque partie se vend séparément, savoir :

—— Première partie, PRÉCEPTES GÉNÉRAUX et ARITHMÉTIQUE, seconde édition, considérablement augmentée, in-8.,   6 fr.

—— Seconde partie, ALGÈBRE, épuisée.

—— Troisième partie, GÉOMÉTRIE, in-8.,   6 fr. 50 c.

BOUCHARLAT, Professeur de Mathématiques transcendantes aux Écoles militaires, Docteur ès-Sciences, etc. ÉLÉMENS DE CALCUL DIFFÉRENTIEL et de Calcul intégral, 3e édit., revue et augmentée, in-8., avec pl., 1826,   6 fr.

—— THÉORIE DES COURBES et des Surfaces du second ordre, précédée des principes fondamentaux de la Géométrie analytique, 2e édit., aug., in-8.   6 fr.

—— ÉLÉMENS DE MÉCANIQUE, in-8., 2e édition, revue et considérablement augmentée, avec planches, 1827.   7 fr.

POISSON, Membre de l'Institut, Professeur à l'École Polytechnique et à la Faculté des Sciences de Paris, et Membre adjoint du Bureau des Longitudes. TRAITÉ DE MÉCANIQUE, 2 vol. in-8., de plus de 500 pages chacun, avec 8 planches, 1811,   12 fr.

Ce Traité de Mécanique, le plus complet qui existe, a été adopté par l'École Polytechnique pour l'instruction des Élèves. Il renferme, en outre, les notions de Statique élémentaire qu'on exige des Candidats qui se destinent à ladite École.

POINSOT, Membre de l'Institut. TRAITÉ ÉLÉMENTAIRE DE STATIQUE adopté pour l'instruction publique, in-8., 5e édit., 1830, avec planch.,   5 fr.

DELAMBRE, Membre de l'Institut. ABRÉGÉ D'ASTRONOMIE, ou Leçons élémentaires d'Astronomie théorique et pratique données au Collége de France, 1 vol. in-8., 2e édit., sous presse.

LAPLACE (M. le marquis de), Membre de l'Institut. EXPOSITION DU SYSTÈME DU MONDE, 5e édition, 1824, in-4., avec portrait,   15 fr.

—— Le même, 2 vol. in-8., 1824.

—ESSAI PHILOSOPHIQUE SUR LES PROBABILITÉS, in-8., 5e éd., 1825, 4 f.

MONGE, Membre de l'Institut, etc. GÉOMÉTRIE DESCRIPTIVE, 5e édition, augmentée d'une théorie des Ombres et de la Perspective, extraite des papiers de l'Auteur; par M. BRISSON, ancien Élève de l'École Polytechnique, Ingénieur en chef des Ponts et Chaussées, 1 v. in-4., avec 28 planch., 1827,   12 fr.

LE FRANÇAIS. Essai de Géométrie analytique, 2e édit., revue et augm., 2 fr. 50 c.

TREUIL. Essais de Mathématiques, contenant quelques détails sur l'Arithmétique, l'Algèbre, la Géométrie et la Statique, in-8., 1819,   2 fr.

TRAITÉ DE LA RÉSOLUTION DES ÉQUATIONS NUMÉRIQUES de tous les degrés, avec des Notes sur plusieurs points de la Théorie des Équations algébriques, par LAGRANGE, Membre de l'Institut, Grand-Officier de la Légion d'Honneur, etc. ; 3e édition, in-4., 1826,   15 fr.

DE STAINVILLE, Répétiteur à l'École Polytechnique MÉLANGES D'ANALYSE ALGÉBRIQUE ET DE GÉOMÉTRIE, 1 vol. in-8., avec planches, 1815,   7 fr. 50 c.

LAGRANGE, Membre de l'Institut. LEÇONS SUR LE CALCUL DES FONCTIONS, nouvelle édition, in-8.,   6 fr. 50 c.

DUBOURGUET. TRAITÉS ÉLÉMENTAIRES DE CALCUL DIFFÉRENTIEL ET DE CALCUL INTÉGRAL, 2 vol. in-8, 1810 et 1811,   16 fr.

Imprimerie de HUZARD-COURCIER, rue du Jardinet-Saint-André-des-Arcs, n° 12.

www.ingramcontent.com/pod-product-compliance
Lightning Source LLC
Chambersburg PA
CBHW060531220326
41599CB00022B/3491